自学

是门手艺

没有自学能力的人没有未来

李笑来 著

U0281428

电子工业出版社·
Publishing House of Electronics Industry
北京·BEIJING

内 容 简 介

没有自学能力的人没有未来。本书以自学 Python 编程为例，阐述了如何培养、习得自学能力，并运用自学能力在未来竞争激烈的社会中获得一席之地，不断地升级、进化，实现真正的成长。

作为一本"硬核"的"鸡汤"书，本书不仅仅以纸质的形式呈现，还提供了 XUE.cn 互动学习平台。读者不仅可以通过阅读本书学到自学的方法，还能在 XUE.cn 上把这些方法付诸实践，不断练习、提升自己的技能，真正成为有积累、有前途的新新人类。

祝愿所有与本书结缘的读者都有一个更美好的未来。

未经许可，不得以任何方式复制或抄袭本书之部分或全部内容。

版权所有，侵权必究。

图书在版编目（CIP）数据

自学是门手艺：没有自学能力的人没有未来 / 李笑来著 . – 北京：电子工业出版社，2019.7

ISBN 978-7-121-36176-0

Ⅰ.①自… Ⅱ.①李… Ⅲ.①软件工具–程序设计 Ⅳ.① TP311.561

中国版本图书馆 CIP 数据核字（2019）第 053472 号

策划编辑：刘 皎
责任编辑：潘 昕
印　　刷：北京瑞禾彩色印刷有限公司
装　　订：北京瑞禾彩色印刷有限公司
出版发行：电子工业出版社
　　　　　北京市海淀区万寿路 173 信箱　邮编 100036
开　　本：720×1000　1/16　　　　印张：21　　　　字数：457 千字
版　　次：2019 年 7 月第 1 版
印　　次：2025 年 3 月第 13 次印刷
定　　价：99.00 元

凡所购买电子工业出版社图书有缺损问题，请向购买书店调换。若书店售缺，请与本社发行部联系，联系及邮购电话：（010）88254888，88258888。

质量投诉请发邮件至 zlts@phei.com.cn，盗版侵权举报请发邮件至 dbqq@phei.com.cn。

本书咨询联系方式：faq@phei.com.cn。

前言

想写一本关于自学能力的书，真的不是一两天了，所以肯定不是心血来潮。在我快把这本书的初稿框架搭完，跟霍炬说起我正在写的内容时，他说：

> "你还记得吗，你第一次背个包来我家的时候，咱们聊的就是咋写本有意思的编程书……"

我说：

> "真是呢！十三年就这么过去了……"

这一次，我真的写了。

我写出来的，其实并不是，或者说，并不仅仅是"一本编程书"。这本"书"是近些年我一直在做却没有做完整的事情——讲清楚"学习学习再学习"。

> 学会学习之后再去学习。

只不过，这一次我阐述得更加具体了：不是"学会学习"，而是"学会自学"。正是这一点点的变化，让十多年前没写顺的东西，终于在这一次水到渠成、自成体系了。

> 以前，我经常在写作课里讲，"写好"的前提就是"Narrow down your topic"——把话题范围缩小缩小再缩小。这一次，算是提供了一个活生生的实例。

对每个个体来说，自学能力，是在这个变化频率和变化幅度都不断加大的时代里最具价值的能力。这个能力，不一定能直接提高一个人的幸福感（虽然实际上常常确实能），但一定会缓解甚至消除一个人的焦虑情绪。试想一下：在一个以肉眼可见的方式变化着的环境里生存，对自己已然原地踏步许久、正在被这个时代甩在身后的状况心知肚明，谁会不焦虑？

实际上，这些年来我写的书都是关于学习的。无论是《把时间当作朋友》，还是《财富自由之路》，甚至是《韭菜的自我修养》，只要你看过就会知道，它们的目标是相同的：学习、进步，甚至**进化**。

你可以把《自学是门手艺》当成之前几本书的"实践版"。

| 完成这本书的内容后，你起码会习得一个新技能：编程。

更为重要的是，你可以把《自学是门手艺》当成之前几本书的"升级版"。

| 自学能力，是持续学习、持续成长的发动机。

仔细观察整个人群，你就会发现一个惊人的事实：

| **至少有 99% 的人终生都没有掌握自学能力！**

这个数字丝毫不夸张。从 1977 年到 2017 年，40 年间，全国大学录取人数总计为 1.15 亿（11518.2 万）左右，低于 2017 年全国人口数量的 10%，而且其中一半以上是专科生。那么，在 4% 左右的本科毕业生中，带着自学能力走入社会的人比例是多少？不夸张地讲，我觉得 1% 已经很高了。所以，前面提到的 99% 是很客气的说法。

绝大多数人，终其一生都没有真正自学过什么。他们不是没学过，不是没辛苦过，事实是，他们在有人教、有人带、有人逼的情况下都没真正把那些基础知识学明白。更可怕的是，他们学的东西，绝大多数终其一生只有一个用处：考试。于是，他们学的那些东西"考过即弃"。在随后的生活里，尽管有些人能意识到自己应该去学点什么，常常有"要是我也会这个东西就好了"的想法，但基本上都以无奈结束——因为再也没有人教、再也没有人带、再也没有人逼了。于是，每一次"决心重新做人"的目标都被他们默默地改成了"决心继续做人"，而后，逢年过节再次许下"重新做人"的愿望……

这是有趣而又尴尬的真相：

| 没有不学习的人。

我们所掌握的任何技能，都不是天生就会的，都需要通过学习获得，基本的走路、吃饭，复杂一点的说话、开车，都需要我们慢慢学习。

然而，在学习的过程中，最倒霉的情况是：认真学了，可总是落得个越来越焦虑的下场……近几年，经常有一些人指责另外一些人"贩卖焦虑"，但根据我的观察，这种指责的肤浅之处在于：焦虑不是被卖方贩卖的产品，而是买方长期自行积累的结果。

别人无法把焦虑贩卖给你，是你自己焦虑——是你自己在为自己积累越来越多的焦虑。

然而，又有谁不想摆脱甚至马上摆脱焦虑呢？

既然焦虑，就要寻找解决方案。而焦虑的你找到的解决方案，往往是花钱买本书、报个班、找个老师、上个课……这能说是别人贩卖焦虑给你吗？

自学能力强的人，并非不花钱，他们花的钱可能很多。他们会花钱买书，而且会买很多的书；他们可能会花钱上课，而且要上就上最好的课；他们更会经常费尽周折找合适的人咨询、求教、探讨……

自学能力强的人不焦虑，起码不会因为学习和学习过程而焦虑——这是重大的差别。而焦虑的大多数人，并不是因为别人贩卖焦虑给他们，他们才"拥有"了那些焦虑——他们不仅一直在焦虑，而且越来越焦虑。

为什么呢？总也学不会、学不好，换成你，你不焦虑吗？！

生活质量就是这样一点一点下降的——最消耗生活质量的东西，就是焦虑。

我相信，如果《自学是门手艺》这本书真的有用，那么它的重要用处之一就是，能够缓解你的焦虑，让你明白：首先，焦虑没有用；其次，有办法也有途径让你摆脱过往一事无成的状况，逐步产生积累，并且逐步体会那积累的作用；最后，甚至能让你感觉到更多的积累所带来的加速度，而到那个时候，焦虑就是"别人的事情"了。

自学没有"秘诀"。**自学是门手艺**，并且，从严格意义上讲，**自学只是一门手艺**。

手艺的特点就是**无须天分**；手艺的特点就是**熟练程度决定一切**。从这个角度看，自学这门手艺和擀饺子皮没什么区别——刚开始谁都笨手笨脚，但熟练了之后，就那么回事。

做任何事情都有技巧，这一点不可否认。自学当然也有技巧，不过，请做好思想准备：

> 这儿的空间，没什么新鲜[1]。

一切与自学相关的技巧都是老生常谈。

中国人说，熟能生巧；外国人说，Practice makes perfect。你看，与自学相关的技巧，不分国界。在每一代人中都有足够多的人在自学这件事上挣扎过——有成的，有不成的；在成的人中，有大成的，有小成的……可是，有一个事实始终未变：留下的文字和信息都出自大成的人和小成的人，不成的人从来都不声不响。

从各国的历史来看，自学技巧这个话题从未涉及政治，无论是在东方还是西方都是如此。结果就是，在自学技巧这个小领域中，留下并流传下来的信息特别纯净——这真的是整个人类不可想象的意外好运。

以上，就是"一切与自学相关的技巧都是老生常谈"的原因。

而实际情况是，大部分年轻人讨厌老生常谈——这是被误导的结果。那么，这些年轻人被什么误导了呢？

每一代人都是新鲜的，每一代人出生时都处在同一水准，可随着时间的推移，总是普通者占绝大多数——这个"绝大多数"，不是51%，不是70%，而是99%！年轻人就吃亏在没考虑到这个现象上了。也就是说，虽然有用的道理不断被传播，可终究还是有99%的人做不到、做不好。于是，可以推测：

> 讲大道理的更可能是平庸者、失败者，而不是成功者。

---

[1] 这是崔健演唱的歌曲《这儿的空间》里的一句歌词，放在这里竟然非常恰当、到位。

人类有很多天赋，我会在这本书里反复提到的"就算不懂也会用"就是其中之一。同样的道理，人类有一个特长：

> 无论自己什么样，在"判断别人到底是不是真的很成功"这件事情上，都有99%的把握……

所以，很多父母和老师就被小朋友们"看穿"了——他们整天说的都是他们自己做不到的事情。于是，小朋友们以为自己"看穿"了整个世界。而事实上，由于小朋友们没学过或者没学好概率这个重要的知识，他们不仅不知道那只是99%的情况，更不知道**因素的重要性与它所占的比例常常全无正相关**，也就当然不知道那自己尚未见到的1%才可能是最重要的。

于是，99%的小朋友一不小心就把自己"搭了进去"：

> 不仅讨厌老生常谈，而且偏要对着干——干着干着就把自己变成了那99%的一分子。

这是99%的人一生的生动写照。

做那1%的人很难吗？其实真的很简单，有时一个简单的原则就可能奏效：

> **在自学这件事上，重视一切老生常谈。**

很难吗？一点都不难，只不过需要一个"开关"。

我是在47岁那年（2019年）的春节前动手写这本"书"的。显然，那个时候我早就是一位"老生"了，而且，书中的这些道理我已经前后讲了二十年，所以，算是"常谈"甚至"长谈"了。

开始在新东方教书那年，我28岁。用之前那一点三脚猫的编程能力辅助着写《TOEFL核心词汇21天突破》是在2003年。写《把时间当作朋友》是在2007年，这本书的纸质版出版是在2009年。再后来，我陆续写了很多内容，包括：没有出版纸质版、只有在线版的《人人都能用英语》（2013年）；因为在罗振宇的"得到"App上开了专栏，把之前写过的《学习学习再学习》的内容重构并扩充后出版的《财富自由之路》（2017年）……就连《韭菜的自我修养》（2018年）都是讲思考、学习和认知升级的。

说来说去，就那些事，**没什么新鲜的**。

我也有很多写了却没写完，或者因为自己不满意而扔在柜子里的东西，例如《人人都是工程师》（2016年）——哈哈！我就是这么坚韧，有了目标就死不放弃……三年后，我终于用当时完全想不到的方式实现了那个目标，并且做了很多三年前自己完全想象不到的事情。

在写《自学是门手艺》的过程中，我从一开始就没想给读者带来什么"新鲜"或者"前所未见"的自学技巧，因为根本就没有什么新鲜的自学技巧——没有，真的没有，至少我自学这么久了从没见识过。

然而，我算是最终能够做到的人——知道、得到、做到，各不相同。

二十年前，在拥挤的课堂里坐在台下听我讲课的小朋友们，绝大多数在当时应该没有想到他们遇到了这样一个人；二十年后，刚认识我的人也不会马上知道我是这样一个人。但是，在这些年里看到我一点一点进步、从未原地踏步的人也有很多——我猜，所谓"榜样"，不过如此吧。

不夸张地讲，这可能是当前最**"硬核"**的**"鸡汤"**书了，因为，虽然它是"鸡汤"（我自认就是个"鸡汤作者"），但它既不会只拿话忽悠你，也不会只包含善意和鼓励，它是那种能教会你人生最重要的技能的"鸡汤"。这本书能教会你的技能起码有两个——自学和编程。[1] 而无论这两个技能中的哪一个，都是一定能提高你未来收入的技能——对，我就是100% 地确定。一个学会计专业的人在求职的时候说"我还会编程"并能拿出作品——你看他会不会找不到工作？你看他是不是能获得更高的薪水？

#!——这是一个程序员才能看懂的"梗"。

其实，关键在于，写这本书的"老生"不是那种说说而已的"老生"，而是一个**能够做到的人**：

> 一个普通大学会计专业毕业的人，不得已去做了销售；
>
> 这个销售后来去国内最大的课外辅导机构当了七年的 TOEFL/GRE/GMAT 老师；
>
> 这个老师后来成了很多本畅销书、长销书的作者；
>
> 这个作者后来居然成了著名的天使投资人；
>
> 这个投资人后来竟然写了一本关于编程入门的"书"；
>
> 这本"书"最终竟然是一个完整的产品，而不仅仅是一本"书"……

然而，即便是这样的"老生"，也讲不出什么新鲜的道理。

所有关于自学的技巧，都是人类这个群体中最聪明的那些留下来的，你我这样的人，照做就可以了。

现在，你明白这是怎么回事了吧？

记住吧——

> **千万不要一不小心就把自己搭进去。**

李笑来

初稿完成于 2019 年 2 月 27 日

---

[1] 除了阅读你面前的这本印刷版图书，你还可以访问 https://github.com/selfteaching/the-craft-of-selfteaching，阅读、"修改"这本书的电子版，甚至"定制"一个只属于你的版本。

目录

PART TWO

PART THREE

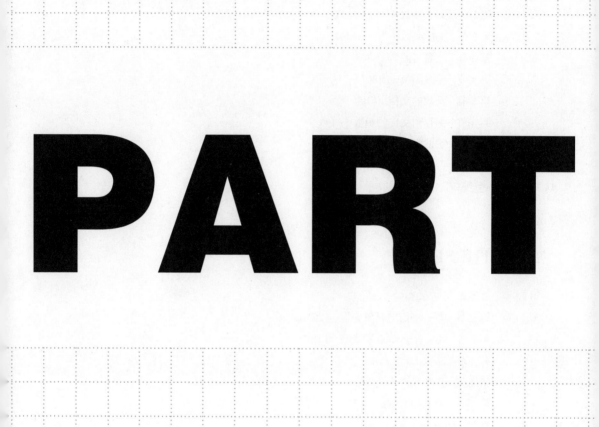

第1章

为什么一定要掌握自学能力

一句话就可以解释清楚：

没有自学能力的人没有**未来**。

有两个因素需要深入考虑：

- 未来的日子还很长。
- 这世界的进步速度太快。

我有个发现：

很多人都会不由自主地去复刻父母的人生时刻表。

例如，父母晚婚的人晚婚的概率更高，父母晚育的人晚育的概率也更高。再如，很多人会在内心深处不由自主地认为，自己的父母在 55 岁的时候退休了，自己也会在 55 岁前后退休……于是，这些人在 40 岁前后就开始认真考虑退休这件事，在不知不觉中彻底丧失了斗志，早早就活得跟已经到了暮年似的。

这种想法是很危险的，因为这些人完全没有意识到，他们所面临的人生与他们的父母所面临的人生可能完全不一样——各个方面都不一样。举个例子（这是一个比较容易让人感到震惊的例子）：

在全球范围内——在过去的 50 年里，人们的平均寿命预期的增长幅度是非常惊人的。

以中国的数据为例，根据世界银行的统计，中国人在出生时的寿命预期，从 1960 年的 43.73 岁提高到了 2016 年的 76.25 岁，56 年间的增幅竟然达到了 **74.39%**！

让我们用这组数据来绘制一幅曲线图。

```python
import matplotlib.pyplot as plt
import numpy as np

data = np.genfromtxt('life-expectancy-china-1960-2016.txt',
                     delimiter=',',
                     names=['x', 'y'])
da1960  = data[0][1]
da2016  = data[-1][1]
increase = (da2016 - da1960) / da1960
note = 'from {:.2f} in 1960 to {:.2f} in 2016, increased  {:.2%}'\
    .format(da1960, da2016, increase)

plt.figure(figsize=(10, 5))
plt.plot(data['x'], data['y'])
plt.ylabel('Life Expectancy from Birth')
plt.tick_params(axis='x', rotation=70)
plt.title('CHINA\n' + note)

# plt.savefig('life-expectancy-china-1960-2016.png', transparent=True)
plt.show()

# data from:
# https://databank.worldbank.org/data/reports.aspx?source=2&series=SP.DYN.LE00.IN
```

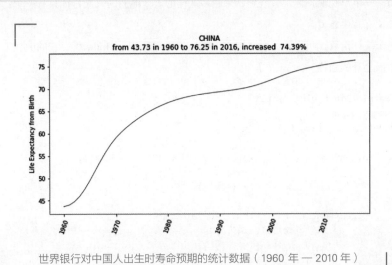

世界银行对中国人出生时寿命预期的统计数据（1960 年 — 2010 年）

　　如此发展下去，尽管人类不大可能永生，但平均寿命持续延长是个不争的事实。与上一代不同，千禧一代需要面对的是"百岁人生"——毫无疑问，毋庸置疑。

这么长的人生（比之前想象中的可能要长出近1倍的人生），叠加另外一个因素（这个世界的变化越来越快），会是什么样子？

我是1972年出生的。在交通工具方面，我经历了从出门靠步行、大街上走牛车和马车、机动车顶多见过拖拉机，到骑自行车、见过摩托车，再到坐汽车、自己开车、开有自动辅助驾驶功能的电动车……在阅读渠道方面，我经历了从只能在新华书店买到图书，到可以阅读网络上的文字、在线买到纸质书，使用国际信用卡在亚马逊（Amazon）上第一时间购买并阅读新书的电子版、收听它的有声版，再到方便地获取最新知识的互动版并直接参与讨论……在技能方面，我经历了从不识字就是文盲，到不懂英语就是"文盲"、不懂计算机就是"文盲"，再到现在不懂数据分析的人基本与"文盲"无异的过程……

我也认识到，很多在当年很有用、能赚很多钱、令人非常羡慕的技能"突然"变得几乎毫无价值了，最明显的例子就是驾驶——在大约20年前，的哥还是让很多人羡慕的工作呢！我读本科时学的是会计专业，那时我们还要专门练习打算盘呢！而在30年后的今天，除了传承这项技能，算盘打得快还有什么具体的用处？在我上中学的时候，有人靠出版字帖赚了大钱——据说那时只要字写得漂亮就能找到好工作。可是在今天，写字漂亮还是找到好工作的决定性因素吗？字库中的字体有数百种，并且，打印机很便宜啊！

这两个因素叠加在一起的结果就是：这世界对很多人来说，其实是越来越残忍的。

我见过太多的同龄人，早早就停止了进步，早早就被时代甩在身后，早早就因此而茫然、不知所措——早早晚晚，你也会遇到越来越多这样的人。他们的共同特征只有一个：

| 没有自学能力。

有一个统计指数，叫作人类发展指数（Human Development Index），它的曲线怎么看都有呈指数级上升的趋势。

```python
import matplotlib.pyplot as plt
import numpy as np
plt.figure(figsize=(10, 5))

lebdata = np.genfromtxt('life-expectancy-china-1960-2016.txt',
                        delimiter=',',
                        names=['x', 'y'])

hdidata = np.genfromtxt('hdi-china-1870-2015.txt',
                        delimiter=',',
                        names=['x', 'y'])


plt.plot(hdidata['x'], hdidata['y'], label='Human Development Index')
plt.tick_params(axis='x', rotation=70)
plt.title('China: 1870 - 2015')
```

```
plt.plot(lebdata['x'], lebdata['y'] * 0.005, label='Life Expectancy from Birth')
plt.plot(secondary_y=True)

plt.legend()

# plt.savefig('human-development-index-china-1870-2015.png', transparent=True)
plt.show()

# link:
# https://ourworldindata.org/human-development-index

# data from:
# blob:https://ourworldindata.org/44b6da71-f79e-42ab-ab37-871e4bd256e9
```

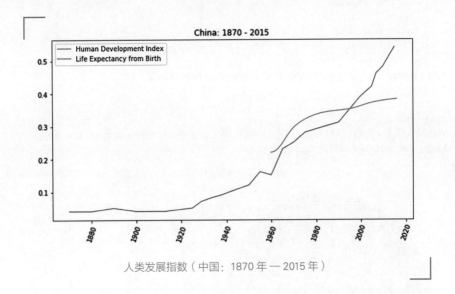

人类发展指数（中国：1870 年—2015 年）

　　社会发展越来越快，我们要面对的人生越来越长。假如在那一段与你的直觉或猜想并不相同的人生路上，你居然没有磨炼过自己的自学能力，你竟然眼睁睁地看着自己被别人甩在身后却无能为力，在接下来那么长的时间里，难道你要"苦中作乐"吗？

　　没有未来的日子，该怎么过呢？

　　我本科学的是会计专业，毕业后跑到国外读宏观经济学研究生，但没读完。后来，我回到国内，做计算机硬件批发，去新东方教托福课程。离开新东方之后，我创业，做投资，在这期间不断写书……事实上，我的经历在这个时代并不特殊——有多少人在自己的职业生涯中所做的事情与当年在大学里所学的专业相符呢？

纽约联邦储备银行在 2012 年做过一个调查，发现人们的职业与大学所学专业相符的比例连 30% 都不到。而且，我猜，这个比例会持续下降——因为这个世界变化太快，因为大多数教育机构与世界发展脱钩的程度正变得越来越严重……

```python
import matplotlib.pyplot as plt

labels = ['Major Match' '']
sizes = [273, 727]
colors = ['#E2E2E2', '#6392BF']
explode = (0, 0.08)
plt.figure(figsize=(7, 7))
plt.pie(sizes,
        labels=labels,
        explode=explode,
        autopct='%1.1f%%',
        colors=colors,
        startangle=270,
        shadow=True)
# plt.savefig('major-match-job.png', transparent=True)
plt.show()

# data from:
# https://libertystreeteconomics.newyorkfed.org/2013/05/do-big-cities-help-
college-graduates-find-better-jobs.html
```

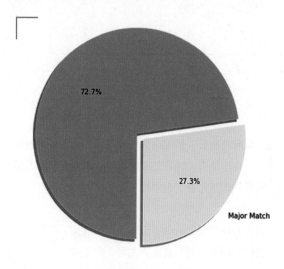

2012 年纽约联邦储备银行对人们的职业与大学所学专业相符程度所做的调查

很多人终生饱受**时间幻觉**的拖累。

小时候觉得时间过得太慢，那是幻觉；长大了觉得时间过得越来越快，那还是幻觉。时间的流逝从来都是匀速的。其实，最大的幻觉在于，总是以为"时间不够了"——这个幻觉最坑人。许多年前，有一次我开导我老婆，让她去学一样东西。她说："啊？得学五年才行啊？！太长了！"我说：

> "你回头看看，想想，五年前你在做什么？是不是回头一看，五年前的事儿就好像是昨天发生的？道理是一样的，五年后的某一天，你回头想今天，也会觉得'一转眼五年就过去'了。只不过，你今天觉得需要花的时间太长，所以不肯去学。但是，不管你学还是不学，五年还是会'一转眼就过去'的……到那时再想起这事儿，你一定会为今天没去学而后悔——事实上，你已经为'之前要是学了就好了'后悔过很多次了，不是吗？"

现在回头看，当年的开导是非常成功的。今天，她已经真的可以被称为"自学专家"了。各种运动在她那里都不是事儿：健身，可以拿北京市亚军，登上《健与美》杂志的封面；羽毛球，可以参加专业比赛；潜水，潜遍了全球的潜水胜地，拿到的教练证比她遇到的所有教练拿到的都多、级别也更高；帆船，可以组队横跨大西洋；爬山，登上了喜马拉雅……

都说"人要有一技之长"，那这"一技"究竟是什么呢？

> 自学能力是唯一值得被不断磨炼的长技。

磨炼出自学能力的好处在于，无论这世界需要我们学什么，我们都可以主动去学，并且马上开始——既不需要等别人教，也不需要让别人带。

即使拥有很强的自学能力，也并不意味着，什么都能马上学会、学好，到最后无所不精、无所不通……因为这里有个时间问题。无论学什么，都要耗费时间和精力，与此同时，更难的是要保持耐心。另外，在极端情况下，多少也会面临天分问题。例如，身高可能会影响打篮球时的表现，长相可能会影响表演的效果，唱歌跑调貌似很难被纠正，有些人的粗心大意其实是由基因决定的，等等。不过，根据我的观察，无论什么，哪怕只学会一点点，都比不会强，即使只有中等水平，也足以应付生活、工作、养家糊口的需求。

我在大学里学的是会计专业，毕业后找不到对口的工作，只好去做销售——没人教啊！怎么办？自学。当然，我也有自学结果不怎么样的时候，研究生的课程我就没读完。后来听说在新东方教书赚钱多，可我的英语不怎么样啊！怎么办？自学。离开新东方去创业，可时代早就变了！怎么办？自学。学得不怎么样，怎么办？硬挺。尽管在创业上没大成，但我竟然在投资领域开花结果。可是，赚了钱就一切平安如意了吗？并不是——我要面对从来没有遇到过的一些困境甚至险恶的局面！怎么办？自学。除了这些，更让我痛苦的是：关于投资，我没有受过任何有意义的训练！怎么办？自学。感觉自己理解得差不多了，一出手却失败了！怎么办？接着学。

我出生在边疆小镇，出身平平，父母是普通教师，儿时受到的教育也一般，因为太淘气，后来也没考上什么好大学。说实话，我自认天资也一般——我就是那种由基因决定的经常马虎大意的人。尽管我岁数都这么大了，但情商不是一般的差，还是跟年轻的时候一样，经常莫名其妙就把人给得罪透了……

不过，我过得一直不算差。

靠什么呢？我觉得只有一样东西是真正可靠的——**自学能力**。于是，经年累月，我磨炼出了一套属于自己的本领：只要我觉得有必要，就什么都肯学，而且无论学什么都能学到够用的程度……编程，我不是靠上课学会的；英语，不是哪个老师教我的；写作，不是谁能教会我的；教书，我没有上过师范课程；投资，更没人能教我——我猜，也没人愿意教我……自己用的东西自己琢磨，挺好。

关键在于，自学这件事，既不困难，也不复杂，甚至挺简单的，因为它所需要的一切都很朴素。

于是，从某个层面看，我每天都过得很开心。为什么？因为我有未来。我凭什么那么确信？因为我知道自己有自学能力。

——我希望你也有。

准确地讲，希望你有个更好的未来。

而现在，我猜，你心中也是默默如此作想的吧。

第 2 章

为什么将编程作为自学的入口

很多人误以为"编程"是一件很难的事情。

实则不然——这恰恰是我们选择"编程"作为自学的第一个"执行项目"的原因。

一本关于自学能力的书,若真能起作用,就必须让读者在读之前和读之后不一样。例如,读之前可能没有自学能力,或者自学能力较差,读之后就拥有了一定的自学能力。

然而,这很难做到——对读者来说很难,对作者来说更难。我当过那么多年被学生高度评价的老师,出版过若干本畅销且长销的图书,所以,我清楚地知道例子的重要性。

道理当然很重要。可是,在传递道理的时候,相对来看,例子好像更重要。

同样的道理:例子不准确,人就可能会理解错;例子不精彩,人就可能听不进去;如果例子可以达到令人震惊的程度,就可以让听众或者读者"永生不忘"。

许多年前,有位后来在美国读书、已经博士毕业的学生给我写信,大意是:

> 好多年前,我在新东方上课,听您讲,"人学习就好像动物进化一样……很多人很早就停止了进化,本质上跟猴子没啥区别"。
>
> 那段类比好长,细节我记不太清了。可是,当时我是出了一身汗的,因为我忽然觉得自己是一只猴子。在那一刻,我不想继续做猴子,更不想一直做猴子!
>
> 从那之后,我好像变了一个人……现在我已经博士毕业了,觉得应该写封信告诉您,我不再是猴子了,最起码是大猩猩,而且我保证,我会一直进化。
>
> ……

所以啊，在我看来，在写书和讲课之前，最重要的工作，也是做得最多的事情，其实就是"找到好例子"。也就是说，要先找到很多恰当的、合适的例子，再通过反复比较和试验，挑出那个效果最好的例子。了解了这一点，相信将来你为任何演讲做准备时，都会不由自主地多花一点时间在这个方面——效果肯定比"把幻灯片做得更花哨一些"好太多了。

后来，我选中了一个例子，就是**自学编程**——"尽量只通过阅读学会编程"。

理由

选择它的理由，首先就在于：

| 事实证明，**它就是无论什么人都能学会的**——千万别不信。

它老少皆宜——"只要你愿意"，十二岁的孩子可以学，十八岁的大学生可以学，在职人员可以学……就算是已经退休的人，也是想学就能学的，谁也拦不住。

它不分性别，男性可以学，女性同样可以学，性别差异在这里完全不存在。

它不分国界，更没有区域差异。互联网的恩惠在于，你在北京、纽约也好，老头沟、门头沟也罢，在这个领域里没有任何具体的差异。

尤其是在中国。中国的人口密度不均，优质教育资源在某些地区是稀缺资源。然而，编程领域是当今世上极为罕见的一个**教育机会公平之地**。不仅在中国如此，事实上，在全球范围内都是如此。

编程是正常人都能学会的技能

编程作为"讲解如何习得自学能力的例子"，实在是太好了。

首先，编程这个东西总归要靠自学——不信你问问计算机专业的人，他们会如实告诉你的。学校里确实也教编程，但说实话，"修行在个人"。

其次，编程这个东西最适合"仅靠阅读自学"。这个领域发展很快，所以，当新东西出现的时候，很可能没有老师来教授，不管是谁，都只能去阅读官方文档——只此一条路。

最后，也是最重要的一条：别管是不是有很多人觉得编程很难学，事实上，它就是每个人都应该具备的技能。

许多年前，不识字的人被称为"文盲"。

后来，人们发现，不识英文的人也成了"文盲"。因为科学文献的主导语言是英语，所以，不懂英语，什么都"吃不上热乎的"；好不容易等到"菜"端上桌，早就"凉了"不说，连"味道"都常常会变……

再后来，不懂基本计算机操作技能的人也算"文盲"。因为他们无论做什么事情，效率都太低了，明明可以用快捷键一下子完成的工作，他们却非要手动重复操作……

现在，不懂如何进行数据分析的人也被算作"文盲"了。许多年前，当人们惊呼"信息时代来了"的时候，其实还没有体会到与以往太大的不同。许多年过去了，互联网上格式化的数据越来越多，其中的一部分甚至是实时产出的，于是，数据分析不仅成了必备的能力，而且早就开始直接影响一个人的薪资水平了。

作为一个个体，我们每天都会"生产"各种各样的数据。这些数据时时刻刻都在被别人获取、使用、分析……如果我们全然没有数据分析能力，甚至不知道这件事很重要，是不是很可怕？看看身边，有多少人想过这件事？似乎有不少天天"刷"着由机器算法生成的信息流且乐此不疲的人，不知他们是否在意……

怎么办？

学呗，学点编程——巧了，这还真是个正常人都能学会的技能。

应对"过早引用"

编程作为"讲解如何习得自学能力的例子"最好的地方在于，这个领域的知识结构与每个人所面对的人生中的知识结构最为接近。

这是什么意思呢？

编程入门的门槛高，有一个比较特殊的原因：

| 它的知识点结构不是线性的。

我们在中小学阶段使用的教科书，其中每个章节所涉及的知识点之间基本上是线性关联的——第一章学好了，就有了学习第二章的基础；在第二章中讲解的概念，不会出现在第一章中……

但是，很遗憾，编程涉及的知识点没办法这样组织——就是不行。编程教材之所以难以读懂，就是因为各章中的知识点结构不是线性排列的，这让读者经常会在某一章中遇到一些不知道在后面的哪一章中才可能讲解清楚的概念。

例如，几乎所有的 Python 编程书籍一上来都会举这样一个例子：

```
print('Hello, world!')
```

不管这个例子是意义非凡还是意义莫名，关键在于，print() 是个函数，而函数这个概念是不可能一上来就讲清楚的，只能在若干章之后才开始讲解。

> 对当前知识点的理解，依赖于对以后才能开始学习的某个甚至多个知识点的深入理解。

这种现象，可以借用一个专门的英文概念"Forward References"来描述——它原本是计算机领域的一个术语 [1]。为了配合当前的语境，姑且把它翻译为 "过早引用" 吧（翻译成 "前置引用" 也行）。

学校里使用的课本，内容结构都很严谨——任何概念，未经声明就禁止使用。所以，按照课本的内容，学完一章，就能学下一章，如果跳到某一章，遇到不熟悉的概念，往前翻翻，肯定能找到相关的解释。在学校里习惯于跟随这种知识体系去学习的人，离开学校之后大都马上抓瞎——**社会的知识结构不仅不是这样的，而且几乎全都不是这样的**。在工作中，在生活里，充满了各式各样的 "过早引用"。为什么总是要到多年以后，才能明白父母曾经说过的话那么有道理？为什么总要到孩子已经长大，才反应过来当初自己对孩子做过很多错误的事情？为什么在自己成为领导之前，总是以为领导只不过是在 "忽悠" 自己？为什么那么多人创业失败之后，才能明白当初投资人提醒的一些观念其实是千真万确的？因为很多概念、很多观念被 "过早引用" 了，而在当时，我们没有办法正确地理解它们。

自学编程在这方面的好处在于，在自学的过程中，你相当于过了一遍 "模拟人生"。于是，同样面对 "过早引用"，你不会觉得那么莫名其妙，你会用一套自己早已在 "模拟人生" 中练就的方法论去应对。

一举两得

另外一个把编程作为 "讲解如何习得自学能力的例子" 最好的地方在于，我们在这个过程中将不得不习得英语——起码要习得英语阅读能力——它能让我们在不知不觉中 "脱盲"。

在学习编程的过程中，最重要的活动就是 "阅读官方文档"，在学习 Python 的过程中更是如此。Python 有很多非常优秀的地方，其中一个令人无法忽视的优点就是，它的文档极为完善。Python 甚至拥有专门的文档生成工具——Sphinx [2]。

> Sphinx is a tool that makes it easy to create intelligent and beautiful documentation, written by Georg Brandl and licensed under the BSD license.
>
> It was originally created for the Python documentation, and it has excellent facilities for the documentation of software projects in a range of languages. Of course, this site is also created from reStructuredText sources using Sphinx!

---

[1] https://en.wikipedia.org/wiki/Forward_declaration。

[2] http://www.sphinx-doc.org/en/master/。

最好的 Python 教程是 Python 官方网站上的 *The Python Tutorial* [1]——读它就够了。我个人完全没兴趣从头到尾写一本 Python 编程教材，不仅因为这个文档写得真是好，还因为它就放在那里，任何人都可以随时获取。

虽然在 Python 官方网站上很难找到 *The Python Tutorial* 的中文版，虽然不告诉你它的中文版到底在哪里显得很不厚道，但是，我仍然建议你只看英文版。因为离开这个教程之后，我们还是要面对"在学习编程时绝大多数内容都是英文的"这个现实。

为了照顾那些想读完本书，但出于种种原因想着读中文可以节省一些时间的人，我还是把链接放在这里：

- https://docs.python.org/zh-cn/3/tutorial/index.html
- http://www.pythondoc.com/pythontutorial3/（针对 Python 3.6.3）

我曾经专门写过一本书发布在网上，叫《人人都能用英语》[2]。其中的观点就是：大多数人之所以在英语这事上很"矬"，是因为他们花了无数的时间去"学"，**但就是"不用"**。学以致用，用以促学。如果学了但是不用，无论如何就是不用，那无论花多长时间也学不好。

自学编程的一个"副作用"是**你不得不用英语**，而且要天天用，不停地用。

我上大学的时候，最初英语也不好。不过，当时因为想读英文版的《动物庄园》（*Animal Farm*），所以只能用英语，然后，我的英语阅读就基本过关了。

原理大抵是这样的：刚开始，英语就好像一层毛玻璃，隔在你和你很想要了解的内容之间；然而，由于你对那内容的兴趣和需求如此强烈，强烈到即便隔着毛玻璃你也要挣扎着去看清楚的地步……挣扎的时间长了（其实没两天就不一样了），你的"视力"就进化了——毛玻璃还在那里，但你好像可以穿透它，看清一切……

这样看来，自学编程也算一举两得了！

自学经验的积累

当然，把编程作为"讲解如何习得自学能力的例子"实在是太好了的最重要的原因在于，自学编程对任何人来说都绝对是——

---

[1] https://docs.python.org/3/tutorial/index.html，后面会多次提到它。

[2] https://github.com/xiaolai/everyone-can-use-english。

- 现实的（Practical）
- 可行动的（Actionable）
- 可达成的（Achievable）

最重要的就是最后这个"可达成的"。虽然对读者和作者来说，一个没那么容易做到，一个非常难讲清楚，但是，既然是所有人都"可达成的"，总得试试吧？请相信我，这件事比减肥容易多了——毕竟你不是在跟自己的基因作斗争。

这只是个起点。

尽量只靠阅读学会编程，哪怕仅仅是入门，这经历和经验都是极为宝贵的。

自学是门手艺，只不过它不像卖油翁的手艺那样很容易被别人看到，也没有太多的机会把它拿出来炫耀——因为别人看不到嘛！然而，日积月累，就不一样了。那好处，管别人知不知道呢，我们自己清楚得很！

我们身边总有些人能把别人做不好的事做得极好，很让人羡慕。他们为什么能做到呢？原因很简单啊，因为他们的自学能力强，所以他们能学会大多数自学能力差的人终生学不到的东西。而且，他们的自学能力会越来越强，因为每学会一样新东西，他们都能积累一些自学经验——无以言表的经验。于是，再遇到新东西，他们学起来也相对没那么吃力。

另外，自学者最大的感受就是万物相通。他们经常会说这么一句话："到最后，都是一样的呢。"

最后一个好处

最后一个好处，一句话就能说清楚，并且，随着时间的推移，你对此的感触会越来越深：

> 在这个领域里，自学的人最多……

没有什么比这句话更令人舒心的了：**相信我，你并不孤独。**

第3章

只靠阅读习得新技能

习得自学能力的终极目标就是：

| 有能力**只靠阅读**就能习得新技能。

退而求其次，就是"尽量只靠阅读就习得新技能"。当然，刚开始可能需要人陪着，一起学，一起讨论，一起克服困难……不过，无论如何，都要摆脱"没人教、没人带、没人逼就彻底没戏"的状态。

小时候总是听大人说：

| "不是什么东西都可以从书本里学到的……"

我一度觉得这话很有道理，但后来，我隐约感觉这话有毛病，却无力反驳……

后来，我渐渐明白且越来越相信：

| 我在生活、工作、学习上遇到的所有疑问，书本里应该都有答案——起码可以参考。

"不是什么东西都可以从书本里学到的……"这话之所以听起来那么有道理，只不过是因为自己那时读的书**不够多、不够对**。

过了 25 岁，我就放弃了读小说。虚构类作品，我只看电影；非虚构类作品，我尽量只读原版书。虽然那时候买英文原版书不仅要花很多钱，还要费很大的劲，但我觉得值，因为英文世界和中文世界的文化风格有所不同，重点在于：

| **知识原本就应该是无国界的。**

这些年，我读了不少中国人写的英文书。张纯如的书值得好好读。郑念的 *Life and Death in Shanghai*（中译本名为《上海生死劫》）真的很好。我也读了不少"老外"写的关于中国的书，

例如我一直推荐的费正清的 *The Cambridge History of China*（中译本名为《剑桥中国史》）——当然有中文版，不过，读英文版的感受和读中文版很不一样。

此外，英语在科学研究领域早已成为"主导语言"（Dominant Language）也是不争的事实。不过，英语成为主导语言的结果是，英语本身不断与外来语交融，外来语越来越多（"Long time no see"被辞典收录就是很好的例子）。事实上，英语本身就是个大杂烩……

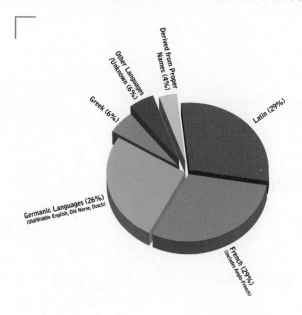

Joseph M. Williams
对英语词汇来源的研究

书读得越多就越能明白，读书少是容易被"忽悠"的——很多人真的会认同"不是什么东西都可以从书本里学到的……"这句话。

很多人在如此教导小朋友的时候，往往是因为世事无常、人性复杂，害怕缺乏人生经验的小朋友吃亏。可事实上，觉得"为人处事的经验貌似从书本里学不来"的人，其实是历史书看少了，那些套路在历史上全都被反复使用过很多次了。有本中文书我要"吐血"推荐——连阔如先生的《江湖丛谈》。粗略一读你就会知道，江湖上那点事儿，早就有人从里到外讲了个遍……

我也遇到过这样的反驳：

│ 书本能教会你做生意吗？！

　　不然呢？世界上那么多商学院都是干嘛的？首先，商学院的存在说明，商业是有迹可循的，是可学习的。其次，商业类书籍非常多，是非虚构类书籍中的一大品类，更为重要的是，做生意这件事，关键要看谁做——有本事（即，比别人拥有更多技能）的人和没本事的人用同样的商业技巧做生意，效果能一样吗？最后，这世界在一个方面从来都没变过：有一技傍身的人，总是不愁生活的。

　　一个更为重要的事实是，仅仅花了数十年时间，互联网本身就已经成为一本大书——关于全世界的一整本大书。也就是在十多年前（2008 年前后）吧，经过几年发展的维基百科（Wikipedia）因为错误百出被众多西方的大学教授指责。可现在呢？它好像天生就有能够进行自我修复的基因，变得越来越值得信赖，越来越好用。

　　在 70 后、80 后长大的那些年里，纸张是信息的主要记录和传递媒介，因此，信息的获取效率极为低下。90 后、00 后呢？有问题直接问搜索引擎就好了，而其结果就是他们的父母天天被他们所掌握的信息量惊到甚至吓到。最近两年更不一样了——我有个在旧金山生活的朋友，他的孩子整天跟 Google 说话，有点问题就直接"Hey, Google"……

　　在我长大的那个年代，"通过阅读了解世界"好像是句很抽象甚至很不现实的话。现在呢？现在，除了阅读，你还能想出更有效的了解世界的方法吗？反正我想不出。

　　有个很有趣的现象：

　　| 　人只要识字，就忍不住要阅读。

　　只不过，人们阅读的内容差别很大。我们很容易就能通过以下两点把有自学能力的人和没有自学能力的人区分开：

　　| 　·有自学能力的人，选择阅读"有繁殖能力"的内容；
　　| 　·没有自学能力的人，阅读只是为了消磨时光……

　　我把那些能给我们带来新视野的、能改变我们思考模式的，甚至能让我们拥有一项新技能的内容，称为"有繁殖能力的内容"。

　　人都一样，在拥有能力之后，就忍不住要去使用它，甚至会不自觉地使用它。

　　那些靠阅读由机器算法推送的内容"杀时间"的人，恰恰就是因为拥有阅读能力，才会不断地读，读啊读……如果这些人拥有足够的自学能力，那么他们很快就会意识到，自己正在阅读的东西不会让自己有产出，只会消磨自己的时间。于是，他们会主动放弃阅读那些用来"杀时间"的内容，把那时间和精力自然而然地用在筛选有"繁殖能力"的内容、让自己进步、让自己习得更多技能上。

所以，只要有一次"只靠阅读习得一项新技能"的经验，你就变成另外一个人了——你会不由自主地运用你新习得的能力。从这个角度看，自学是会上瘾的！能上瘾，却无害，且好处无穷，这样的好事，恐怕难得一遇吧。

我有过只靠阅读学会游泳的经历……听起来不像真的吧？更有意思的是，我曾站在泳池边，仅靠言语讲解，就让当时入水就扑腾的罗永浩同学在半小时内学会了蛙泳——那是他第一次游蛙泳，连 50 米都坚持不下来……

仅靠阅读学会新技能是可能的。你随后会发现一个真相：

> 在绝大多数情况下，没人能教你，也不一定有人愿意教你……到最后，当你想学会或者必须学会什么东西的时候，**你只能靠阅读！**因为其实你谁都靠不上。

我有很多偶像，英国数学家乔治·布尔就是其中一个，因为他就是个几乎只靠阅读自学成才的人。乔治·布尔在十八九岁时就自学了微积分——那可是在将近 200 年前，没有 Google，没有 Wikipedia……然后，他自己创办了学校，给自己打工。他从没上过大学，却能成为爱尔兰科克皇后学院的第一位数学教授。他发明的布尔代数，在将近 100 年后引发了信息革命……达·芬奇也是这样的人——要说惨，他比所有人都惨，因为几乎从一开始就貌似没人有资格和能力教他。

这些例子离我们都太远了。讲个我身边的人，我亲自打过很长时间交道的人。此人姓邱，人称"邱老板"。

邱老板所写的区块链交易所引擎，在 GitHub 上用的是个很霸气的名字——貔貅（英文名用了个生造的词，Peatio）[1]。截至 2019 年春节，这个 Repo 总计有 2913 个 Star、2150 个 Fork，绝对是全球这个领域中最受关注的开源项目。基于貔貅交易引擎的云币网（于 2017 年 9 月关闭），曾是全球排名前三的区块链交易所。

邱老板当年上学上到几年级呢？初中未读完……他的编程和英语全是自学的。学到了什么程度呢？学到了可以创造极有价值的商业项目的程度。他什么学习班都没上过，全靠阅读自学——基本上只读互联网这本大书。

讲真，你没有选择。只靠阅读习得新技能是你唯一的出路。

---

[1] https://github.com/peatio/peatio。

第 4 章

开始阅读前的一些准备

内容概要

Python 编程的基础知识总计 7 节，主要内容概括如下。

- 以布尔值为入口理解程序本质；
- 了解值的分类和运算方法；
- 简要了解流程控制的原理；
- 简要了解函数的基本构成；
- 相对完整地了解字符串的操作；
- 了解各种容器的基础操作；
- 简要了解文件的读写操作。

阅读策略

首先，不要试图一下子全部搞懂。这不仅很难，**在最初的时候也完全没必要**。

在这一部分的知识结构中，充满了"过早引用"。请在第一遍粗略读完第 1 部分（PART ONE）中的第 5 章之后，再去阅读第 1 部分第 6 章关于如何从容应对"过早引用"的内容。

其次，这一部分内容，注定需要**反复阅读若干遍**。

在开始阅读前，要明确这一部分的阅读目标。

阅读这一部分，既无法让你马上就可以开始写程序，也无法让你对编程或者 Python 编程有完整的了解，甚至无法让你真正学会什么……阅读这一部分的目标，只是"**脱盲**"。

不要以为脱盲是件很容易的事。所有人出生的时候，都是天然的"文盲"，要上好多年的学才能够真正"脱盲"。仔细想想吧：小学毕业的时候，真的彻底脱盲了吗？

以中文脱盲为例：学字的同时，要学笔画；为了学更多的字，要学拼音，要学如何使用《新华字典》；学会了一些基础字之后，要学更多的词；在经过大量用词、造句的练习之后，依然经常用错……你看，脱盲和阅读能力强之间，距离还很长呢。不仅如此，阅读能力强和写作能力强之间，距离更长……

最后，反复阅读这一部分的结果是：

- 你对基本概念有了一定的了解；
- 你开始有能力相对轻松地阅读部分官方文档；
- 你可以读懂一些简单的代码。

仅此而已。

心理建设

当我们开始学习一项新技能的时候，我们的大脑会不由自主地紧张——这只不过是以往在学习中不断受挫而产生的积累效应。

可是，你要永远记住两个字：

别怕！

用四个字也行：

啥也别怕！

六个字也可以：

没什么可怕的！

我听到最多的孱弱之语大抵是这样的：

我一个文科生……

哈哈，从某个层面看，编程既不属于文科，也不属于理科，它更像"手工课"。学得越深入，你对这个事实的认知就越清楚。编程就好像做木工活，先学会使用一件工具，再学会使用另外一件工具……其实，工具总共也没多少件。然后，你更多要做的是各种拼接工作。至于能做出什么东西，完全取决于你的想象力。

十来岁的孩子都可以学会的东西，你怕什么？

别怕。无论说给自己，还是讲给别人，都是一样的，它可能是人生中最重要的鼓励词。

关于这一部分内容中的代码

这本书在 GitHub 上进行了开源，所以，你可以一边读这本书的印刷版，一边在 GitHub 上执行或者修改书中的代码。

在 GitHub 上，对这本书中所有的代码，都可以在选中代码单元格（Code Cell）之后，按快捷键 "Shift+Enter" 或 "Ctrl+Enter" 执行，查看结果。少量执行结果太长的代码，其输出内容被设置成了 "Scrolled" 形式的，可以通过触摸板或鼠标滚轮滚动查看。为了避免大量使用 print() 函数才能看到输出结果，在很多代码单元格的开头插入了如下代码：

```
from IPython.core.interactiveshell import InteractiveShell
InteractiveShell.ast_node_interactivity = "all"
```

你可以暂时忽略它们的含义和工作原理，但要注意：有时，需要第二次执行代码，才能看到全部的输出结果。

另外，有少量代码示例，为了让读者每次执行的时候看到不同的结果，使用了随机函数为其中的变量赋值，例如：

```
import random
r = random.randrange(1, 1000)
```

同样，你可以暂时忽略它们的含义和工作原理，只需要知道：因为有它们在，每次执行那个单元格中的代码，会得到不同的结果。

除了直接在 GitHub 上浏览这本书，以及阅读这本书的印刷版，你还可以通过在本地搭建 JupyterLab 环境来阅读这本书。

> 请参阅《JupyterLab 的安装与配置》一文：
>
> https://github.com/selfteaching/the-craft-of-selfteaching/blob/master/markdown/T-appendix.jupyter-installation-and-setup.md
>
> 尤其要仔细看看其中 "关于 JupyterLab themes" 一节，否则，阅读体验会有很大的差别。

另外，在使用 nteract 桌面版 App 浏览这本书的 .ipynb 文件时，有些使用了 input() 函数的代码是无法在 nteract 中执行的。

第5章第1节

入口

"速成",对绝大多数人[1]来说,在绝大多数情况下,是不大可能的。

编程如此,自学编程更是如此。有时,遇到复杂一点的知识,连快速入门都不一定是很容易的事情。所以,这一章的名称,特意从"入门"改成了"入口"——它的作用是"指一个入口",至于能否从那个入口进去,就看我们自己的了。

不过,我指出的入口,跟别的编程入门书籍不一样——它们几乎无一例外,都是从一个"Hello World!"程序开始的……而我们呢?

让我们从认识一个人开始吧。

乔治·布尔

1833 年,一个 18 岁的英国小伙子脑子里闪过一个念头:

> **逻辑关系**应该能用**符号**表示。

---

[1] 对于自学能力强、有丰富自学经验的人来说,速成往往真的是可能的和可行的,因为他们的知识与经验会在习得新技能的过程中发挥巨大的作用,以至于他们看起来只要花相对于别人极少的时间,就能完成整个自学任务。也就是说,将来的那个已经习得自学能力且已经将自学能力磨炼得很强的你,常常真的可以做到别人眼里的"速成"。

这个小伙子叫乔治·布尔[1]（George Boole，其实之前就提到过我的这位偶像），于 1815 年出生于伦敦北部 120 英里之外的一个小镇——林肯。他的父亲是位对科学和数学有着浓厚兴趣的鞋匠。乔治·布尔在父亲的影响下，靠阅读自学成才。14 岁的时候，他就在林肯小镇声名大噪，因为他翻译了一首希腊语的诗歌并发表在本地的报纸上。

16 岁时，乔治·布尔被本地的一所学校聘为教师——那时候，他已经在阅读微积分方面的书籍了。在 19 岁的时候，乔治·布尔创业了。他办了一所小学，自任校长兼教师。23 岁，他开始发表数学方面的论文。他发明了"操作演算"，即通过操作符号来研究微积分。他曾经考虑过去剑桥读大学，但后来放弃了——为了入学，他不仅必须放下自己的研究，还得去学习标准的本科生课程，而这对一个长期只靠自学成长的人来说，实在无法忍受。

1847 年，32 岁的乔治·布尔出版了他人生的第一本书——*The Mathematical Analysis of Logic*（中译本名为《逻辑的数学分析》）——18 岁那年的闪念终于成型。这本书很薄，只有 86 页，但最终它成了人类的瑰宝。在这本书里，乔治·布尔很好地解释了如何使用代数形式表达逻辑思想。

1849 年，34 岁的乔治·布尔被当年刚刚成立的科克皇后学院聘请为第一位数学教授。随后，他开始写那本最著名的书——*An Investigation of The Laws of Thought*（中译本名为《思维规律的研究》）。他在这本书的前言里写道：

> "The design of the following treatise is to investigate the fundamental laws of those operations of the mind by which reasoning is performed; to give expression to them in the symbolical language of a Calculus, and upon this foundation to establish the science of Logic and construct its method; …"
>
> "本书论述的是：探索心智推理的基本规律；用微积分的符号语言进行表达，并在此基础上建立逻辑和构建方法的科学……"

在大学任职期间，乔治·布尔写了两本教科书，一本讲微分方程，另外一本讲差分方程。特别是前者——*A Treatise on Differential Equations*——直到今天，依然难以超越。

乔治·布尔

---

[1] https://en.wikipedia.org/wiki/George_Boole。

乔治·布尔于 1864 年因肺炎去世。

乔治·布尔在世的时候，人们并未对他的布尔代数产生太多的兴趣。直到 70 年后，克劳德·香农[1]（Claude Elwood Shannon）发表了那篇著名的论文 *A Symbolic Analysis of Relay and Switching Circuits*（中译名为《继电器与开关电路的符号分析》），布尔代数才开始被大规模应用到实处。

有本书可以在闲暇时间翻翻——*The Logician and the Engineer: How George Boole and Claude Shannon Created the Information Age*。可以说，没有乔治·布尔的**布尔代数**，没有克劳德·香农的**逻辑电路**，就没有后来的计算机，就没有后来的互联网，就没有现在的信息时代——世界将会怎样？

2015 年，乔治·布尔诞辰 200 周年，Google 设计了专门的 Logo 来纪念这位为人类作出了巨大贡献的自学奇才。

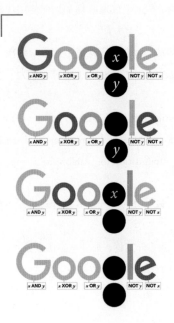

2015 年，Google 为纪念乔治·布尔诞辰 200 周年设计的 Logo

Google Doodle 的寄语是这样的：

> A very happy **11001000th** birthday to genius George Boole!

---

[1] https://en.wikipedia.org/wiki/Claude_Shannon。

布尔运算

从定义上看，所谓**程序**（Program），其实一点都不神秘。

因为程序这个东西，不过是按照一定顺序完成任务的**流程**（Procedure）而已。打个比方，你做一盘蛋炒饭给自己吃，就是完成了一个"做蛋炒饭"的程序——你按部就班，完成了一系列的步骤，最终做好了一盘蛋炒饭。从这个角度看，所有的菜谱都是程序……

只不过，菜谱这种程序，编写者是人，执行者还是人；而我们即将要学习编写的程序，编写者是人，执行者是计算机。当然，菜谱是用自然语言编写的，计算机程序是用编程语言编写的。

然而，这些都不是最重要的差异。最重要的差异在于——计算机能做**布尔运算**（Boolean Operation）。于是，对一段写好的代码，计算机在执行的过程中，除了可以"按照顺序执行任务"，还可以"根据不同的情况执行不同的任务"。例如，"如果条件尚未满足，则重复执行某一任务"。

计算器和计算机都是电子设备，但计算机的功能更为强大的原因，用通俗的语言来描述，就是它"**可编程**"（Programable），而所谓"可编程"的核心就是布尔运算及其相应的**流程控制**（Control Flow）。没有布尔运算能力，就没有办法实现流程控制；没有流程控制，就只能"按顺序执行"，而这显得"很不智能"……

布尔值

在 Python 语言中，**布尔值**（Boolean Value）用 True 和 False 来表示。

请小心区分大小写——Python 解释器是对大小写敏感的，对它来说，True 和 true 不是一回事。

任何一个**逻辑表达式**都会返回一个布尔值。

```
from IPython.core.interactiveshell import InteractiveShell
InteractiveShell.ast_node_interactivity = "all"
# 请暂时忽略以上两行

1 == 2
1 != 2
```

```
False
True
```

1 == 2，用自然语言描述就是"1 等于 2 吗？"——它的布尔值当然是 False。

1 != 2，用自然语言描述就是"1 不等于 2 吗？"——它的布尔值当然是 True。

注意：自然语言中的"等于"，在 Python 编程语言中使用双等号 == 表示，**不是单等号**！

请再次注意：单等号 = 另有用处。初学者最不适应的就是，在编程语言里使用的操作符，与他们之前所习惯的使用方法并不相同。不过，适应一段时间就好了。

逻辑操作符

Python 语言中的**逻辑操作符**（Logical Operators）如下表所示。为了理解方便，也可以将其称为"比较操作符"。

逻辑操作符

比较操作符	意　义	示　例	布 尔 值
==	等于	1 == 2	False
!=	不等于	1 != 2	True
>	大于	1 > 2	False
>=	大于等于	1 >= 1	True
<	小于	1 < 2	True
<=	小于等于	1 <= 2	True
in	属于	'a' in 'basic'	True

除了等于、大于、小于，Python 还有一个逻辑操作符 in。表达式 'a' in 'basic'，用自然语言描述就是：

> *'a' 存在于 'basic' 这个字符串中吗？（属于关系）*

布尔运算操作符

在以上例子中，逻辑操作符的**运算对象**（Operand）是数字值和字符串值。

针对布尔值进行运算的操作符很简单，只有三种，即，与、或、非。

> 与、或、非分别用 and、or、not 表示。

注意：它们全部是小写的。因为布尔值只有两个，所以布尔运算的结果也只有 10 种。

and	True	False	or	True	False	not	True	False
True	True	False	True	True	True		False	True
False	False	False	False	True	False			

布尔运算的结果

先别管以下代码中 print() 函数的工作原理，现在只需要关注其中布尔运算的结果：

```
print('(True and False) yields:', True and False)
print('(True and True) yields:', True and True)
print('(False and True) yields:', False and True)
print('(True or False) yields:', True or False)
print('(False or True) yields:', False or True)
print('(False or False) yields:', False or False)
print('(not True) yields:', not True)
print('(not False) yields:', not False)
```

```
(True and False) yields: False
(True and True) yields: True
(False and True) yields: False
(True or False) yields: True
(False or True) yields: True
(False or False) yields: False
(not True) yields: False
(not False) yields: True
```

千万不要以为布尔运算是理科生才必须会和用得上的东西。例如，设计师在使用计算机绘制图像的时候，也要频繁使用布尔运算操作与、或、非来完成各种图案的拼接。抽空看看 Boolean Operations used by Sketch App[1] 这个网页。这类设计软件是每个人都用得上的东西。同样的道理，难道艺术生就不需要学习文科或者理科知识了吗？事实上，他们也要上文化课。

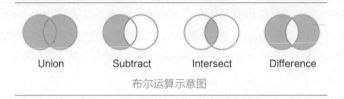

Union   Subtract   Intersect   Difference

布尔运算示意图

流程控制

有了布尔运算能力，才有根据情况决定流程的所谓**流程控制**能力。

```
import random
r = random.randrange(1, 1000)
# 暂时忽略以上两句的原理，只需要了解其结果
# 引入随机数，然后，每次执行程序的时候，r 的值会不同

if r % 2 == 0:
    print(r, 'is even.')
else:
    print(r, 'is odd.')
```

---

[1] https://www.sketch.com/docs/shapes/boolean-operations/。

```
693 is odd.
```

可以多执行几次以上程序，每次的执行结果都不同（执行方法是：选中上面的 Cell，然后按快捷键"Shift + Enter"）。

现在看代码。先忽略其他部分，只看关键部分：

```
...
if r % 2 == 0:
    ...
else:
    ...
```

这个 if/else 语句，实现了流程的**分支**功能。% 是用于计算余数的符号。如果 r 除以 2 的余数等于 0，那么它就是偶数；否则，它就是奇数——写成布尔表达式，就是 r % 2 == 0。

这一次，我们看到了单等号 = ——r = random.randrange(1, 1000)。这个符号在绝大多数编程语言中的含义都是"**赋值**"（Assignment）。

在 r = 2 中，r 是一个名称为 r 的**变量**（Variable）。现在只需要将变量理解为程序保存**数值**的地方，= 是赋值符号，2 是一个整数**常量**（Literal）。

语句 r = 2 用自然语言描述就是：

> 把 2 这个值保存到名称为 r 的变量之中。

现在不要在意头两行代码的工作原理，只关注它的工作结果：random.randrange(1, 1000)。这部分代码的作用是返回一个 1 到 1000 之间（含左侧的 1，不含右侧的 1000）的随机整数。每次执行以上程序，就生成一个新的随机整数。然后，因为 = 的存在，这个数会被保存到 r 这个变量中。

计算机程序的所谓"智能"（起码相对于计算器），首先体现在它能做布尔运算上。计算机的另外一个好处是"不知疲倦"（反正它也不用自己去交电费），所以，它最擅长处理的就是"重复"的事情——在程序语言中，与这个词对应的术语是**循环**（Loop）。执行如下程序，可以打印出 10 以内的所有奇数。

```
for i in range(10):
    if i % 2 != 0:
        print(i)
```

```
1
3
5
7
9
```

其中，`range(10)` 的返回值是 0 ~ 9 中的整数序列（默认起始值是 0；含左侧的 0，不含右侧的 10）。

用自然语言描述以上程序，大概是这样的（自然语言写在 # 之后）：

```
for i in range(10):      # 将 0 ~ 9 中的所有数字都代入 i 这个变量，执行一次以下任务
    if i % 2 != 0:       #     如果 i 除以 2 的余数不等于 0，执行下面的语句
        print(i)         #         向屏幕输出 i 这个变量中保存的值
```

就算让它打印出 100 亿以内的奇数，它也毫不含糊——只要在 `range()` 函数的括号里写上一个那么大的整数就可以了。

如果我们让它完成一点稍微复杂的工作呢？例如，打印出 100 以内所有的质数（Prime Number）。

根据质数的定义，它大于等于 2，且只有在以它自身或者 1 为除数时余数为 0。判断一个数字是否为质数的算法是这样的：

- 设 n 为整数，n >= 2。
- 若 n == 2，则 n 是质数。
- 若 n > 2，就把 n 作为被除数，以 2 到 n - 1 为除数，逐一计算，看看余数是否等于 0。
  - 如果余数等于 0，就不用接着算了，因为它不是质数。
  - 如果全部都试过了，余数都不是 0，那么它是质数。

于是，我们需要两个**嵌套**的循环。第一个负责被除数 n 从 2 到 99（题目要求为 100 以内，所以不包含 100）的循环；在第一个循环内部，需要另外一个负责除数 i 从 2 到 n 的循环。

```
for n in range(2, 100): # range(2,100) 表示含左侧的 2, 不含右侧的 100
                        # 是不是第三次看到这个说法了？
    if n == 2:
        print(n)
        continue
    for i in range(2, n):
        if (n % i) == 0:
            break
    else:                      # 这里目前你可能看不懂……先关注结果吧
        print(n)
```

```
2
3
5
7
...
79
```

```
83
89
97
```

所谓算法

以上算法是可以改进（程序员们经常用的词是"优化"）的：

| 从以 2 为除数开始尝试，试到根号 n 之后的一个整数。

```
for n in range(2, 100):
    if n == 2:
        print(n)
        continue
    for i in range(2, int(n ** 0.5)+1):      # 为什么要加 1？以后再说
                                              # n 的 1/2 次方，相当于根号 n

        if (n % i) == 0:
            break
    else:
        print(n)
```

```
2
3
5
7
...
79
83
89
97
```

寻找更有效的算法，或者说，不断优化程序、提高效率，是程序员要做的工作，不是编程语言本身要做的工作。关于判断质数的最快的算法，可以看看 Stackoverflow 上的讨论[1]，如果有时间，也可以翻翻 Wikipedia。

所有的工具都一样，效用取决于使用它的人。所以，学会使用工具固然重要，更为重要的是与此同时必须不断提高自己的能力。

虽然学写代码的门槛好像很高，但这只不过是错觉，其实，门槛比它高的事情多了去了。到最后，它就是个基础工具，它能实现什么，还是取决于我们的思考能力。这就好像：识字

---

[1] https://stackoverflow.com/questions/1801391/what-is-the-best-algorithm-for-checking-if-a-number-is-prime。

其实挺难的，经过小学、初中、高中十来年，我们才掌握了基本的阅读能力；可最终，即便是本科毕业、研究生毕业，真能写出一手好文章的人还是少之又少一样。值得用文字写出来的是思想，值得用代码写出来的是创新——起码是有意义的问题的有效解决方案。有思想、能解决问题，这是另外一门手艺——需要终生精进的手艺。

所谓函数

我们已经见过 print() 这个**函数**（Function）很多次了。它的作用很简单，就是把传递给它的值输出到屏幕上。而事实上，它的使用细节很多，以后会慢慢讲。

现在，最重要的是初步理解一个函数的基本构成。与**函数**相关的概念有函数名（Function Name）、**参数**（Parameter）、返回值（Return Value）、调用（Call）。

以一个更为简单的函数作为例子——abs()。它的作用很简单：接收一个数字并将其作为参数，经过运算，返回该数字的绝对值。

```
a = abs(-3.1415926)
a
```

```
3.1415926
```

在以上的代码的第 1 行中：

- 调用一个函数名为 abs 的函数，其写法是 abs(-3.1415926)。这么写，就相当于向它传递了一个参数，其值为 -3.1415926。
- 该函数接收到这个参数之后，根据这个参数的值在函数内部进行运算。
- 该函数返回一个值。返回值为之前接收到的参数的值的绝对值 3.1415926。
- 这个值被保存到变量 a 中。

从结构上看，每个函数都是一个完整的程序，因为一个程序的核心就是输入、处理、输出。

- 它有输入，即，它能接收外部通过参数传递的值。
- 它有处理，即，它内部有能够完成某一特定任务的代码，尤其是它可以根据"输入"得到"输出"。
- 它有输出，即，它能向外部输送返回值。

被调用的函数，也可以被理解为**子程序**（Sub-Program）——主程序执行到函数调用处，就开始执行实现函数的那些代码，然后返回主程序。

我们可以把判断一个数字是否是质数的过程写成函数，以便将来随时调用。

```
def is_prime(n):            # 定义 is_prime() 函数，用它来接收一个参数
    if n < 2:               # 使用接收到的那个参数（值），开始计算
        return False        # 不是把结果返回给人，而是把结果返回给调用它的代码
    if n == 2:
        return True
    for m in range(2, int(n**0.5)+1):
        if (n % m) == 0:
            return False
        else:
            return True


for i in range(80, 110):
    if is_prime(i):         # 调用 is_prime() 函数
        print(i)            # 如果返回值为 True, 则向屏幕输出 i
```

```
83
89
97
101
103
107
109
```

细节补充

语句

一个完整的程序是由一个或者多个**语句**（Statement）构成的。在通常情况下，建议在一行中只写一条语句。

```
for i in range(10):
    if i % 2 != 0:
        print(i)
```

```
1
3
5
7
9
```

语句块

在 Python 语言中，**行首空白**（Leading Whitespace，由空格或者制表符构成）有着特殊的含义。

如果有行首空白存在，那么 Python 将认为这一行与邻近的有着相同行首空白的语句同属于一个**语句块**，而一个语句块必须从一个行末带有冒号 : 的语句开始。同属一个语句块的语句，行首空白的数量应该相等。这看起来很麻烦，可实际上，程序员在写代码时一般都会使用专门的文本编辑器（例如 Visual Studio Code），其中有很多辅助工具，可以用来方便地输入具备一致性的行首空白。

在以上程序中，一共有三个语句。这三个语句分成了两个语句块，一个 `for` 循环语句块中包含一个 `if` 条件语句块。注意第 1 行和第 2 行末尾的冒号 : 。

在其他很多编程语言（例如 JavaScript）中，经常使用大括号 {} 作为语句块标识。使用冒号 : 作为语句块标识是 Python 比较特殊的地方。Python 组织语句块的方式如下图所示。

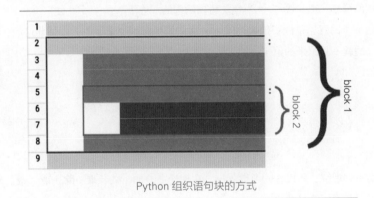

Python 组织语句块的方式

> **注意**
> 在同一个文件里，不建议混合使用空格和制表符——要么全部使用空格，要么全部使用制表符。

注释

在 Python 程序中，可以用 # 来标识**注释**语句。

所谓"注释语句"，就是程序文件里写给阅读代码的人看而不是写给计算机看的部分。本节的代码中就有很多注释。

人写的 Python 语言代码，要被 Python **解释器**翻译成机器语言，才能让计算机"读懂"，然后，计算机才可以按照指令执行。解释器在编译程序的过程中，如果遇到 #，就会忽略其后面的部分（这个符号本身也会被忽略）。

操作符

在本节中，我们见到的比较操作符可以用来比较它左右两侧的值，然后返回一个布尔值。我们也见过两个整数被**操作符** % 连接的用法，左侧的值为被除数，右侧的值为除数，例如，11 % 3 这个表达式的值是 2。对于数字，可用的操作符有 +、-、*、/、//、%、**，它们分别代表加、减、乘、除、商、余、幂。

赋值符号与操作符的连用

现在，我们已经知道了什么是变量，也已经知道了什么是赋值。于是，看到 x = 1 我们就会明白，这是在为 x 赋值，把 1 这个值保存到变量 x 中。

但是，若看到 x += 1，我们就会困惑——这是什么意思呢？

这只是编程语言中的一种惯用法，它相当于 x = x + 1。

看到 x = x + 1，我们依然会困惑……之所以会困惑，是因为我们还没有习惯于把单等号 = 当作赋值符号、把双等号 == 当作逻辑判断中的"等于"。

x = x + 1 的意思是说：把表达式 x + 1 的值保存到变量 x 中去。如此这般，x 这个变量中所保存的就不是原来的值了……

```
x = 0
x += 1
print(x)
```

```
1
```

这其实不难理解，所以——习惯就好。在理论上，加、减、乘、除、商、余、幂这些操作符，都可以与赋值符号并用。

```
x = 11
x %= 3   # x = x % 3
print(x)
```

```
2
```

总结

下面列出这一节中的重要概念。了解它们及它们之间的关系，是下一步学习的基础。

- 数据：整数、布尔值；操作符；变量、赋值；表达式。

- 函数、子程序、参数、返回值、调用。

- 流程控制、分支、循环。

- 算法、优化。

- 程序：语句、注释、语句块。

- 输入、处理、输出。

- 解释器。

你可能已经注意到，把这一章的节名称罗列出来，看起来就像一本编程书籍的目录，只不过概念的讲解顺序不同而已。事实上，真的就是这么回事。

这些概念，基本上都是**独立**于编程语言（Language Independent）的。无论将来学习哪种编程语言，不管是 C++，还是 JavaScript，抑或是 Golang，都要理解这些概念。

学会一门编程语言后再学其他的，就会容易很多。而且，学会了一门编程语言，你早晚会顺手学其他的——为了更高效地使用微软办公套件，你可能会花上一两天时间研究 VBA；为了给自己做个网页，你会顺手学会 JavaScript；为了修改某个用 Ruby 写的编辑器插件，大致读读官方文档，你就可以一展身手了；为了搞数据可视化，你会发现不学会 R 语言总有点不方便……

把这些概念装在脑子里吧。然后，你就会发现，几乎所有的编程入门教学书籍的内容都是由这些概念构成的。因为，所有的编程语言的基础都一样，所有的编程语言都是我们指挥计算机的工具——无论怎样，都需要输入和输出；无论使用什么语言，都不可能离开布尔运算、流程控制、函数；只要是高级语言，就需要使用编译器……所以，掌握这些基本概念，是将来持续学习的基础。

值及其相应的运算

从结构上看，一切计算机程序，都由且只由两个最基本的成分构成：

> ·**运算**（Evaluation）
>
> ·**流程控制**（Control Flow）

没有流程控制的是计算器，有流程控制的才是可编程设备。

回顾一下之前我们见过的那个用来计算质数的程序（按一下"Esc"键，确保已经进入命令模式；按"Shift+L"组合键可以切换是否显示代码行号）：

```
def is_prime(n):            # 定义 is_prime()，接收一个参数
    if n < 2:               # 使用接收到的那个参数（值）开始计算
        return False        # 不再将结果返回给人，而是返回给调用它的代码
    if n == 2:
        return True
    for m in range(2, int(n**0.5)+1):
        if (n % m) == 0:
            return False
    else:
        return True


for i in range(80, 110):
    if is_prime(i):         # 调用 is_prime() 函数
        print(i)            # 如果返回值为 True，则向屏幕输出 i
```

```
83
89
97
101
103
107
109
```

if...for... 负责控制流程在什么情况下运算什么、在什么情况下重复运算什么。

第 13 行 is_prime() 这个函数的调用，也是在控制流程。所以，我们可以**把函数看作"子程序"**。一旦这个函数被调用，流程就会转向，开始执行在第 1 行中定义的 is_prime() 函数内部的代码。而在这段代码内部，还是计算和**流程控制**，它们用于决定一个返回值（这个返回值是布尔值）。再回到第 13 行，将返回值交给 if 来判断，以决定是否执行第 14 行……

计算机这种可编程设备，之所以可以做流程控制，是因为它可以做**布尔运算**，即，它可以对布尔值进行操作，然后将布尔值交给分支和循环语句，构成程序中的流程控制。

值

从本质上看，程序里的绝大多数语句都包含**运算**（Evaluation），即，在对某个值进行**评价**。这里的"评价"，不是"判断某人某事的好坏"，而是"计算出某个值究竟是什么"。所以，用中文的"运算"来翻译"Evaluation"这个词，可能更准确一些。

在程序中，被运算的可以分为**常量**（Literal）和**变量**（Variable）。

```
a = 1 + 2 * 3
a += 1
print(a)
```

1、2、3 都是**常量**。"Literal"的意思是"字面的"，顾名思义，常量的值就是它字面上的值。1 的值，就是 1。

a 是**变量**。顾名思义，它的值将来是可变的。例如，在第 2 行中，这个变量的值发生了改变，之前是 7，后来变成了 8。

第 1 句中的 +、* 是**操作符**（Operator），它们用来对其左右两侧的值进行相应的运算，然后得到一个值。先由操作符 * 对 2 和 3 进行运算，生成一个值 6；再由操作符 + 对 1 和 6 进行运算，生成一个值 7。先算乘除、后算加减，这是由操作符的**优先级**决定的。

= 是赋值符号，它的作用是将它右边的值保存到左边的变量中。

值是程序的基础成分（Building Block），它就像盖房子用的砖块，无论什么样的房子，都主要由砖块构成。

常量，当然有个值，就是它字面所表达的值。

变量必须赋值才能使用。也就是说，把一个值保存到变量中后，它才能被运算。

在 Python 中，每个函数都有返回值。即便在定义一个函数的时候没有设定返回值，也会加上默认的返回值 None……（请注意 None 的大小写！）

```
def f():
    pass
print(f())       # 输出 f() 这个函数被调用后的返回值 None
print(print(f())) # 这一行外围的 print() 函数调用了一次 print(f()) 函数，所以输出一个 None
                 # 然后，输出这次调用的返回值，所以又输出一个 None
```

```
None
None
None
```

当我们调用一个函数的时候，从本质上看，就相当于：

> 把一个值交给函数，请函数根据它内部的运算和流程控制对这个值进行操作，然后返回另外一个值。

例如：abs() 函数会返回传递给它的值的绝对值；int() 函数会将传递给它的值的小数部分去掉，只保留整数部分；float() 函数接到整数参数后，会返回这个整数的浮点数形式。

```
from IPython.core.interactiveshell import InteractiveShell
InteractiveShell.ast_node_interactivity = "all"

abs(-3.14159)
int(abs(-3.14159))
float(int(abs(-3.14159)))
```

```
3.14159
3
3.0
```

值的类型

在编程语言中，总是包含三种最基本的数据类型：

> • 布尔值（Boolean Value）；
>
> • 数字（Numbers）：整数（Int）、浮点数（Float）、复数（Complex Numbers）；
>
> • 字符串（Strings）。

不同类型的数据，分别对应于不同类型的值。

运算的一个默认法则就是：在通常情况下，只有类型相同的值才能相互运算。

显然，数字与数字之间的运算是合理的，但让 + 这个操作符对一个字符串和一个数字进行运算就不行。

```
from IPython.core.interactiveshell import InteractiveShell
InteractiveShell.ast_node_interactivity = "all"

11 + 10 - 9 * 8 / 7 // 6 % 5
'3.14' + 3                          # 这一句会报错
```

```
20.0
-----------------------------------------------------------------------

TypeError                                 Traceback (most recent call last)
<ipython-input-18-e922b7565e53> in <module>
      3
      4 11 + 10 - 9 * 8 / 7 // 6 % 5
----> 5 '3.14' + 3                          # 这一句会报错
TypeError: can only concatenate str (not "int") to str
```

所以，在不得不对不同类型的值进行运算之前，需要做类型转换（Type Casting）。例如：

- 将字符串转换为数字，用 int() 函数、float() 函数；
- 将数字转换成字符串，用 str() 函数。

另外，即便是在数字之间进行计算，有时也需要将整数转换成浮点数字，或者反之：

- 将整数转换成浮点数字，用 float() 函数；
- 将浮点数字转换成整数，用 int() 函数。

有个 type() 函数，可以用来查看某个值属于什么类型。

```
from IPython.core.interactiveshell import InteractiveShell
InteractiveShell.ast_node_interactivity = "all"

type(3)
type(3.0)
type('3.14')
type(True)
type(range(10))
type([1,2,3])
type((1,2,3))
type({1,2,3})
type({'a':1, 'b':2, 'c':3})
```

```
int
float
str
bool
range
list
tuple
set
dict
```

操作符

不同类型的数据，有各自专用的**操作符**。

数值操作符

针对数字进行计算的操作符有 +（加）、-（减）、*（乘）、/（除）、//（商）、%（余）、**（幂）。其中，+ 和 - 可以对单个值进行操作，例如 -3。其他操作符需要有两个值才能操作。

根据优先级，在这些操作符中：

- 对两个值进行操作的 +、- 的优先级最低；
- 优先级稍高的是 *、/、//、%；
- 优先级更高的是对单个值进行操作的 +、-；
- 优先级最高的是 **。

完整的操作符优先级列表，参见官方文档：

https://docs.python.org/3/reference/expressions.html#operator-precedence

布尔值操作符

针对布尔值，操作符有 and（与）、or（或）、not（非）。在它们之中，优先级最低的是 or，然后是 and，优先级最高的是 not。

```
True and False or not True
```

```
False
```

最先操作的是 not，因为它优先级最高。所以，上面的表达式相当于 `True and False or (not True)`，即相当于 `True and False or False`。

接下来操作的是 and。所以，True and False or False 相当于 (True and False) or False，即相当于 False or False。

于是，最终的值是 False。

逻辑操作符

在数值之间，还可以使用逻辑操作符，例如 1 > 2 将返回布尔值 False。

逻辑操作符有 <（小于）、<=（小于等于）、>（大于）、>=（大于等于）、!=（不等于）、==（等于）。逻辑操作符的优先级，高于布尔值的操作符，低于数值计算的操作符，即，数值计算的操作符优先级最高，其次是逻辑操作符，布尔值的操作符优先级最低。

```
n = -95
n < 0 and (n + 1) % 2 == 0
```

```
True
```

字符串操作符

针对字符串，有如下三种操作。

- 拼接：+ 和空格。
- 拷贝：*。
- 逻辑运算：in、not in，以及 <、<=、>、>=、!=、==。

```
from IPython.core.interactiveshell import InteractiveShell
InteractiveShell.ast_node_interactivity = "all"

'Awesome' + 'Python'
'Awesome' 'Python'
'Python, ' + 'Awesome! ' * 3
'o' in 'Awesome' and 'o' not in 'Python'
```

```
'AwesomePython'
'AwesomePython'
'Python, Awesome! Awesome! Awesome! '
False
```

字符之间、字符串之间，除了 == 和 !=，也都可以被逻辑操作符 <、<=、>、>= 操作。

```
'a' < 'b'
```

```
True
```

这是因为，字符是与 Unicode 码对应的，在比较字符的时候，被比较的是字符所对应的 Unicode 码。

```
from IPython.core.interactiveshell import InteractiveShell
InteractiveShell.ast_node_interactivity = "all"

'A' > 'a'
ord('A')
ord('a')
```

```
False
65
97
```

当对字符串进行比较时，将分别从两个字符串的第一个字符开始逐个比较——一旦决出"胜负"，马上停止。

```
'PYTHON' > 'Python 3'
```

```
False
```

列表的操作符

数字和字符串（由字符构成的序列）是最基本的数据类型。在批量处理数字和字符串时，需要使用**数组**（Array）。Python 语言提供了**容器**（Container）的概念，用来容纳批量的数据。

Python 的容器有很多种。字符串其实也是容器的一种，在它里面有批量的字符。我们先简单接触一下另外一种容器——**列表**（List）。

列表的标识是方括号 []。例如，[1, 2, 3, 4, 5]、['ann', 'bob', 'cindy', 'dude', 'eric']、['a', 2, 'b', 32, 22, 12] 都是列表。

因为列表和字符串一样，都是有序容器（容器还有另外一种是无序容器），所以，它们可用的操作符其实是相同的。

- 拼接：+ 和空格。
- 拷贝：*。
- 逻辑运算：in、not in，以及 <、<=、>、>=、!=、==。

在比较两个列表时（前提是两个列表中的数据元素类型相同），遵循的还是跟字符串比较相同的规则——一旦决出"胜负"，马上停止。但实际上，列表中可以包含不同类型的元素，因此，通常情况下没有对它们进行大于、小于比较的实际需求。不过要注意：在比较时，类型不同会引发 TypeError。

```
from IPython.core.interactiveshell import InteractiveShell
InteractiveShell.ast_node_interactivity = "all"

a_list = [1, 2, 3, 4, 5]
b_list = [1, 2, 3, 5]
c_list = ['ann', 'bob', 'cindy', 'dude', 'eric']
a_list > b_list
10 not in a_list
'ann' in c_list
```

```
False
True
True
```

更复杂的运算

对数字进行加、减、乘、除、商、余、幂的操作，对字符串进行拼接、拷贝、属于的操作，对布尔值进行或、与、非的操作，都是相对简单的运算。

复杂一点的运算，需要通过调用函数来完成，因为在函数内部，可以用比"单个表达式"更为复杂的程序对传递进来的参数进行运算。换言之，函数相当于各种事先写好的子程序，给它传递一个值，它就会对这个值进行运算，然后返回一个值（最起码返回一个 None）。

Python 语言中所有的内建函数（Built-in Function）如下。

abs()	delattr()	hash()	memoryview()	set()
all()	dict()	help()	min()	setattr()
any()	dir()	hex()	next()	slice()
ascii()	divmod()	id()	object()	sorted()
bin()	enumerate()	input()	oct()	staticmethod()
bool()	eval()	int()	open()	str()
breakpoint()	exec()	isinstance()	ord()	sum()
bytearray()	filter()	issubclass()	pow()	super()
bytes()	float()	iter()	print()	tuple()
callable()	format()	len()	property()	type()
chr()	frozenset()	list()	range()	vars()
classmethod()	getattr()	locals()	repr()	zip()
compile()	globals()	map()	reversed()	__import()__
complex()	hasattr()	max()	round()	

https://docs.python.org/3/library/functions.html

现在不着急一下子全部了解它们，反正早晚都会了解的。

其中，针对数字，有用于计算绝对值的函数 abs()、用于计算商余的函数 divmod() 等。

```
from IPython.core.interactiveshell import InteractiveShell
InteractiveShell.ast_node_interactivity = "all"

abs(-3.1415926)
divmod(11, 3)
```

```
3.1415926
(3, 2)
```

这些内建函数也只能完成"基本操作"。例如，对于数字，如果我们想计算三角函数的话，内建函数就帮不上忙了。这时，我们需要调用标准库（Standard Library）中的 math 模块（Module）。

```
import math
math.sin(5)
```

```
-0.9589242746631385
```

math.sin(5) 中的 .，也可以被理解为"操作符"，它的作用是：

> 从其他模块中调用函数。

math.sin(5) 的作用是：

> 把 5 这个值，传递给 math 这个模块里的 sin() 函数，让 sin() 函数根据它内部的代码对这个值进行运算，然后返回一个值（即，计算结果）。

类（Class）中定义的函数也可以这样调用。虽然你现在还不明白类究竟是什么，但从结构上很容易理解——它实际上也是保存在其他文件中的一段代码。因此，在那段代码内部定义的函数，也可以这样调用。

举个例子。数字其实属于一个类，所以，我们可以调用那个类里所定义的函数，例如 float.as_integer_ratio()。这个函数将返回两个值，第一个值除以第二个值，恰好等于传递给它的那个浮点数字参数。

```
3.1415926.as_integer_ratio()
```

```
(3537118815677477, 1125899906842624)
```

关于布尔值的补充

看到下面这样的表达式，再看看它的结果，你可能多少有点迷惑。

```
True or 'Python'
```

```
True
```

这是因为，Python 将 True 定义为：

> By default, an object is considered true unless its class defines either a __bool__() method that returns False or a __len__() method that returns zero, when called with the object.
>
> https://docs.python.org/3/library/stdtypes.html#truth-value-testing

这段文字，初学者是看不懂的。但是，下面这段文字就比较容易理解了。

> Here are most of the built-in objects considered False:
> - constants defined to be false: None and False.
> - zero of any numeric type: 0, 0.0, 0j, Decimal(0), Fraction(0, 1)
> - empty sequences and collections: '', (),[], {}, set(), range(0)

'Python' 是个非空的字符串，不属于 empty sequences，所以它不被认为是 False，即，它的布尔值是 True。

于是，这么理解就简单多了：

> 这相当于，每个变量或者常量，除了它们自身的值，同时还有一个对应的布尔值。

关于值的类型的补充

除了数字、布尔值、字符串和上一节介绍的列表，还有若干种数据类型，例如 range()（等差数列）、tuple（元组）、set（集合）、dictionary（字典）、Date Type（日期）等，它们都是基础数据类型的组合。在现实生活中，更多的是基础类型组合起来构成的数据。例如，一个通讯簿里面是一系列分别对应着若干字符串和数字的字符串。

```
entry[3662] = {
    'first_name': 'Michael',
    'last_name': 'Willington',
    'birth_day': '12/07/1992',
    'mobile': {
        '+714612234',
        '+716253923'
    }
```

```
    'id': 3662,
    ...
}
```

不同的类型，都有相对应的操作符，可以对值进行运算。

这些类型之间有时也有运算的需求，因此，在相互运算之前，同样要做 Type Casting，例如将 List 转换为 Set，或者反之。

```
from IPython.core.interactiveshell import InteractiveShell
InteractiveShell.ast_node_interactivity = "all"

a = [1, 2, 3, 4, 5, 6, 7]
b = set(a)
c = list(b)
a
b
c
```

```
[1, 2, 3, 4, 5, 6, 7]
{1, 2, 3, 4, 5, 6, 7}
[1, 2, 3, 4, 5, 6, 7]
```

总结

回到本节的开始。从结构上看，一切计算机程序，都由且只由两个最基本的成分构成：

- **运算**（Evaluation）
- **流程控制**（Control Flow）

这一节主要介绍了基础数据类型的运算细节。除了基础数据类型，我们还需要使用由它们组合起来的更多复杂的数据类型。但无论数据的类型是什么，被操作符操作的总是该数据的值。所以，针对绝大多数编程书籍按照惯例会讲解的"数据类型"，为了探究其本质，我们更关注"值的类型"。虽然只是关注焦点上一点点的转换，但实践证明，这一点点的不同，将为初学者更清楚地把握知识点提供巨大的帮助。

针对每一种值的类型，无论是简单还是复杂，都有相应的操作方式：

- **操作符**
  - 值运算
  - 逻辑运算
- **函数**
- 内建函数
- 其他模块中的函数
- 其本身所属类中定义的函数

所以，接下来我们无非就是要熟悉各种数据类型及其相应的操作，包括能对它们的值进行操作的操作符和函数。无论是操作符还是函数，最终都会返回一个相应的**值**及其相应的**布尔值**。这样看来，编程的知识结构也不是太复杂。换句话讲——

接下来要学习的无非是各种数据类型的运算而已。

另外，虽然现在尚未对**函数**进行深入讲解，但你会发现，它跟操作符一样，在程序里无所不在。

备注

以下几个链接先放在这里，未来我们不仅会回头参考它们，而且会反复参考它们。

- 关于表达式：https://docs.python.org/3/reference/expressions.html。
- 关于所有操作的优先级：https://docs.python.org/3/reference/expressions.html#operator-precedence。
- 对上一条链接，不懂 BNF 的话根本读不懂：https://en.wikipedia.org/wiki/Backus-Naur_form。
- Python 的内建函数：https://docs.python.org/3/library/functions.html。
- Python 的标准数据类型：https://docs.python.org/3/library/stdtypes.html。

另外，其实所有的操作符在 Python 内部也是通过调用函数来完成工作的。

https://docs.python.org/3.7/library/operator.html

第5章第3节

流程控制

在相对深入地了解了值的基本操作之后，我们需要对流程控制进行更深入的了解。
之前我们看过这个寻找质数的程序：

```
for n in range(2, 100):
    if n == 2:
        print(n)
        continue
    for i in range(2, n):
        if (n % i) == 0:
            break
    else:
        print(n)
```

其中包含分支与循环。无论多复杂的流程控制，都可以用这两个东西实现，就好像无论
多复杂的电路，最终都是由通路和开路两个状态构成的一样。

> 尽管今天的人们觉得这是"天经地义"的事情，但实际上，这是由 1966 年发表的
> 论文 *Flow diagrams, turing machines and languages with only two formation rules*（Böhm,
> Jacopini）带来的巨大改变。实际上，直到 20 世纪末，GOTO 语句才从各种语言里
> 近乎"灭绝"……

任何进步的取得，无论大小，其实都相当不容易，都非常耗时费力——在哪儿都一样。如果你有兴趣、有时间，可以去浏览 Wikipedia 上的简要说明——Wikipedia: Minimal structured control flow[1]。

if 语句

if 语句最简单的构成是这样的（注意第 1 行末尾的冒号：和第 2 行的缩进）：

```
if expression:
    statements
```

如果表达式 expression 的返回值为真，就执行 if 语句块内部的 statements，否则，执行 if 之后的一个语句。

```
import random
r = random.randrange(1, 1000)

if r % 2 == 0:
    print(f'{r} is even.')
```

如果无论表达式 expression 的返回值是真是假，我们都需要做一点相应的事情，可以这么写：

```
if expression:
    statements_for_True
else:
    statements_for_False
```

如果表达式 expression 的返回值为真，就执行 if 语句块内部的 statements_for_True，否则，执行 else 语句块内部的 statements_for_False。

```
import random
r = random.randrange(1, 1000)

if r % 2 == 0:
    print(f'{r} is even.')
else:
    print(f'{r} is odd.')
```

```
126 is even.
```

[1] https://en.wikipedia.org/wiki/Control_flow#Goto。

有时，表达式 expression 返回的值有多种情况，而且我们要针对不同的情况做相应的事情，可以这么写：

```
if expression_1:
    statements_for_expression_1_True

elif expression_2:
    statements_for_expression_2_True

elif expression_3:
    statements_for_expression_3_True

elif expression_...:
    statements_for_expression_..._True
```

Python 用 elif 来处理这种多情况的分支。elif 相当于其他编程语言中的 switch 或者 case。

elif 是 else if 的缩写，二者作用相同。

以下程序模拟了投两个骰子的结果——两个骰子正面的数字加起来，等于 7 算平，大于 7 算大，小于 7 算小。

```
import random
r = random.randrange(2, 13)

if r == 7:
    print('Draw!')
elif r < 7:
    print('Small!')
elif r > 7:
    print('Big!')
```

```
Big!
```

当然，还可以模拟投飞了的情况（最终的骰子数是 0 或者 1），即 < 2。

```
import random
r = random.randrange(0, 13)   # 生成的随机数应该从 0 开始

if r == 7:
    print('Draw!')
elif r >= 2 and r < 7:   # 如果在这里直接写 elif r < 7:，那么 else: 那一部分永远不会被执行
    print('Small!')
elif r > 7:
    print('Big!')
```

```
else:
    print('Not valid!')
```

```
Small!
```

for 循环

在 Python 语言中，for 循环不使用像其他语言中那样的计数器，取而代之的是 range() 这个我称之为"整数等差数列生成器"的函数。

用 C 语言写 for 循环，是这样的：

```
for( a = 0; a < 10; a = a + 1 ){
    printf("value of a: %d\n", a);
}
```

用 Python 语言写同样的东西，是这样的：

```
for a in range(10):
    print(f'value of a: {a}')        # 每次 a 的值都不同，从 0 递增至 9
```

```
value of a: 0
value of a: 1
value of a: 2
value of a: 3
value of a: 4
value of a: 5
value of a: 6
value of a: 7
value of a: 8
value of a: 9
```

range() 函数

range() 是个内建函数，它的文档[1] 是这样写的：

> range(stop)
>
> range(start, stop[, step])

---

[1] https://docs.python.org/3/library/functions.html#func-range。

当只有一个参数的时候，这个参数被理解为 stop，生成一个从 0 到 stop-1 的整数数列。这就解释了，为什么我们在 for... in range(...): 这种循环内的语句块里进行计算的时候，经常会在变量之后写上 +1。因为 range(n) 的返回数列中不包含 n，但我们有时需要 n ——回头看看本书第 5 章第 1 节 "入口" 的 "所谓算法" 那一小节。

```
from IPython.core.interactiveshell import InteractiveShell
InteractiveShell.ast_node_interactivity = "all"

range(10)
list(range(10))        # 将 range(10) 转换成 list，以便清楚地看到其内容
```

```
range(0, 10)
[0, 1, 2, 3, 4, 5, 6, 7, 8, 9]
```

start 参数的默认值是 0。如果需要指定起点，就要给 range() 函数传递两个参数，例如 range(2, 13)。

```
list(range(2, 13))
```

```
[2, 3, 4, 5, 6, 7, 8, 9, 10, 11, 12]
```

第三个参数 step（步长）是可选的，它相当于 "等差数列" 当中的 "差"，默认值是 1。例如，range(1, 10, 2) 生成数列 [1, 3, 5, 7, 9]。所以，打印 0 ~ 10 之间的所有奇数，可以这样写：

```
for i in range(1, 10, 2):
    print(i)
```

```
1
3
5
7
9
```

我们也可以生成负数的数列：

```
list(range(0, -10, -1))
```

```
[0, -1, -2, -3, -4, -5, -6, -7, -8, -9]
```

continue、break 和 pass

在循环中，还可以用 continue 语句和 break 语句来控制流程走向——通常是在某条件判断发生的情况下，正如你早就见过的那样。

```python
for n in range(2, 100):
    if n == 2:
        print(n)
        continue
    for i in range(2, n):
        if (n % i) == 0:
            break
    else:
        print(n)
```

如果出现 continue 语句，其后的语句将被忽略，开始下一次循环。如果出现 break 语句，将从此结束当前循环，开始执行循环之后的语句。

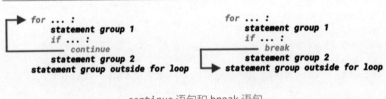

continue 语句和 break 语句

for 语句块后还可以附加一个 else 语句块——这是 Python 的一个比较有个性的地方。附加在 for 语句块结尾的 else 语句块，在没有 break 发生的情况下将会运行。

```python
for n in range(2, 100):
    if n == 2:
        print(n)
        continue
    for i in range(2, n):
        if (n % i) == 0:
            break
    else:                   # 下一行的 print(n) 实际上属于语句块 for i in range(2, n):
        print(n)            # 如果直到整个循环结束都没有发生 break，才执行一次 print(n)
```

```
2
3
5
7
...
79
```

```
83
89
97
```

试比较以下两段代码。

```
for n in range(2, 100):
    if n == 2:
        print(n)
        continue
    for i in range(2, n):
        if (n % i) == 0:
            break
    print(n)          # 相当于对 range(2, 100) 中的每个 n 执行一次 print(n)
                      # 这个 print(n) 属于语句块 for n in range(2, 100):
```

```
for n in range(2, 100):
    if n == 2:
        print(n)
        continue
    for i in range(2, n):
        if (n % i) == 0:
            break
        print(n)      # 相当于对 range(2, n) 中的每个 i 执行一次 print(n)
```

```
2
3
5
5
...
97
97
97
99
```

pass 语句什么都不干。例如：

```
def someFunction():
    pass
```

再如：

```
for i in range(100):
    pass
    if i % 2 == 0:
        pass
```

换个角度理解，可能会更清楚。pass 这个语句主要是给写程序的人用的。在写程序的时候，我们可以用 pass 去占位，然后先写别的部分，再回过头来补充本来应该写在 pass 所在位置的那一段代码。

在写嵌套的判断语句或循环语句的时候，最常用的就是 pass。因为写嵌套挺费脑子的，一不小心就弄乱了，所以，经常需要先用 pass 占位，然后逐一突破。

while 循环

今天，绝大多数编程语言都会提供两种循环结构：

- Collection-Controlled Loop（以集合为基础的循环）
- Condition-Controlled Loop（以条件为基础的循环）

之前的 for...in... 是 Collection-Controlled Loop，而 Python 提供的 Condition-Controlled Loop 是 while 循环。

while 循环的格式如下。

```
while expression:
    statements
```

输出 1000 以内的斐波那契数列的程序如下。

```
n = 1000
a, b = 0, 1
while a < n:
    print(a, end=' ')
    a, b = b, a+b
print()
```

```
0 1 1 2 3 5 8 13 21 34 55 89 144 233 377 610 987
```

for 循环和 while 循环的区别在哪里？什么时候用 for 循环，什么时候用 while 循环？

for 循环更适合处理序列类型数据（Sequence Type）的迭代，例如处理字符串中的每一个字符、把 range() 函数返回的数列作为某种序列类型的索引。

while 循环更为灵活，因为它后面只需要接一个逻辑表达式。

一个投骰子游戏

虽然现在我们还不能随心所欲地写程序，但是，我们具备了起码的"阅读能力"。经过前面的介绍，你也许可以读懂一些代码了，它们在你眼里再也不是"天书"了……

以下是一个让用户和程序玩掷骰子游戏的程序，其规则如下。

- 每次由计算机随机生成一个 2～12 的整数，用来模拟机器人投两个骰子的情况。
- 机器人和用户的起始资金都是 10 个硬币。
- 要求用户猜大小：
  - 用户输入 b 代表 "大"；
  - 用户输入 s 代表 "小"；
  - 用户输入 q 代表 "退出"。
- 将用户输入的内容和随机产生的数字进行比较，有以下几种情况：
  - 随机数小于 7，用户猜 "小"，用户赢；
  - 随机数小于 7，用户猜 "大"，用户输；
  - 随机数等于 7，用户无论猜 "大" 还是猜 "小"，都是平局；
  - 随机数大于 7，用户猜 "小"，用户输；
  - 随机数大于 7，用户猜 "大"，用户赢；
- 游戏结束的条件：
  - 机器人和用户，若任意一方硬币数量为 0，则游戏结束；
  - 用户输入 q，主动终止游戏。

```python
from random import randrange

coin_user, coin_bot = 10, 10    # 可以用一个赋值符号分别为多个变量赋值
rounds_of_game = 0

def bet(dice, wager):               # 接收两个参数，一个是骰子点数，另一个是用户输入的内容
    if dice == 7:
        print(f'The dice is {dice};\nDRAW!\n')      # \n 是换行符号
        return 0
    elif dice < 7:
        if wager == 's':
            print(f'The dice is {dice};\nYou WIN!\n')
            return 1
        else:
            print(f'The dice is {dice};\nYou LOST!\n')
            return -1
    elif dice > 7:
        if wager == 's':
            print(f'The dice is {dice};\nYou LOST!\n')
            return -1
        else:
            print(f'The dice is {dice};\nYou WIN!\n')
            return 1
```

```
while True:          # for 之外的一个循环语句
    print(f'You: {coin_user}\t Bot: {coin_bot}')
    dice = randrange(2, 13)          # 生成一个 2 到 12 的随机数
    wager = input("What's your bet? ")
    if wager == 'q':
        break
    elif wager in 'bs':  # 只有当用户输入的是 b 或者 s 的时候，才"掷骰子"
        result = bet(dice, wager)
        # coin_user += result 相当于 coin_user = coin_user + result
        coin_user += result
        coin_bot -= result
        rounds_of_game += 1
    if coin_user == 0:
        print("Woops, you've LOST ALL, and game over!")
        break
    elif coin_bot == 0:
        print("Woops, the robot's LOST ALL, and game over!")
        break

print(f"You've played {rounds_of_game} rounds.\n")
print(f"You have {coin_user} coins now.\nBye!")
```

总结

有控制流，才算得上程序。

- 只处理一种情况，用 if...。

- 处理 True 和 False 两种情况，用 if...else...。

- 处理多种情况，用 if...elif...elif...else...。

- 迭代有序数据类型，用 for...in...。如果需要处理没有 break 发生的情况，用 for...else...。

- 其他循环，用 while...。

- 与循环相关的语句还有 continue、break、pass。

- 从控制流的角度看，函数其实就是子程序。

第5章 第4节

函数

函数实际上是可以被调用的完整程序，它具备输入、处理、输出的功能。又因为函数经常在主程序里被调用，所以它更像一个子程序。

了解一个函数，无非是要了解它的两个方面：

- 它的**输入**是怎么构成的——都有哪些参数，如何指定。
- 它的**输出**是什么——返回值究竟是什么。

从这个角度看，牛对人类来说就是个函数，它吃的是草，挤出来的是奶……开个玩笑。

在使用函数的过程中，我们常常有意忽略在它的内部是如何完成从输入到输出的处理过程的。就像我们平日里使用灯泡，在大多数情况下，我们只要知道开关的使用方法就够了，至于为什么按到一个方向灯会亮、按到另外一个方向灯会灭，不是我们作为用户必须要关心的事情。

当然，如果我们是设计开关的人，那就不一样了——我们必须知道其中的运作原理。但是，最终，我们还是希望用户能使用最简单、最方便的操作界面，而不是必须搞懂所有原理才能使用我们所设计的产品。

当我们用 Python 写程序的时候，在大多数情况下，我们只不过是在使用别人已经写好的函数，说得更专业一点，叫作"已完好封装的函数"。而我们需要做的事情（所谓"学习使用函数"），只不过是"通过阅读产品说明书了解如何使用产品"——真算不上神秘……

> **注意**
>
> 这一节的核心目的，不是让你学会写函数，而是通过一些例子，让你大抵学会"如何阅读官方文档中关于函数的使用说明"。请注意这个词——大抵。**千万不要害怕自己在最初理解不全面。**

另外，这一节中用来举例的函数，全部来自一个官方文档页面——Built-in Functions：

https://docs.python.org/3/library/functions.html

示例：print() 函数

print() 函数的基本使用方法

print() 是初学者最常遇到的函数——姑且不说是不是最常用到的。

print() 函数最基本的作用就是把传递给它的值输出到屏幕上，如果不给它传递任何参数，那么它将输出一个空行。

```
print('line 1st')
print('line 2nd')
print()
print('line 4th')
```

```
line 1st
line 2nd

line 4th
```

也可以向 print() 函数传递多个参数，参数之间用 , 分开。这样，print() 函数就会把这些值逐个输出到屏幕上，每个值之间默认用空格分开。

```
print('Hello,', 'jack', 'mike', '...', 'and all you guys!')
```

```
Hello, jack mike ... and all you guys!
```

如果我们想把变量或者表达式的值插入字符串，可以使用 f-string。

```
name = 'Ann'
age = '22'
print(f'{name} is {age} years old.')
```

```
Ann is 22 years old.
```

但这并不是 print() 函数的功能，而是 f-string 的功能。f-string 中用花括号 {} 括起来的部分是表达式，最终转换成字符串的时候，那些表达式的值（不是变量或者表达式本身）会被放到相应的位置。

```
name = 'Ann'
age = '22'
f'{name} is {age} years old.'
```

```
'Ann is 22 years old.'
```

所以，在 print(f'{name} is {age} years old.') 这一句中，print() 函数完成的还是它最基本的功能：给它什么，它就把什么输出到屏幕上。

print() 函数的官方文档说明

print() 函数的官方文档[1] 内容如下。

---

print(*objects, sep=' ', end='\n', file=sys.stdout, flush=False)

Print *objects* to the text stream *file*, separated by *sep* and followed by *end*. *sep*, *end*, *file* and *flush*, if present, must be given as keyword arguments.

All non-keyword arguments are converted to strings like `str()` does and written to the stream, separated by *sep* and followed by *end*. Both *sep* and *end* must be strings; they can also be `None`, which means to use the default values. If no *objects* are given, `print()` will just write *end*.

The *file* argument must be an object with a `write(string)` method; if it is not present or `None`, `sys.stdout` will be used. Since printed arguments are converted to text strings, `print()` cannot be used with binary mode file objects. For these, use `file.write(...)` instead.

Whether output is buffered is usually determined by *file*, but if the *flush* keyword argument is true, the stream is forcibly flushed.

Changed in version 3.3: Added the *flush* keyword argument.

print() 函数的官方文档

---

[1] https://docs.python.org/3/library/functions.html#print。

必须读懂的部分，就是这一行：

```
print(*object, sep=' ', end='\n', file=sys.stdout, flush=False) [1]
```

现在，我们只关注那些含有 = 的参数，包括 sep=' '、end='\n'、file=sys.stdout、flush=False。先关注 sep=' '、end='\n'、file=sys.stdout。

- sep=' '：接收多个参数之后，输出时，分隔符号默认为空格 ' '。
- end='\n'：在输出行的末尾，默认是换行符号 '\n'。
- file=sys.stdout：默认的输出对象是 sys.stdout（即，用户正在使用的屏幕）。

也就是说，这个函数中有若干个具有默认值的参数。我们在调用这个函数的时候，就算没有指定它们，它们也存在于此。也就是说，调用 print('Hello', 'world!')，就相当于调用 print('Hello', 'world!', sep=' ', end='\n', file=sys.stdout, flush=False)。

```
import sys                                    # 如果没有这一行，代码会报错

print('Hello', 'world!')                      # 下一行输出的内容和这一行相同
print('Hello', 'world!', sep=' ', end='\n', file=sys.stdout, flush=False)
print('Hello', 'world!', sep='-', end='\t')
print('Hello', 'world!', sep='~')             # 上一行的末尾是 \t，所以，这一行并没有换行显示
print('Hello', 'world!', sep='\n')            # 参数之间用换行符 \n 分隔
```

```
Hello world!
Hello world!
Hello-world!      Hello~world!
Hello
world!
```

很多人只看各种教材、教程，却从来不看官方文档，到最后非常吃亏——不过是多花一点点功夫而已。看过官方文档之后你就会知道，原来 print() 函数是可以往文件里写数据的，只要指定 file 这个参数为一个已经打开的文件对象就可以了（真的有很多人完全不知道）。

---

[1]（2019 年 2 月 14 日）在 print() 函数的官方文档里，sep='' 肯定是 sep=' ' 的笔误。这一点可以通过如下代码来验证：

```
print('a', 'b', sep='')
print('a', 'b')
```

（2019 年 3 月 16 日）有读者提醒：https://github.com/selfteaching/the-craft-of-selfteaching/issues/111
而现在（2019 年 3 月 16 日）复制粘贴文档中的 sep=' '，会发现是有空格的。
这是改了吗？
我查看了一下 2019 年 2 月 13 日我提交的 Bug Track（https://bugs.python.org/issue35986），结论是：文档没问题，是我自己的浏览器字体设置有问题……
于是，我决定将这段文字保留在这本书里，以便你看到"平日里软件维护是什么样的"——作为一个实例放在这里，很好。

现在可以说清楚了：

> print() 函数的返回值是 None。

> 注意：print() 函数向屏幕输出的内容与 print() 函数的返回值不是一回事。

看看 print(print(1)) 这个语句。print() 函数被调用了两次：第一次是 print(1)，它向屏幕进行了一次输出，完整的输出值实际上是 str(1) + '\n'，然后，返回一个值 None；第二次是 print()，相当于向屏幕输出这个 None。

```
print(print(1))
```

```
1
None
```

"**看说明书**" 就是这样的，即使全都看了，也不一定能全部看懂。不过，看了总比不看强，因为总有能看懂的部分……

关键字参数

在 Python 中，函数的参数有如下两种。

> · **位置参数**（Positional Argument）：在官方文档里常被缩写为 arg。

> · **关键字参数**（Keyword Argument）：在官方文档里常被缩写为 kwarg。

在函数定义中，带有 = 的是设定了默认值的参数，这种参数就是 Keyword Argument。其他参数则属于 Positional Argument。

在调用有 Keyword Argument 的函数时：如若不提供这些参数，那么参数在执行时，启用的是它在定义时为那些 Keyword Argument 设定的默认值；如若提供这些参数的值，那么参数在执行时，启用的是接收到的相应值。

例如，sorted() 函数的定义如下：

> sorted(iterable, *, key=None, reverse=False)

现在只关注它的 Keyword Argument——reverse：

```
from IPython.core.interactiveshell import InteractiveShell
InteractiveShell.ast_node_interactivity = "all"

sorted('abdc')
sorted('abdc', reverse=True)
```

```
['a', 'b', 'c', 'd']
['d', 'c', 'b', 'a']
```

位置参数

位置参数，顾名思义，是"由位置决定其值的参数"。以 divmod() 函数为例，它的官方文档[1] 是这样的：

---

divmod(*a*, *b*)

Take two (non complex) numbers as arguments and return a pair of numbers consisting of their quotient and remainder when using integer division. With mixed operand types, the rules for binary arithmetic operators apply. For integers, the result is the same as `(a // b, a % b)`. For floating point numbers the result is `(q, a % b)`, where *q* is usually `math.floor(a / b)` but may be 1 less than that. In any case `q * b + a % b` is very close to *a*, if `a % b` is non-zero it has the same sign as *b*, and `0 <= abs(a % b) < abs(b)`.

---

divmod() 函数的官方文档

它接收且必须接收两个参数。

- 在调用这个函数的时候，括号里的第一个参数是被除数，第二个参数是除数——此为该函数的输入。
- 这个函数的返回值是一个元组（Tuple。至于这是什么东西，后面会讲清楚的），其中有两个值，第一个是商，第二个是余数——此为该函数的输出。

作为"这个函数的用户"，你不能（事实上也没必要）调换这两个参数的意义。因为，根据定义，被传递的值的意义就是由参数的位置决定的。

```
from IPython.core.interactiveshell import InteractiveShell
InteractiveShell.ast_node_interactivity = "all"

divmod(11, 3)
a, b = divmod(11, 3)
a
b

divmod(3, 11)
a, b = divmod(3, 11)
a
b
```

---

[1] https://docs.python.org/3/library/functions.html#divmod。

```
(3, 2)
3
2
(0, 3)
0
3
```

可选位置参数

有些函数，例如 pow()，拥有**可选位置参数**（Optional Positional Argument）。

pow(x, y[, z])

Return *x* to the power *y*; if *z* is present, return *x* to the power *y*, modulo *z* (computed more efficiently than `pow(x, y) % z`). The two-argument form `pow(x, y)` is equivalent to using the power operator: `x**y`.

The arguments must have numeric types. With mixed operand types, the coercion rules for binary arithmetic operators apply. For `int` operands, the result has the same type as the operands (after coercion) unless the second argument is negative; in that case, all arguments are converted to float and a float result is delivered. For example, `10**2` returns `100`, but `10**-2` returns `0.01`. If the second argument is negative, the third argument must be omitted. If *z* is present, *x* and *y* must be of integer types, and *y* must be non-negative.

pow() 函数的官方文档

于是，pow() 函数有两种用法，它们的执行结果是不同的。

- pow(x, y)：返回值是 x ** y。
- pow(x, y, z)：返回值是 x ** y % z。

```
from IPython.core.interactiveshell import InteractiveShell
InteractiveShell.ast_node_interactivity = "all"

pow(2, 3)
pow(2, 3, 4)
```

```
8
0
```

注意 pow() 函数定义中圆括号内的方括号 [, z]。这是非常严谨的标注，如果没有 z，那么那个逗号，就是没有用处的。

看看 exec() 函数的官方文档（先别管这个函数是干什么用的），注意函数定义中两个嵌套的方括号。

---

exec(*object*[, *globals*[, *locals*]])

This function supports dynamic execution of Python code. *object* must be either a string or a code object. If it is a string, the string is parsed as a suite of Python statements which is then executed (unless a syntax error occurs).

exec() 函数的官方文档

这些方括号的意思是：

- 方括号外的 object 是不可或缺的参数，调用时必须提供；
- 可以有第二个参数，第二个参数会被接收为 globals；
- 在有第二个参数的情况下，第三个参数会被接收为 locals；
- 但是，无法在不指定 globals 这个位置参数的情况下指定 locals……

可接收很多值的位置参数

我们回头看 print() 函数。在它的第一个位置参数 object 的前面，是带有一个星号的 *object, ...。对函数的用户来说，在这个位置可以接收很多个参数（或者说，在这个位置可以接收一个列表或者元组）。

再仔细看看 print() 函数，它只有一个位置参数。

---

print(**objects*, *sep=' '*, *end='\n'*, *file=sys.stdout*, *flush=False*)

print() 函数的位置参数

因为位置决定了值的定义，所以，一般来说，在一个函数里最多只有一个这种可以接收很多个值的位置参数，否则，怎么知道谁是谁呢？

如果与此同时还有若干个位置参数，那么这种能够接收很多个值的位置参数只能放在最后，就好像在 max() 函数中那样。

---

max(*arg1*, *arg2*, **args*[, *key*])

Return the largest item in an iterable or the largest of two or more arguments.

max() 函数的官方文档

Class 也是函数

虽然你现在还不一定知道 Class 究竟是什么，但在阅读官方文档的时候，如果遇到一些内建函数前面写着 class，例如 class bool([x])，也千万别觉得奇怪。因为从本质上看，Class 就是一种特殊的函数，也就是说，Class 也是函数。

---

class **bool**([*x*])

Return a Boolean value, i.e. one of `True` or `False`. *x* is converted using the standard truth testing procedure. If *x* is false or omitted, this returns `False`; otherwise it returns `True`. The `bool` class is a subclass of `int` (see Numeric Types — int, float, complex). It cannot be subclassed further. Its only instances are `False` and `True` (see Boolean Values).

Changed in version 3.7: *x* is now a positional-only parameter.

特殊的函数——Class

```
from IPython.core.interactiveshell import InteractiveShell
InteractiveShell.ast_node_interactivity = "all"

bool()
bool(3.1415926)
bool(-3.1415926)
bool(1 == 2)
bool(None)
```

```
False
True
True
False
False
```

总结

本节需要（大致）了解的重点内容如下——其实很简单。

- 你可以把函数当作一个产品，而你自己是这个产品的用户。
- 既然你是这个产品的用户，就要养成好习惯——一定要亲自阅读产品说明书。
- 在调用函数的时候，注意可选位置参数的使用方法和关键字参数的默认值。
- 在函数定义部分，注意 [] 和 = 两个符号就行了。
- 所有的函数都有返回值，即便它内部没有指定返回值，也有一个默认返回值 None。
- 另外，一定要耐心阅读该函数的使用注意事项——产品说明书的主要作用就体现在这里。

知道这些就已经很好了！

这就好像你拿着一幅地图，你不可能一下子掌握其中所有的细节，但花几分钟搞清楚图例（Legend）总是可以的——知道什么样的线是标识公交车的、什么样的线是标识地铁的、什么样的线是标识桥梁的，知道"上北下南左西右东"，就可以开始慢慢研究地图了。

为了学会使用 Python，你以后最常访问的页面一定是：

- https://docs.python.org/3/library/index.html

在一开始，你反复阅读和查询的页面肯定是这两个：

- https://docs.python.org/3/library/functions.html
- https://docs.python.org/3/library/stdtypes.html

对了，在读完这一节之后，你已经基本 **"精通"** print() 函数的用法了。

第5章第5节

字符串

在任何一本编程书籍中，关于字符串的内容总是很长的，就好像在每本英语语法书中，关于动词的内容总是占全部内容的至少三分之二一样。这也没办法，因为处理字符串是计算机程序最普遍的需求——程序的主要功能就是完成人机交互，而人们所使用的是字符串，不是二进制数字。

在计算机中，因为所有的东西最终都要被转换成数值，计算机又是靠电路工作的，只能处理 1 和 0，所以，最基本的数值就是二进制数值——整数、浮点数字都要转换成二进制数值才能被计算机使用。这就是在所有编程语言中 1.1 + 2.2 的计算结果并不是我们所想象的 3.3 的原因。

```
1.1 + 2.2
```

```
3.3000000000000003
```

既然所有的值都要被转换成二进制数值，那么在转换时，小数的精度就会有损耗。尤其是在多次将浮点数字转换成二进制数值进行运算，然后将二进制数值的运算结果转换为十进制数值的情况下，精度的损耗会更大。因此，在计算机中，浮点数字的精度总是有极限的。对此感兴趣的读者可以看看关于 decimal 模块的文档[1]。

---

[1] https://docs.python.org/3/library/decimal.html。

字符串也是一样的。一个字符串可能由 0 个或者多个字符构成，它最终也会被转换成数值，并进一步被转换成二进制数值。空字符串的值是 None。但即便是 None，最终也要被转换成二进制的 0。

字符码表的转换

以前，计算机的中央处理器最多只能处理 8 位二进制数值，所以，那时的计算机只能处理 2^8（256）个字符。在那个时候，计算机所使用的码表叫作 ASCII 码表。现在，计算机的中央处理器大多是 64 位的，所以可以使用容量为 2^{64} 的码表，这种码表叫作 Unicode 码表。通过多年的收集，在 2018 年 6 月 5 日公布的 Unicode 11.0.0 版本的码表中，已经有 13 万个字符了（突破 10 万个字符是在 2005 年）[1]。

用于把单个字符转换成码值的函数是 ord()。它只接收单个字符，否则就会报错。它能够返回该字符的 Unicode 编码。与 ord() 相对的函数是 chr()，它接收且只接收一个整数作为参数，然后返回相应的字符。如果 ord() 接收多个字符，就会报错。

```
from IPython.core.interactiveshell import InteractiveShell
InteractiveShell.ast_node_interactivity = "all"

ord('a')
chr(122)

ord(' 氅 ')        # 汉字也有你不认识的吧
chr(25354)          # 这个字估计你也不认识

# ord('Python')   # 这一句会报错
```

```
' 拤 '
```

字符串的标识

标识一个字符串的方式有四种：用单引号、用双引号、用三个单引号、用三个双引号。

```
'Simple is better than complex.'    # 用单引号
```

```
'Simple is better than complex.'
```

---

[1] https://en.wikipedia.org/wiki/Unicode。

```
"Simple is better than complex."    # 用双引号
```

```
'Simple is better than complex.'
```

```
# 用三个单引号，注意输出结果中的 \n
# 这个字符串看起来是两行，但保存在内存或者变量中的时候是一整串，其中的换行是用 \n 表示的
'''
Simple is better than complex.
Complex is better than complicated.
'''
```

```
'\nSimple is better than complex.\nComplex is better than complicated.\n'
```

```
# 用三个双引号，注意输出结果中的 \n
"""
Simple is better than complex.
Complex is better than complicated.
"""
```

```
'\nSimple is better than complex.\nComplex is better than complicated.\n'
```

```
print(
"""
Simple is better than complex.
Complex is better than complicated.
"""
) # 在用 print() 函数进行输出时，\n 就是不可见字符，字符串本身如下
  # '\nSimple is better than complex.\nComplex is better than complicated.\n'
  # 其中的 \n 在打印的时候会显示为换行
```

```
Simple is better than complex.
Complex is better than complicated.
```

字符串与数值之间的转换

由数字构成的字符串，可以转换成数值。转换整数时用 int() 函数，转换浮点数字时用 float() 函数。

与之相对，使用 str() 函数可以将数值转换成字符串。

需要注意的是，int() 函数在接收字符串为参数的时候，只能做整数转换。例如，如下代码的最后一行会报错。

```
from IPython.core.interactiveshell import InteractiveShell
InteractiveShell.ast_node_interactivity = "all"

int('3')
float('3')
str(3.1415926)
# int('3.1415926')  # 这一行会报错
```

```
3
3.0
'3.1415926'
```

　　input() 这个内建函数的功能是接收用户的键盘输入，然后将其作为字符串返回。它可以接收一个字符串作为参数，在接收用户的键盘输入之前，它会把这个参数作为给用户的提示语输出到屏幕上。这个参数是可选参数，如果直接写 input()，就表示不提供参数，在要求用户输入的时候就不会显示提示语。

　　运行以下代码将会报错，原因在于 age < 18 不是合法的逻辑表达式。因为 age 是由 input() 函数传递过来的字符串，所以，它不是数字，不能与数字进行比较。

```
age = input('Please tell me your age: ')
if age < 18:
    print('I can not sell you drinks...')
else:
    print('Have a nice drink!')
```

```
Please tell me your age:  19
--------------------------------------------------------------------
TypeError                                 Traceback (most recent call last)
<ipython-input-9-0573fe379e83> in <module>
      1 age = input('Please tell me your age: ')
----> 2 if age < 18:
      3     print('I can not sell you drinks...')
      4 else:
      5     print('Have a nice drink!')
TypeError: '<' not supported between instances of 'str' and 'int'
```

　　要改成下面这样才可能行。为什么是"可能行"而不是"一定行"？因为如果用户通过键盘输入的是 eighteen、十八 等，依然会导致 int() 函数运行失败并得到报错 ValueError。由于用户输入的内容不可控，报错信息可能千奇百怪。但在这里，我们先进行简化处理，在引导语中添加一个正确的示例并默认用户会按照引导语正确地输入内容。

```
age = int(input('Please tell me your age:
 an int number , e.g: 22
'))
if age < 18:
    print('I can not sell you drinks...')
else:
    print('Have a nice drink!')
```

```
Please tell me your age:  19
Have a nice drink!
```

另外，需要注意，桌面 App nteract[1] 目前不支持对 `input()` 函数的调用。

转义符

有一个重要的字符 \，叫作"转义符"。因为其英文表述是"Escaping Character"，所以有的地方也称之为"脱字符"。转义符本身不作为字符使用，如果想让字符串里包含 \ 这个字符，应该写成 \\。

```
'\\'
```

```
'\\'
```

```
'\'
```

```
  File "<ipython-input-10-d44a383620ab>", line 1
    '\'
      ^
SyntaxError: EOL while scanning string literal
```

上面这一行报错信息是 `SyntaxError: EOL while scanning string literal`，这是因为 \' 表示的是单引号字符 '（Literal），这个字符是可被输出到屏幕上的 '，而不是用来标识字符串的那个 '。别急，无论哪个初学者在第一次读到这个句子的时候都会觉得莫名其妙。当 Python 编译器扫描这个"字符串"的时候，会在还没找到用于标识字符串末尾的 ' 时就读到了 EOL（End of Line）。

如果想输出 `He said, it's fine.` 这个字符串，用双引号 " 扩起来是可以的，但是用单引号 ' 扩起来就麻烦了，因为编译器会把 `it` 后面的那个单引号 ' 当成字符串的结尾。

---

[1] https://nteract.io/。

```
'He said, it's fine.'
```

```
  File "<ipython-input-11-2bcf2ca6dd95>", line 1
    'He said, it's fine.'
              ^
SyntaxError: invalid syntax
```

这时，就得使用转义符 \。

```
from IPython.core.interactiveshell import InteractiveShell
InteractiveShell.ast_node_interactivity = "all"

# 要么这么写
'He said, it\'s fine.'
# 要么这么写
"He said, it's fine."
# 要么，不管用单引号还是双引号来标识字符串，都要习惯用 \' 和 \" 来书写字符串内部的引号
"He said, it\'s fine."
```

```
"He said, it's fine."
"He said, it's fine."
"He said, it's fine."
```

转义符 \ 的另外两种常用形式是和 t、n 连起来使用，\t 代表制表符（就是用 "Tab"键敲出来的东西），\n 代表换行符（就是用 "Enter" 键敲出来的东西）。

由于历史原因，在 Linux、Mac、Windows 操作系统中，换行符各不相同：UNIX 类操作系统（包括现在的 macOS）的换行符是 \n；Windows 操作系统的换行符是 \r\n；苹果公司的早期产品麦金塔电脑（Macintosh）使用的换行符是 \r（参见 Wikipedia: Newline[1]）。所以，一个字符有两种形式——raw 和 presentation。在 presentation 形式的字符中，\t 被转换成制表符，\n 被转换成换行。

在编写程序的过程中，我们写的是 raw 形式的字符，而当调用 print() 函数将字符串输出到屏幕上时，屏幕上显示的是 presentation 形式的字符。

```
s = "He said, it\'s fine."   # raw
print(s)                     # presentation
```

```
He said, it's fine.
```

如果有时间，可以阅读下面两个内建函数的文档，了解更多的细节。

---

[1] https://en.wikipedia.org/wiki/Newline。

> - **ascii**(object): https://docs.python.org/3/library/functions.html#ascii
> - **repr**(object): https://docs.python.org/3/library/functions.html#repr

字符串的操作符

字符串可以用空格或者 + 拼接。

```
'Hey!' + ' ' + 'You!'   # 使用操作符 +
```

```
'Hey! You!'
```

```
'Hey!' 'You!'            # 空格与 + 的作用是相同的
```

```
'Hey!You!'
```

字符串还可以与整数一起，被操作符 * 操作，例如 'Ha' * 3 的意思是把字符串 'Ha' 复制三遍。

```
'Ha' * 3
```

```
'HaHaHa'
```

```
'3.14' * 3
```

```
'3.143.143.14'
```

还可以用 in 和 not in 操作符对字符串进行操作，例如看看某个字符或者字符串是否包含在某个字符串中（返回的是布尔值）。

```
'o' in 'Hey, You!'
```

```
True
```

字符串的索引

字符串是由一系列字符构成的。在 Python 中有一个容器（Container）的概念，这个概念在前面提到过，在后面还会深入讲解。现在我们需要知道的是：字符串是容器的一种；容器可以分为两种，分别是有序的和无序的，字符串属于**有序容器**。

字符串里的每个字符，对应于一个从 0 开始的索引。比较有趣的是，索引值可以是负数。

字符索引

0	1	2	3	4	5
P	y	t	h	o	n
–6	–5	–4	–3	–2	–1

```
s = 'Python'
for char in s:
    print(s.index(char), char)
```

```
0 P
1 y
2 t
3 h
4 o
5 n
```

字符串就是字符的有序容器。由于有序容器中的元素是有索引的，我们可以根据索引提取容器中的值。可以把 [] 当成有序容器的一个操作符，我们姑且将其称为"索引操作符"。注意以下代码第 3 行中 s 后面的 [] 和里面的变量 i。

```
s = 'Python'
for i in range(len(s)):
    print(s[i])

# 上面的代码只是为了演示索引操作符的使用而写的，更简洁的写法如下
for i in s:
    print(i)
```

```
P
y
t
h
o
n
```

我们可以使用索引操作符，根据索引来**提取**字符串这个有序容器中的一个或多个元素（即其中的字符或字符串）。这个"提取"的动作有个专门的术语，叫作"Slicing"（切片）。索引操作符 [] 中可以有一个、两个或者三个整数参数，如果有两个参数，需要用 : 隔开。它最终可以写成以下五种形式。

- s[index]：返回索引值为 index 的那个字符。
- s[start:]：返回从索引值为 start 开始到字符串末尾的所有字符。
- s[start:stop]：返回从索引值为 start 开始到索引值为 stop 的那个字符之前的所有字符。
- s[:stop]：返回从字符串开始到索引值为 stop 的那个字符之前的所有字符。
- s[start:stop:step]：返回从索引值为 start 开始到索引值为 stop 的那个字符之前的、以 step 为步长提取的所有字符。

无论是 range(1,2)，还是 random.randrange(100, 1000)、s[start:stop]，都有一个相似的规律——包含左侧的 1、100、start，不包含右侧的 2、1000、stop。

```
from IPython.core.interactiveshell import InteractiveShell
InteractiveShell.ast_node_interactivity = "all"

s = 'Python'
s[1]
s[2:]
s[2:5]
s[:5]
s[1:5:2]
```

```
'y'
'thon'
'tho'
'Pytho'
'yh'
```

用于处理字符串的内建函数

在 Python 内建函数[1]中，把字符串当作处理对象的有 ord()、input()、int()、float()、len()、print()。请再次注意，ord() 函数只接收单个字符为参数。

```
from IPython.core.interactiveshell import InteractiveShell
InteractiveShell.ast_node_interactivity = "all"

ord('\n')
ord('\t')
ord('\r')
chr(65)        # 与 ord() 相对的函数
```

---

[1] https://docs.python.org/3/library/functions.html#slice。

```
s = input('请照抄一遍这个数字 3.14: ')
int('3')
# int(s) 这一句会报错，所以暂时把它注释掉
float(s) * 9
len(s)
print(s*3)
```

```
10
9
13
'A'
请照抄一遍这个数字 3.14:  3.14
3
28.26
4
3.143.143.14
```

用于处理字符串的 Method

　　在 Python 中，字符串是一个**对象**，更准确地讲，是一个 str 类（Class str）的对象。

　　尚未读完本书第 1 部分的你，暂时不用了解"对象"究竟是什么。你只需要知道：在一个对象的内部有很多函数。这些写在对象内部的函数有个专门的名称，叫作类的**方法**（Method）。但问题在于，在讲解编程的内容里，"方法"这个词随处可见，例如"处理数值的方法是……"。**为了避免歧义**，在本书后面的文字里，如果提到"类的方法"，就直接使用 Method 这个英文单词。

　　很多字符串都可以调用 Method。下面介绍的 str 类的 Method，都可以在官方文档 *Text Sequence Type*[1] 中找到。

　　调用 str 类的 Method，需要使用 . 这个符号。

```
'Python'.upper()
```

大小写转换

　　用于转换字符串大小写的 Method 有 str.upper()、str.lower()、str.swapcase()、str.casefold()。还有专门用于设置行首字母大写的 Method str.capitalize()，以及专门用于设置每个词的首字母大写的 Method str.title()。

---

[1] https://docs.python.org/3/library/stdtypes.html#text-sequence-type-str。

```
from IPython.core.interactiveshell import InteractiveShell
InteractiveShell.ast_node_interactivity = "all"

'Now is better than never.'.upper()

# 在 Python 命令行工具中，单个下画线 _ 是一个特殊的变量
# 其中保存着最近的语句或者表达式的执行结果
# 上一个 Cell 执行后，_ 中保存着 'NOW IS BETTER THAN NEVER.'

_.lower()
```

```
'NOW IS BETTER THAN NEVER.'
'now is better than never.'
```

```
from IPython.core.interactiveshell import InteractiveShell
InteractiveShell.ast_node_interactivity = "all"

# casefold() 不仅可以将字母转换成小写形式，还能处理更多的欧洲语言字符

'ß'.casefold()              # 在德语字符中，大写 ß 的小写形式是 ss
len('ß'.casefold())
'ß'.lower()                 # lower() 对这类字符无能为力
len('ß'.lower())
# casefold
'\u0132'                    # IJ 这个字符的 Unicode 编码
'\u0132'.casefold()
'\u0132'.lower()            # 对这个字符来说，lower() 和 casefold() 的效果是一样的
len('\u0132'.casefold())

# 一篇有用的文章
# Truths programmers should know about case
# https://www.b-list.org/weblog/2018/nov/26/case/
```

```
'ss'
2
'ß'
1
'IJ'
'ij'
'ij'
1
```

```
from IPython.core.interactiveshell import InteractiveShell
InteractiveShell.ast_node_interactivity = "all"

s = 'Now is better than never.'
```

```
s.capitalize()    # 句首字母大写
s.title()         # 每个单词首字母大写

'Now is better than never.'
'Now Is Better Than Never.'

s = 'Now is better than never.'
s.swapcase()      # 逐个字符更替大小写
s.title()
s.title().swapcase()
```

```
'nOW IS BETTER THAN NEVER.'
'Now Is Better Than Never.'
'nOW iS bETTER tHAN nEVER.'
```

str.encode() 在处理非英文字符串（例如中文）的时候也经常会用到。

```
# str.encode(encoding="utf-8", errors="strict")
# 关于更多可能的 encoding list
# 请参阅 https://docs.python.org/3/library/codecs.html#standard-encodings
s = ' 简单优于复杂。'
s.encode()
```

```
b'\xe7\xae\x80\xe5\x8d\x95\xe4\xbc\x98\xe4\xba\x8e\xe5\xa4\x8d\xe6\x9d\x82\xe3\
x80\x82'
```

搜索与替换

让我们从 str.count() 这个用于搜索子字符串出现次数的 Method（即 str 这个 Class 中定义的函数）开始。在官方文档中是这么写的：

| str.count(sub[,start[,end]])

下面的函数说明增加了默认值，初次阅读更容易理解：

| str.count(sub [,start=0[, end=len(str)-1]])

方括号 [] 中的参数是可选的。方括号中嵌套了一个方括号，表示在可选参数 start 出现的情况下，还有一个可选参数 end。= 表示该参数有一个默认值。

如果你对上述说明文字感到熟悉，就说明前面的内容你确实读到位了——与大量"前置引用"相伴的是知识点的重复出现。

- 如果只给定 sub 一个参数，就从第一个字符开始搜索，直到结束。
- 如果随后给定了一个可选参数，那么它是 start。这时，从 start 开始搜索，直到字符串结束。

> • 如果 start 后面还有参数，那么它是 end。这时，从 start 开始搜索，直到 end 结束，
> 返回值为在字符串中 sub 出现的次数。

同时要注意，字符串中第一个字符的索引值是 0。

```
from IPython.core.interactiveshell import InteractiveShell
InteractiveShell.ast_node_interactivity = "all"

s = """Simple is better than complex.
Complex is better than complicated."""
s.lower().count('mp')
s.lower().count('mp', 10)
s.lower().count('mp', 10, 30)
```

```
4
3
1
```

用于搜索与替换的 Method str.find()、str.rfind()、str.index()，示例如下。

```
from IPython.core.interactiveshell import InteractiveShell
InteractiveShell.ast_node_interactivity = "all"

# str.find(sub[, start[, end]])
print('Example of str.find():')
s = """Simple is better than complex.
Complex is better than complicated."""
s.lower().find('mpl')
s.lower().find('mpl', 10)
s.lower().find('mpl', 10, 20)        # 如果没有找到，就返回 -1
print()

print('Example of str.rfind():')
# str.rfind(sub[, start[, end]])
# rfind() 返回最后一次 sub 出现的位置，find() 则返回第一次 sub 出现的位置
s.lower().rfind('mpl')
s.lower().rfind('mpl', 10)
s.lower().rfind('mpl', 10, 20)       # 如果没有找到，就返回 -1
print()

print('Example of str.index():')
# str.index(sub[, start[, end]])
# 作用与 find() 相同，但如果没有找到，就会触发 ValueError 异常
# https://docs.python.org/3/library/exceptions.html#ValueError
s.lower().index('mpl')
# str.rindex(sub[, start[, end]])
# 作用与 rfind() 相同，但如果没有找到，就会触发 ValueError 异常
```

```
s.lower().rindex('mpl')
print()
```

```
Example of str.find():
2
24
-1

Example of str.rfind():
56
56
-1

Example of str.index():
2
56
```

str.startswith() 和 str.endswith() 用于判断一个字符串是否是以某个子字符串开始
或者结束的。

```
s = """Simple is better than complex.
Complex is better than complicated."""

# str.startswith(prefix[, start[, end]])
print("s.lower().startswith('S'):", \
      s.lower().startswith('S'))
print("s.lower().startswith('b'):", \
      s.lower().startswith('b', 10))
print("s.lower().startswith('e', 11, 20):", \
      s.lower().startswith('e', 11, 20))

# str.endswith(suffix[, start[, end]])
print("s.lower().endswith('.'):", \
      s.lower().endswith('.'))
print("s.lower().endswith('.', 10):", \
      s.lower().endswith('.', 10))
print("s.lower().endswith('.', 10, 20):", \
      s.lower().endswith('.', 10, 20))

# 好玩: 中国人一不小心就会把这两个函数写成或者记成 startwith() 和 endwith()——少写一个 s
```

```
s.lower().startswith('S'): False
s.lower().startswith('b', 10): True
s.lower().startswith('e', 11, 20): True
s.lower().endswith('.'): True
s.lower().endswith('.', 10): True
```

```
s.lower().endswith('.', 10, 20): False
```

在为了找到位置而进行搜索之前，你可能需要确认待寻找的字符串是否存在于寻找对象中。这时，可以使用 in 操作符。

```
s = """Simple is better than complex.
Complex is better than complicated."""
# 如果你只想知道"有没有"，而不需要知道"在哪里"，那么可以用
print('mpl' in s)
```

```
True
```

能搜索，应该就能替换。str.replace() 的函数说明是这样的：

| str.replace(old, new[, count])

用 new 替换 old，共替换 count 个实例 [1]，其中 count 这个参数是可选的。

```
s = """Simple is better than complex.
Complex is better than complicated."""

# str.startswith(prefix[, start[, end]])
print("s.lower().replace('mp', '[ ]', 2):\n")
print(s.lower().replace('mp', '[ ]', 2))
```

```
s.lower().replace('mp', '[ ]', 2):

si[ ]le is better than co[ ]lex.
complex is better than complicated.
```

还有一个专门用于替换制表符（\t）的 Method：

| str.expandtabs(tabsize=8)

它的作用非常简单，就是把字符串中的制表符（\t）替换成空格（默认替换成 8 个空格，当然你也可以指定究竟替换成几个空格）。

```
from IPython.core.interactiveshell import InteractiveShell
InteractiveShell.ast_node_interactivity = "all"

# str.expandtabs(tabsize=8)
s = "Special\tcases\taren't\tspecial\tenough\tto\tbreak\tthe\trules."
s.expandtabs()
s.expandtabs(2)
```

---

[1] 实例，example。每次处理的对象就是实例，即具体的操作对象。

```
"Special cases   aren't  special enough  to      break    the      rules."
"Special cases aren't  special enough  to  break the rules."
```

去除子字符

| str.strip([chars])

该函数最常用的场景是去除一个字符串首尾的所有空白，包括空格、制表符、换行符等。

```
from IPython.core.interactiveshell import InteractiveShell
InteractiveShell.ast_node_interactivity = "all"

s = "\r \t Simple is better than complex.   \t \n"
s
s.strip()
```

```
'\r \t Simple is better than complex.   \t \n'
'Simple is better than complex.'
```

但是，如果给定了一个字符串作为参数，那么参数字符串中的所有字母都将被当成需要从首尾去除的对象（直到新的首尾字母不在参数中，才会停止去除）。

```
from IPython.core.interactiveshell import InteractiveShell
InteractiveShell.ast_node_interactivity = "all"

s = "Simple is better than complex."
s
s.strip('Six.p')    # p 全部处理完，因为 p 不在首尾，所以原字符串中的字母 p 不受影响
s.strip('pSix.mle') # 这一次，首尾的字母 p 被处理了
                    # 参数中字符的顺序对结果没有影响，换成 ipx.mle 也一样
```

```
'Simple is better than complex.'
'mple is better than comple'
' is better than co'
```

还可以使用 str.lstrip()，只对左侧进行处理，或者使用 str.rstrip()，只对右侧进行处理。

```
from IPython.core.interactiveshell import InteractiveShell
InteractiveShell.ast_node_interactivity = "all"

# str.lstrip([chars])
s = "Simple is better than complex."
s
s.lstrip('Six.p')     # p 全部处理完，因为 p 不在首部，所以原字符串中的字母 p 不受影响
```

```
s.lstrip('pSix.mle')  # 这一次，首部的字母 p 被处理了
                      # 参数中字符的顺序对结果没有影响，换成 Sipx.mle 也一样
```

```
'Simple is better than complex.'
'mple is better than complex.'
' is better than complex.'
```

```
from IPython.core.interactiveshell import InteractiveShell
InteractiveShell.ast_node_interactivity = "all"
```

```
# str.rstrip([chars])
s = "Simple is better than complex."
s
s.rstrip('Six.p')     # p 全部处理完，因为 p 不在尾部，所以原字符串中的 p 不受影响
s.rstrip('pSix.mle')  # 这一次，尾部的字母 p 被处理了
                      # 参数中字符的顺序对结果没有影响，换成 Sipx.mle 也一样
```

```
'Simple is better than complex.'
'Simple is better than comple'
'Simple is better than co'
```

拆分字符串

在计算机里，数据一般保存在文件中。计算机擅长处理的是"格式化数据"，即：这些数据是按照一定的格式排列的。电子表格、数据库都是格式化数据的保存形式。例如，微软的 Excel 和苹果的 Numbers 都可以将表格导出为 .csv 文件。这是一种文本文件，里面的每一行可能由多个数据构成，数据之间用，（或者；、\t）分隔。

```
Name,Age,Location
John,18,New York
Mike,22,San Francisco
Janny,25,Miami
Sunny,21,Shanghai
```

以上是文本文件中的一段内容。这段内容被计算机读取后保存在某个变量中，那个变量的值是这样的：

```
'Name,Age,Location\nJohn,18,New York\nMike,22,San Francisco\nJanny,25,
Miami\nSunny,21,Shanghai'
```

我们可以对这样的字符串进行很多操作，最常用的有 str.splitlines()、str.split()，还有 str.partition()。如果有时间，可以去看看官方文档中的说明[1]。

---

[1] https://docs.python.org/3/library/stdtypes.html#str.partition。

str.splitlines() 返回的是一个列表（List）——这又是一个前面曾简单提过，但在后面的章节才会详细讲解的概念——其中的元素由被拆分的每一行组成。

```
from IPython.core.interactiveshell import InteractiveShell
InteractiveShell.ast_node_interactivity = "all"

s = """Name,Age,Location
John,18,New York
Mike,22,San Francisco
Janny,25,Miami
Sunny,21,Shanghai"""

s                      # s 被打印出来的时候，\n 都被转换成换行了
s.splitlines()         # 注意输出结果前后的方括号 []，它表示这个返回结果是一个 List
```

```
'Name,Age,Location\nJohn,18,New York\nMike,22,San Francisco\nJanny,25,Miami\
nSunny,21,Shanghai'
['Name,Age,Location',
 'John,18,New York',
 'Mike,22,San Francisco',
 'Janny,25,Miami',
 'Sunny,21,Shanghai']
```

str.split() 用于根据分隔符将一个字符串进行拆分。

| str.split(sep=None, maxsplit=-1)

```
from IPython.core.interactiveshell import InteractiveShell
InteractiveShell.ast_node_interactivity = "all"

s = """Name,Age,Location
John,18,New York
Mike,22,San Francisco
Janny,25,Miami
Sunny,21,Shanghai"""

r = s.splitlines()[2]      # 取出返回列表中索引值为 2 的那一行
r
r.split()                  # 如果没有给 str.split() 传递参数，那么默认用 None 分割
                           # 各种空白（例如 \t 和 \r）都被当作 None
r.split(sep=',')
r.split(',')               # 上一行可以写成这样

r.split(sep=',', maxsplit=1)   # 第二个参数用于指定拆分次数
# r.split(sep=',', 1)          # 上一行不能写成这样
r.split(sep=',', maxsplit=0)   # 0 次，即不拆分
r.split(sep=',', maxsplit=-1)  # 默认值是 -1，即拆分全部
```

```
'Mike,22,San Francisco'
['Mike,22,San', 'Francisco']
['Mike', '22', 'San Francisco']
['Mike', '22', 'San Francisco']
['Mike', '22,San Francisco']
['Mike,22,San Francisco']
['Mike', '22', 'San Francisco']
```

拼接字符串

str.join() 是将来经常要使用的，而它的官方文档内容很少：

> str.join(*iterable*)
>
> Return a string which is the concatenation of the strings in iterable. A TypeError will be raised if there are any non-string values in iterable, including bytes objects. The separator between elements is the string providing this method.

它接收的参数是 iterable。虽然你现在还不知道 iterable 究竟是什么，但这个 Method 的例子貌似你可以看懂（你可能会产生"那个方括号究竟是干什么的"的疑问，也可能对前面提到的列表还有印象）。

```
s = ''
t = ['P', 'y', 't', 'h', 'o', 'n']
s.join(t)
```

```
'Python'
```

字符串排版

将字符串居中放置的前提是设定整行的宽度。

> str.center(width[, fillchar])

注意，第二个参数是可选的，且只接收单个字符（"char"是"character"的缩写）。

```
from IPython.core.interactiveshell import InteractiveShell
InteractiveShell.ast_node_interactivity = "all"

s = 'Sparse is better than dense!'
s.title().center(60)
s.title().center(60, '=')
s.title().center(10)    # 如果宽度参数小于字符串长度，则返回原字符串
```

```
s = 'Sparse is better than dense!'
s.title().rjust(60)
s.title().rjust(60, '.')
```

```
'                    Sparse Is Better Than Dense!                    '
'================Sparse Is Better Than Dense!================'
'Sparse Is Better Than Dense!'
'                              Sparse Is Better Than Dense!'
'..............................Sparse Is Better Than Dense!'
```

将字符串靠左和靠右对齐放置，使用如下 Method。

- 将字符串靠左对齐放置：`str.ljust(width)`。
- 将字符串靠右对齐放置：`str.rjust(width)`。

还有一个字符串 Method，用于将字符串转换成左侧由 0 填充的指定长度的字符串（它在批量生成文件名的时候就很有用）。

```
for i in range(1, 11):
    filename = str(i).zfill(3) + '.mp3'
    print(filename)
```

```
001.mp3
002.mp3
003.mp3
004.mp3
005.mp3
006.mp3
007.mp3
008.mp3
009.mp3
010.mp3
```

格式化字符串

所谓"对字符串进行格式化"，是指将特定变量插入字符串特定位置的过程。常用的 Method 有两个，一个是 `str.format()`，另外一个是 f-string。

使用 `str.format()`

这个 Method 的官方文档说明 [1]，你现在是看不懂的：

```
str.format(*args, **kwargs)
```

---

[1] https://docs.python.org/3/library/stdtypes.html#str.format。

参数前面多了个 * ——没办法，现在讲不清楚，即使讲了，你也听不明白……先跳过这个问题，只关注怎么使用这个 Method。

它的作用是：

- 在一个字符串中，插入一个或者多个占位符——用大括号 {} 括起来；
- 将 str.format() 相应位置的参数，依次放到占位符中。

在占位符中可以使用由 0 开始的索引。

```python
from IPython.core.interactiveshell import InteractiveShell
InteractiveShell.ast_node_interactivity = "all"

name = 'John'
age = 25
'{} is {} years old.'.format(name, age)
# 如果不写占位符索引，就默认每个占位符的索引是 0，1，2 ...（占位符的数量减 1）
# '{} {}'.format(a, b) 和 '{0} {1}'.format(a, b) 是一样的

# '{0} is {2} years old.'.format(name, age)
# 这一句会报错，因为 2 超出了实际参数索引的范围

# 两个连续使用的大括号不被认为是占位符，而且只会打印一对大括号
"Are you {0}? :-{{+}}".format(name)

# "%s is %d years old." % (name, age)
# 这是兼容 Python 2 的老式写法，可以忽略

# 可以在 str.format() 里直接写表达式
'{} is a grown up? {}'.format(name, age >= 18)
```

```
'John is 25 years old.'
'Are you John? :-{+}'
'John is a grown up? True'
```

使用 f-string

f-string 与 str.format() 的功用差不多，只是写法简洁一些——在字符串标识前加上一个字母 f。

```python
from IPython.core.interactiveshell import InteractiveShell
InteractiveShell.ast_node_interactivity = "all"

# https://docs.python.org/3/library/stdtypes.html#printf-style-bytes-formatting
# f-string

name = 'John'
age = 25
```

```
f'{name} is {age} years old.'
f'{name} is a grown up? {age >= 18}'
```

```
'John is 25 years old.'
'John is a grown up? True'
```

　　只不过，`str.format()` 的索引顺序可以任意指定，因此相对更为灵活。下面的例子只是为了演示参数位置可以任意指定而编写的。

```
name = 'John'
age = 25
'{1} is {0} years old.'.format(name, age)
```

```
'25 is John years old.'
```

字符串属性

　　还有一系列用于判断字符串的构成属性的 Method，它们返回的是布尔值。

```
# str.isalnum()
print("'1234567890'.isalnum():", \
      '1234567890'.isalnum())    # '3.14'.isalnum() 的返回值是 False

# str.isalpha()
print("'abcdefghij'.isalpha():", \
      'abcdefghij'.isalpha())

# str.isascii()
print("' 山巅一寺一壶酒 '.isascii():", \
      ' 山巅一寺一壶酒 '.isascii())
# str.isdecimal()
print("'0.123456789'.isdecimal():", \
      '0.1234567890'.isdecimal())

# str.isdigit()
print("'0.123456789'.isdigit():", \
      '0.1234567890'.isdigit())    # 注意: 如果字符串是 identifier, 返回值也是 False

# str.isnumeric()
print("'0.123456789'.isnumeric():", \
      '0.1234567890'.isnumeric())

# str.islower()
print("'Continue'.islower():", \
      'Continue'.islower())
```

```
# str.isupper()
print("'Simple Is Better Than Complex'.isupper():", \
      'Simple Is Better Than Complex'.isupper())

# str.istitle()
print("'Simple Is Better Than Complex'.istitle():", \
      'Simple Is Better Than Complex'.istitle())

# str.isprintable()
print("'\t'.isprintable():", \
      '\t'.isprintable())

# str.isspace()
print("'\t'.isspace():", \
      '\t'.isspace())

# str.isidentifier()
print("'for'.isidentifier():", \
      'for'.isidentifier())
```

```
'1234567890'.isalnum(): True
'abcdefghij'.isalpha(): True
' 山巅一寺一壶酒 '.isascii(): False
'0.123456789'.isdecimal(): False
'0.123456789'.isdigit(): False
'0.123456789'.isnumeric(): False
'Continue'.islower(): False
'Simple Is Better Than Complex'.isupper(): False
'Simple Is Better Than Complex'.istitle(): True
'      '.isprintable(): False
'        '.isspace(): True
'for'.isidentifier(): True
```

总结

　　这一节的内容显得相当繁杂。然而，这一节和下一节"数据容器"的内容，都是用来锻炼我们的耐心的好材料。

　　如果自己动手整理一个表格，总结和归纳这一节的内容，你就会发现，其实也没有多繁杂，总之还是那些事：怎么处理字符串，怎么使用操作符、内建函数、Method……只不过，字符串的操作符和数值的操作符不一样——类型不一样，操作符当然不一样！最不一样的地方是：字符串是有序容器的一种，所以，它有索引，可以根据索引来提取。至于剩下的，就是很常规的事情了：怎么使用函数处理字符串，怎么使用 Method 处理字符串……只不过，

Method 相对多了一点而已。

整理成表格之后，你就会发现，想要全部记住其实并不难。

字符串的操作符、函数与 Method

操作项目	用　　法				
标识	'...'	"..."	"""..."""		
转义符	\'	\"	\t	\n	
操作	+	*	in	not in	len()　　str.jion()
提取	str[index]	str[start:]	str[:stop]	str[start:stop]	
与数字互相转换	int()	float()	str()		
码表	ord()	chr()	str.encode()		
大小写转换	str.lower()	str.upper()	str.capitalize()	str.title()	str.swapcase()
去除子首尾字符	str.strip()	str.lstrip()	str.rstrip()		
拆分字符串	str.split()	str.splitlines()			
排版	str.center()	str.ljust()	str.rjust()	str.zfill()	
格式化	str.format()	f-string			
字符串属性	str.isalnum()　str.isalpha()　str.isascii()　str.isdecimal() str.isdigit()　str.isnumeric()　str.islower()　str.isupper() istitle()　str.isprintable()　str.isspace()　str.isidentefier()				

| 在"操作"那一行中，为了分类和记忆方便，我把 len() 和 str.join() 也放进去了。

"记住"的方法并不是只盯着表格看……正确的方法是反复阅读这一章内容中的代码并逐一运行，查看输出结果，同时，顺手改改、看看，多多体会。重复多次之后，再看着表格来回忆知识点，直到牢记为止。

为什么没有像论述字符串值那样详细地论述数值？

在上一节中，我们概括讲了各种类型的值的运算，但没有深入讲解数值的运算，而是直接"跳"到了这一节关于字符串的内容。其实，对于数值，只要一张表格和一个列表就足够说明了（因为之前零零散散都讲过）。

Python 针对数值的常用操作符和内建函数，按照优先级从低到高排列，如下表所示。

Python 针对数值的常用操作符和内建函数（按优先级从低到高排列）

名　　称	操作示例	结　　果	官方文档链接
加	`1 + 2`	3	
减	`2 - 1`	1	
乘	`3 * 5`	15	
除	`6 / 2`	3.0	
商	`7 // 3`	2	
余	`7 % 3`	1	
负	`-6`	-6	
正	`+6`	6	
绝对值	`abs(-1)`	1	https://docs.python.org/3/library/functions.html#abs
转换为整数	`int(3.14)`	3	https://docs.python.org/3/library/functions.html#int
转换为浮点数	`float(3)`	3.0	https://docs.python.org/3/library/functions.html#float
商余	`divmod(7, 3)`	2, 1	https://docs.python.org/3/library/functions.html#divmod
幂	`pow(2, 10)`	1024	https://docs.python.org/3/library/functions.html#pow
幂	`3 ** 2`	9	

Python 用于处理数值的内建函数列举如下。

- `abs(n)`：用于返回参数 n 的绝对值。
- `int(n)`：用于将浮点数字 n 转换成整数。
- `float(n)`：用于将整数 n 转换成浮点数字。
- `divmod(n, m)`：用于计算 n 除以 m，返回两个整数，一个是商，另外一个是余数。
- `pow(n, m)`：用于进行乘方运算，返回 n 的 m 次方的值。
- `round(n)`：用于返回离浮点数字 n 最近的那个整数。

Python 用于实现更为复杂的数学计算的模块是 Math Module，参见：

https://docs.python.org/3/library/math.html

第 5 章 第 6 节

数据容器

在 Python 中有一个**数据容器**（Container）的概念，包括字符串、由 range() 函数生成的等差**数列**、**列表**（List）、**元组**（Tuple）、**集合**（Set）、**字典**（Dictionary）。

这些容器各有各的用处，可以分为可变（Mutable）容器和不可变（Immutable）容器。可变容器有列表、集合、字典，不可变容器有字符串、由 range() 函数生成的等差数列、元组。集合分为 Set 和 Frozen Set 两种，Set 是可变的，Frozen Set 是不可变的。

字符串、由 range() 函数生成的等差数列、列表、元组属于**有序类型**（Sequence Type）。集合与字典则是无序的。

Containers in Python		
Sequence Type	Set	Map
String	Set	Dictionary
range()	Frozen Set	
List		
Tuple		
Bytes		
	Immutable: background color, gray	
	Ordered: font color, red	

Python 中的数据容器

另外，在一个集合中没有重复的元素。

迭代（Iterate）

数据容器里的元素是可以被**迭代**的。容器中的元素可以被逐个访问，以便被处理。

对于数据容器，有一个操作符 in，它用于判断某个元素是否属于某个容器。

由于数据容器具有可迭代性，以及存在操作符 in，使用 Python 语言编写循环格外容易且方便。

```python
for c in 'Python':
  print(c)
```

```
P
y
t
h
o
n
```

在 Python 出现之前，如果想实现像上面这样的能够访问字符串中每一个字符的循环，大抵需要这样的代码（以 C 语言为例）：

```c
# Written in C
char *string;

scanf("%s",string);
int i=strlen(string);
int k = 0;
while(k<i){
    printf("%c", string[k]);
    k++;
  }
```

因为 Python 提供了 range() 函数，所以只需要指定次数就能实现一个简单的 for 循环。

```python
for i in range(10):
  print(i)
```

```
0
1
2
3
4
5
6
7
```

```
8
9
```

即便使用比 C 语言更为"现代"的 JavaScript，代码也大抵是这样的：

```
var i;
for (i = 0; i < 10; i++) {
  console.log(i)
}
```

有些时候，我们需要使用比较复杂的计数器。当然，Python 中也不只有 for 循环——在必要的时候，可以用 while 循环来编写复杂的计数器。

列表（List）

列表和字符串一样，属于有序类型（Sequence Type）的容器，其中包含那些有索引编号的元素。

列表中的元素可以是不同类型的。不过，在解决现实问题的时候，我们总是倾向于创建由同一个类型的数据构成的列表。当遇到由不同类型的数据构成的列表时，我们需要想办法把数据分门别类地拆分出来，整理清楚。有个专门的名称与这种工作相关——数据清洗。

列表的生成

生成一个列表的方式有以下几种。

```
a_list = []
b_list = [1, 2, 3]
list(), or list(iterable)              # 这是 Type Casting
[(expression with x) for x in iterable]
```

```
a_list = []
a_list.append(1)
a_list.append(2)
print(a_list, f'has a length of {len(a_list)}.')

# range() 函数返回的不是列表，需要用 list() 函数对其进行转换，否则无法调用 .append()
b_list = list(range(1, 9))
b_list.append(11)
print(b_list, f'has a length of {len(b_list)}.')

c_list = [2**x for x in range(8)]
print(c_list, f'has a length of {len(c_list)}.')
```

```
[1, 2] has a length of 2.
[1, 2, 3, 4, 5, 6, 7, 8, 11] has a length of 9.
[1, 2, 4, 8, 16, 32, 64, 128] has a length of 8.
```

最后一种方式颇为神奇：

```
[2**x for x in range(8)]
```

这种做法，叫作 List Comprehension[1]。

"Comprehend" 这个词的意思，除了 "理解"，还有 "包括" "囊括"。这样你就大概能理解这种做法为什么被称作 List Comprehension 了——"列表生成器" "列表生成式" 等，怎么翻译的都有，都挺好。但是，翻译成 "列表解析器" 就不太好了，给人的感觉是操作的方向反了……

在 List comprehension 中可以嵌套使用 for 循环，甚至可以添加条件 if。在 Python 官方文档里有个例子：对两个元素不完全相同的列表进行去重处理，然后拼成一个列表（下面的代码作了一些改写）。

```
import random

n = 10

# 生成一个由 n 个元素组成的序列，每个元素是 1 ~ 100 的随机数
a_list = [random.randrange(1, 100) for i in range(n)]
print(f'a_list comprehends {len(a_list)} random numbers: {a_list}')

# 挑出 a_list 中的所有偶数
b_list = [x for x in a_list if x % 2 == 0]
print(f'... and it has {len(b_list)} even numbers: {b_list}')
```

```
a_list comprehends 10 random numbers: [98, 93, 84, 66, 58, 66, 9, 75, 11, 21]
... and it has 5 even numbers: [98, 84, 66, 58, 66]
```

列表的操作符

列表的操作符和字符串的操作符一样，因为它们都是有序容器。列表的操作符有：

- 拼接：+（与字符串操作符不一样的地方是不能使用空格）；
- 复制：*；
- 逻辑运算：in 和 not in，以及 <、<=、>、>=、!=、==。

---

[1] https://docs.python.org/3.7/tutorial/datastructures.html#tut-listcomps。

　　两个列表也和两个字符串一样，可以进行比较，即：可以对两个列表进行逻辑运算。比较方式也跟比较字符串一样，从两个列表各自的第一个元素开始逐个比较——一旦决出"胜负"，马上停止。

```
from IPython.core.interactiveshell import InteractiveShell
InteractiveShell.ast_node_interactivity = "all"

a_list = [1, 2, 3]
b_list = [4, 5, 6]
c_list = a_list + b_list * 3
c_list
7 not in c_list
a_list > b_list
```

```
[1, 2, 3, 4, 5, 6, 4, 5, 6, 4, 5, 6]
True
False
```

根据索引提取列表元素

　　对列表，当然可以根据索引进行操作。但因为列表属于可变序列，所以，列表中的元素不仅可以被提取，还可以被删除，甚至被替换。

```
import random
n = 3
a_list = [random.randrange(65, 91) for i in range(n)]
b_list = [chr(random.randrange(65, 91)) for i in range(n)]
print(a_list)
c_list = a_list + b_list + a_list * 2
print(c_list)

print()
# 根据索引提取（Slicing）
print(c_list[3])          # 返回索引值为 3 的元素的值
print(c_list[:])          # 相当于 c_list，返回整个列表
print(c_list[5:])         # 从索引值为 5 的元素开始，直到末尾
print(c_list[:3])         # 从索引值为 0 的元素开始，直到索引值为 3 的元素之前（不包括 3）
print(c_list[2:6])        # 从索引值为 2 的元素开始，直到索引值为 6 的元素之前（不包括 6）

print()
# 根据索引删除
del c_list[3]
print(c_list)             # del 是一个命令，del c_list[3] 是一个语句
                          # 不能这么写: print(del c_list[3])
del c_list[5:8]
```

```
print(c_list)

print()
# 根据索引替换
c_list[1:5:2] = ['a', 2]  # s[start:stop:step] = t，与 range 的 3 个参数类似
                          # len(t) = len([start:stop:step]) 必须为真
print(c_list)
```

```
[77, 80, 86]
[77, 80, 86, 'E', 'U', 'J', 77, 80, 86, 77, 80, 86]

E
[77, 80, 86, 'E', 'U', 'J', 77, 80, 86, 77, 80, 86]
['J', 77, 80, 86, 77, 80, 86]
[77, 80, 86]
[86, 'E', 'U', 'J']

[77, 80, 86, 'U', 'J', 77, 80, 86, 77, 80, 86]
[77, 80, 86, 'U', 'J', 77, 80, 86]

[77, 'a', 86, 2, 'J', 77, 80, 86]
```

需要注意的是：**列表**（List）是可变序列，**字符串**（str）是不可变序列。所以，对字符串，虽然也可以根据索引来提取，但无法根据索引来删除或者替换。

```
s = 'Python'[2:5]
print(s)
del s[2]  # 这一句会报错
```

```
tho
---------------------------------------------------------------------------
TypeError                                 Traceback (most recent call last)
<ipython-input-4-c9c999709965> in <module>
      1 s = 'Python'[2:5]
      2 print(s)
----> 3 del s[2]  # 这一句会报错
TypeError: 'str' object doesn't support item deletion
```

之前提到过：

> 因为字符串常量（String Literal）是不可变有序容器，所以，尽管字符串也有一些 Method 可用，但那些 Method 都不会改变它们自身，而是在操作后将一个值返回给另外一个变量。

对于列表这种可变容器，我们可以对它进行操作，结果是它本身被改变了。

```
s = 'Python'
L = list(s)
print(s)
print(L)
del L[2]
print(L)        # 用del命令对L进行操作后，L本身少了一个元素
```

```
Python
['P', 'y', 't', 'h', 'o', 'n']
['P', 'y', 'h', 'o', 'n']
```

列表可用的内建函数

列表和字符串都是容器，它们可以使用的内建函数都是一样的。

- .len()
- .max()
- .min()

```
import random
n = 3

# 生成3个随机数，以构成一个列表
a_list = [random.randrange(65, 91) for i in range(n)]
b_list = [chr(random.randrange(65, 91)) for i in range(n)]
print(a_list)
print(b_list)

# 对列表，可以使用操作符+和*
c_list = a_list + b_list + a_list * 2
print(c_list)

a_list *= 3
print(a_list)

# 内建函数操作: len()、max()、min()
print(len(c_list))
print(max(b_list)) # 在内建函数内部进行了异常处理，以比较字符和数字——初学者最讨厌这种事情
print(min(b_list))

print('X' not in b_list)
```

```
[66, 70, 72]
['Q', 'W', 'G']
[66, 70, 72, 'Q', 'W', 'G', 66, 70, 72, 66, 70, 72]
[66, 70, 72, 66, 70, 72, 66, 70, 72]
12
W
G
True
```

Method

因为字符串常量和 range() 都是不可变的（Immutable），列表则属于**可变类型**（Mutable Type），所以，最起码，列表中的元素可以被排序——使用 sort() 这个 Method。

```
import random
n = 10
a_list = [random.randrange(1, 100) for i in range(n)]
print(f'a_list comprehends {len(a_list)} random numbers:\n', a_list)

a_list.sort()
print('the list sorted:\n', a_list)

a_list.sort(reverse=True)   # reverse 参数，默认值是 False
print('the list sorted reversely:\n', a_list)
```

```
a_list comprehends 10 random numbers:
 [78, 49, 36, 68, 99, 99, 47, 56, 73, 21]
the list sorted:
 [21, 36, 47, 49, 56, 68, 73, 78, 99, 99]
the list sorted reversely:
 [99, 99, 78, 73, 68, 56, 49, 47, 36, 21]
```

如果列表中的元素全都是由字符串构成的，当然也可以排序。

```
import random
n = 10

a_list = [chr(random.randrange(65, 91)) for i in range(n)]
# chr() 函数会返回指定 ASCII 码的字符，ord('A') 是 65
print(f'a_list comprehends {len(a_list)} random string elements:\n', a_list)

a_list.sort()
print('the list sorted:\n', a_list)
```

```
a_list.sort(reverse=True)        # reverse 参数，默认值是 False
print('the list sorted reversely:\n', a_list)

print()

b_list = [chr(random.randrange(65, 91)) +\
          chr(random.randrange(97, 123))\
          for i in range(n)]
# 在行末加上 \ 符号，表示 "该行未完待续"

print(f'b_list comprehends {len(b_list)} random string elements:\n', b_list)

b_list.sort()
print('the sorted:\n', b_list)

b_list.sort(key=str.lower, reverse=True)
# key 参数，默认值是 None
# key=str.lower 的意思是：先将字母全都转换成小写，再进行比较排序
# 但是，这样做不会改变原值
print('the sorted reversely:\n', b_list)
```

```
_list comprehends 10 random string elements:
 ['O', 'W', 'Z', 'I', 'R', 'H', 'G', 'L', 'W', 'L']
the list sorted:
 ['G', 'H', 'I', 'L', 'L', 'O', 'R', 'W', 'W', 'Z']
the list sorted reversely:
 ['Z', 'W', 'W', 'R', 'O', 'L', 'L', 'I', 'H', 'G']

b_list comprehends 10 random string elements:
 ['Ax', 'Uh', 'Gg', 'Co', 'Zh', 'Wi', 'Di', 'Is', 'Hu', 'Br']
the sorted:
 ['Ax', 'Br', 'Co', 'Di', 'Gg', 'Hu', 'Is', 'Uh', 'Wi', 'Zh']
the sorted reversely:
 ['Zh', 'Wi', 'Uh', 'Is', 'Hu', 'Gg', 'Di', 'Co', 'Br', 'Ax']
```

注意：不能乱比较！被比较的元素应该是同一类型的。所以，对不是由同一种数据类型的元素构成的列表，不能使用 sort() 这个 Method。例如，执行下面的代码就会报错。

```
a_list = [1, 'a', 'c']
a_list = a_list.sort() # 这一句会报错
```

```
---------------------------------------------------------------------------
TypeError                                 Traceback (most recent call last)

<ipython-input-12-acb9480a455d> in <module>
```

```
    1 a_list = [1, 'a', 'c']
----> 2 a_list = a_list.sort() # 这一句会报错
TypeError: '<' not supported between instances of 'str' and 'int'
```

可变序列还有一系列可用的 Method：a.append()、a.clear()、a.copy()、a.extend(t)、

a.insert(i, x)、a.pop([i])、a.remove(x)、a.reverse()……

```
import random
n = 3
a_list = [random.randrange(65, 91) for i in range(n)]
b_list = [chr(random.randrange(65, 91)) for i in range(n)]
print(a_list)
c_list = a_list + b_list + a_list * 2
print(c_list)

# 在末尾追加一个元素
c_list.append('100')
print(c_list)

# 清空序列
print()
print(a_list)
a_list.clear()
print(a_list)

print()
# 复制一个列表
d_list = c_list.copy()
print(d_list)
del d_list[6:8]
print(d_list)
print(c_list)              # 对一个拷贝进行操作，不会更改“原件”

print()
# 演示拷贝 .copy() 与赋值 = 的不同
e_list = d_list
del e_list[6:8]
print(e_list)
print(d_list)              # 对 e_list 进行操作，相当于对 d_list 进行操作

# 在末尾追加一个列表
print()
print(a_list)
a_list.extend(c_list)      # 相当于 a_list += c_list
print(a_list)
```

```python
# 在索引的某个位置插入一个元素
print()
print(a_list)
a_list.insert(1, 'example')    # 在索引值为 1 的位置插入元素 example
a_list.insert(3, 'example')    # 在索引值为 3 的位置插入元素 example
print(a_list)

# 排序

# a_list.sort() 这一句会出错，因为当前列表中的元素是由 int 和 str 混合组成的

print()
print(a_list)
a_list.reverse()
print(a_list)
x = a_list.reverse()    # reverse() 只对当前序列进行操作，不返回逆序列表，返回值是 None
print(x)
```

```
[88, 83, 78]
[88, 83, 78, 'A', 'C', 'L', 88, 83, 78, 88, 83, 78]
[88, 83, 78, 'A', 'C', 'L', 88, 83, 78, 88, 83, 78, '100']

[88, 83, 78]
[]

[88, 83, 78, 'A', 'C', 'L', 88, 83, 78, 88, 83, 78, '100']
[88, 83, 78, 'A', 'C', 'L', 78, 88, 83, 78, '100']
[88, 83, 78, 'A', 'C', 'L', 88, 83, 78, 88, 83, 78, '100']

[88, 83, 78, 'A', 'C', 'L', 83, 78, '100']
[88, 83, 78, 'A', 'C', 'L', 83, 78, '100']

[]
[88, 83, 78, 'A', 'C', 'L', 88, 83, 78, 88, 83, 78, '100']

[88, 83, 78, 'A', 'C', 'L', 88, 83, 78, 88, 83, 78, '100']
[88, 'example', 83, 'example', 78, 'A', 'C', 'L', 88, 83, 78, 88, 83, 78, '100']

[88, 'example', 83, 'example', 78, 'A', 'C', 'L', 88, 83, 78, 88, 83, 78, '100']
['100', 78, 83, 88, 78, 83, 88, 'L', 'C', 'A', 78, 'example', 83, 'example', 88]
None
```

有一个命令和两个 Method 与删除单个元素相关，即 del、a.pop([i])、a.remove(x)。请注意它们之间的区别。

```python
import random
n = 3
```

```
a_list = [random.randrange(65, 91) for i in range(n)]
print(a_list)

# 插入
print()
a_list.insert(1, 'example')    # 在索引值为 1 的位置插入元素 example

# 删除
print()
print(a_list)
a_list.remove('example')  # 删除 example 元素；如果有多个 example 元素，则只删除第一个
print(a_list)

# pop() 用于删除并返回被删除的值

print()
print(a_list)
p = a_list.pop(2)          # 删除索引值为 2 的元素，并将返回元素的值赋予 p
print(a_list)
print(p)

# pop() 与 del 或者 remove() 的区别
print()
a_list.insert(2, 'example')
a_list.insert(2, 'example')
print(a_list)
del a_list[2]
print(a_list)

print()
print(a_list.remove('example'))  # a_list.remove() 这个 Method 的返回值是 None
print(a_list)
```

```
[86, 69, 81]

[86, 'example', 69, 81] [86, 69, 81]
[86, 69, 81]
[86, 69]
81

[86, 69, 'example', 'example']
[86, 69, 'example']

None
[86, 69]
```

小结

尽管列表看上去是个新的概念，把上面的例子全部读完也要花很长的时间，但是，从操作的角度看，操作列表和操作字符串的差异并不大，重点在于它们一个是可变的，另外一个是不可变的。所以，像 `a.sort()`、`a.remove()` 这样的操作，列表能做，而字符串不能做。对字符串中的内容，也可以进行排序，但那是通过在排序后将结果返回给另外一个变量实现的，而列表可以直接改变其自身。

将这些内容整理成表格后，理解与记忆它们真的是零压力。

列表的操作符、函数与 Method

操作项目	用　　法			
生成	a=[]	a=[1, 2, 3]	(expression with x) for x in iterable	
操作	+	*	in	not in	>、>=、<、<=、==、!=
提取	a[index]	a[start:]	a[:stop]	a[start:stop]
可使用的内建函数	len()	min()	max()	del()
将其他类型转换为列表	list()			
排序	a.sort()	a.reverse()		
删除	del()	a.remove()	a.pop()	
加入	a.insert(i, x)	a.append(x)	a.extend(t)	
复制	a.copy()			
清除	a=[]	a.clear()		

元组（Tuple）

在完整地掌握列表的创建方法和基本操作之后，再理解元组就容易多了，因为它们的主要区别只有两个：

- List 是可变有序容器，Tuple 是不可变有序容器；
- List 用方括号 [] 标识，Tuple 用圆括号 () 标识。

在创建一个元组的时候，使用圆括号。

```
a = ()
```

这样就创建了一个空元组。

多个元素之间用 , 分隔。如果创建的是一个含有多个元素的元组，可以省略这个圆括号。

```
a = 1, 2, 3     # 不建议使用这种写法
b = (1, 2, 3)   # 在创建元组的时候，建议不要省略圆括号
print(a)
print(b)
a == b
```

```
(1, 2, 3)
(1, 2, 3)
True
```

　　注意：在创建只有单个元素的元组时，无论是否使用圆括号，都一定要在那个唯一的元素后面补上一个逗号 ,。

```
from IPython.core.interactiveshell import InteractiveShell
InteractiveShell.ast_node_interactivity = "all"

a = 2,         # 注意末尾的逗号，它使变量 a 被定义为一个元组，而不是数字
a

b = 2          # 整数，赋值
b

c = (2)        # 不是元组
c
type(c)        # 还是 int

d = (2,)       # 这才是元组
d
a == d
```

```
(2,)
2
2
int
(2,)
True
```

　　元组是不可变序列，所以我们不能从元组中删除元素。但是，我们可以在元组的末尾追加元素。因此，从严格意义上讲，元组"不可变"的意思是"当前已有部分不可变"。

```
a = 1,
print(a)
print(id(a))
a += 3, 5
print(a)
print(id(a))    # id 并不相同，实际上在内存中另外创建了一个元组
```

```
(1,)
4339120112
(1, 3, 5)
4338763312
```

初学者总是对 List 和 Tuple 的区别非常好奇。在使用场景方面：如果将来需要更改其中的内容，就创建 List；如果将来不需要更改其中的内容，就创建 Tuple。从计算机的角度看，与 List 相比，Tuple 占用的内存更少。

```
from IPython.core.interactiveshell import InteractiveShell
InteractiveShell.ast_node_interactivity = "all"

n = 10000 # @param {type:"number"}
a = range(n)
b = tuple(a) # 把 a 转换成元组
c = list(a) # 把 a 转换成列表
a.__sizeof__()
b.__sizeof__()
c.__sizeof__()
```

```
48
80024
90088
```

了解了 Tuple 的标注方式就会发现：range() 函数返回的等差数列就是一个 Tuple。例如，range(6) 就相当于 (0, 1, 2, 3, 4, 5)。

集合（Set）

集合这个容器类型与列表的不同之处在于：集合中不包含重合元素；集合中的元素是无序的。集合分为两种：Set（可变的）和 Frozen Set（不可变的）。

创建一个集合，用**花括号** {} 把元素括起来，用 , 把元素隔开。

```
primes = {2, 3, 5, 7, 11, 13, 17}
primes
```

```
{2, 3, 5, 7, 11, 13, 17}
```

创建

注意：在创建空集合的时候，必须用 set()，不能用 {}。

```
from IPython.core.interactiveshell import InteractiveShell
InteractiveShell.ast_node_interactivity = "all"

a = {}        # 这样创建的是 dict（字典），而不是 Set
b = set()     # 这样创建的才是空集合
type(a)
type(b)
```

```
dict
set
```

也可以将序列数据转换（Casting）为集合。转换后，返回的是一个已去重的集合。

```
from IPython.core.interactiveshell import InteractiveShell
InteractiveShell.ast_node_interactivity = "all"

a = "abcabcdeabcdbcdef"
b = range(10)
c = [1, 2, 2, 3, 3, 1]
d = ('a', 'b', 'e', 'b', 'a')
set(a)
set(b)
set(c)
set(d)
```

```
{'a', 'b', 'c', 'd', 'e', 'f'}
{0, 1, 2, 3, 4, 5, 6, 7, 8, 9}
{1, 2, 3}
{'a', 'b', 'e'}
```

对 Set，当然也可以进行 Comprehension。

```
a = "abcabcdeabcdbcdef"
b = {x for x in a if x not in 'abc'}
b
```

```
{'d', 'e', 'f'}
```

操作

将序列类型的数据转换成 Set，就相当于对序列进行了**去重操作**。当然，也可以用操作符 in 来判断某个元素是否属于这个集合。copy()、len()、max()、min() 都可以用来操作 Set，但 del 不行，因为 Set 中的元素没有索引（Set 不是有序容器）。从 Set 中删除元素，应该使用 set.remove(elem)，而 Frozen Set 是不可变的，所以不能用 set.remove(elem)。

对于集合，可以用相应的操作符进行集合运算。

- 并集：|；
- 交集：&；
- 差集：-；
- 对称差集：^。

将 set('abcabcdeabcdbcdef') 作为简单的例子还能凑合，但这种对读者来说没有意义的集合，无助于进一步的理解。

事实上，每种数据结构（Data Structure。在这一节里，我们一直使用的概念是"容器"，其实是对同一事物的两种称呼）都有自己的应用场景。例如，当我们需要管理的用户很多时，集合就可以派上很大用场。

假定在两个集合中，有些人的身份是 admin，有些人的身份是 moderator。

```
admins = {'Moose', 'Joker', 'Joker'}
moderators = {'Ann', 'Chris', 'Jane', 'Moose', 'Zero'}
```

那么：

```
admins = {'Moose', 'Joker', 'Joker'}
moderators = {'Ann', 'Chris', 'Jane', 'Moose', 'Zero'}

admins                 # 去重自动完成
'Joker' in admins      # Joker 的身份是否为 admins
'Joker' in moderators  # Joker 的身份是否为 moderator
admins | moderators    # 身份是 admin、moderator 或者身兼两职的人都有谁
                       # in admins or moderators or both
admins & moderators    # 既是 admin 又是 moderator 的都有谁
                       # in both admins and moderators
admins - moderators    # 是 admin 但不是 moderator 的都有谁
                       # in admins but not in moderators
admins ^ moderators    # 没有身兼两职的都有谁
                       # in admins or users but not both
```

```
{'Joker', 'Moose'}
True
False
```

```
{'Ann', 'Chris', 'Jane', 'Joker', 'Moose', 'Zero'}
{'Moose'}
{'Joker'}
{'Ann', 'Chris', 'Jane', 'Joker', 'Zero'}
```

```
# 制作这个 cell 集合运算图示，需要安装 matplotlib 和 matplotlib-venn
# !pip install matplotlib
# !pip install matplotlib-venn
import matplotlib.pyplot as plt
from matplotlib_venn import venn2

admins = {'Moose', 'Joker', 'Joker'}
moderators = {'Ann', 'Chris', 'Jane', 'Moose', 'Zero'}

v = venn2(subsets=(admins, moderators), set_labels=('admins', 'moderators'))
v.get_label_by_id('11').set_text('\n'.join(admins & moderators))
v.get_label_by_id('10').set_text('\n'.join(admins - moderators))
v.get_label_by_id('01').set_text('\n'.join(admins ^ moderators))

plt.show()
```

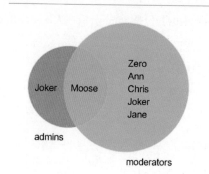

集合运算图示

以上操作符都有另外一个版本，即，用 Set 这个类的 Method 完成的版本。

用 Method 定义的操作符

意　　义	操 作 符	Method	Method 相当于
并集	|	set.union(*others)	set | other | ...
交集	&	set.intersection(*others)	set & other & ...
差集	-	set.difference(*others)	set - other - ...
对称差集	^	set.symmetric_difference(other)	set ^ other

并集、交集、差集的 Method 可以接收多个集合作为参数 (*other)，但对称差集的 Method 只接收一个参数 (other)。

对于集合，推荐使用 Method 而不是操作符的主要原因是 Method 更易读——有意义、有用处的代码终将由人来维护。

```
from IPython.core.interactiveshell import InteractiveShell
InteractiveShell.ast_node_interactivity = "all"


admins = {'Moose', 'Joker', 'Joker'}
moderators = {'Chris', 'Moose', 'Jane', 'Zero'}

admins.union(moderators)
admins.intersection(moderators)
admins.difference(moderators)
admins.symmetric_difference(moderators)
```

```
{'Chris', 'Jane', 'Joker', 'Moose', 'Zero'}
{'Moose'}
{'Joker'}
{'Chris', 'Jane', 'Joker', 'Zero'}
```

逻辑运算

在两个集合之间，可以进行逻辑比较，返回值是布尔值。

set == other

| True: set 与 other 相同。

set != other

| True: set 与 other 不同。

isdisjoint(other)

| True: set 与 other 不重合，即 set & other == None。

issubset(other)，set <= other

| True: set 是 other 的子集。

set < other

| True: set 是 other 的真子集，相当于 set <= other && set != other。

issuperset(other)，set >= other

| True: set 是 other 的超集。

set > other

| True: set 是 other 的真超集，相当于 set >= other && set != other。

更新

对于集合，有如下用于更新它自身的 Method。

add(elem)

| 把 elem 添加到集合中。

remove(elem)

| 从集合中删除 elem。如果集合中不包含该 elem，会产生 KeyError 错误。

discard(elem)

| 如果 elem 元素存在于集合中，就删除它。

pop(elem)

| 从集合中删除 elem，并返回 elem 的值。对空集合进行此操作会产生 KeyError 错误。

`clear()` 函数用于将集合中的所有元素删除。

set.update(*others) 相当于 `set |= other | ...`

| 更新 set，将 others 中的所有元素加入。

set.intersection_update(*others) 相当于 `set &= other & ...`

| 更新 set，保留同时存在于 set 和所有 others 之中的元素。

set.difference_update(*others) 相当于 `set -= other | ...`

| 更新 set，删除所有在 others 中存在的元素。

set.symmetric_difference_update(other) 相当于 `set ^= other`

更新 set，只保留仅存在于 set 或仅存在于 other 中的元素，不保留同时存在于 set 和 other 中的元素。**注意：该 Method 只接收一个参数。**

冻结集合

还有一种集合叫作冻结集合（Frozen Set）。Frozen Set 之于 Set，正如 Tuple 之于 List，前者是不可变的（Immutable），后者是可变的（Mutable），是为了节省内存而设计的类别。

有空去看看这个链接就可以了：

| https://docs.python.org/3/library/stdtypes.html#frozenset

字典（Dictionary）

映射（Map）容器是单独一类容器。映射容器只有一种，叫作**字典**。

先看一个例子。

```
phonebook = {'ann':6575, 'bob':8982, 'joe':2598, 'zoe':1225}
phonebook
```

```
{'ann': 6575, 'bob': 8982, 'joe': 2598, 'zoe': 1225}
```

字典里的每个元素都由两部分组成，分别是 key（键）和 value（值），二者由一个冒号：连接。例如，'ann':6575 这个字典元素，key 是 'ann'，value 是 6575。

字典直接使用 key 作为索引，并映射到与它匹配的 value。

```
phonebook = {'ann':6575, 'bob':8982, 'joe':2598, 'zoe':1225}
phonebook['bob']
```

```
8982
```

在同一个字典里，key 是唯一的。在创建字典时，如果其中有重复的 key，就会像在 Set 中那样"自动去重"，而保留下来的是众多重复的 key 中的最后一个 key:value（或者说，最后一个 key:value 之前的那个 key 的 value 被**更新**了）。字典这个数据类型之所以被称为 Map（映射），是因为字典里的 key 都映射且只映射一个 value。

```
phonebook = {'ann':6575, 'bob':8982, 'joe':2598, 'zoe':1225, 'ann':6585}
phonebook
```

```
{'ann': 6585, 'bob': 8982, 'joe': 2598, 'zoe': 1225}
```

了解列表的操作后，再去理解字典的操作，其实没什么难度，无非是字典的操作中多了几个 Method。

静下心来，仔细阅读下面的代码，猜一猜它们的输出结果都是什么。

字典的生成

```
from IPython.core.interactiveshell import InteractiveShell
InteractiveShell.ast_node_interactivity = "all"

aDict = {}
bDict = {'a':1, 'b':2, 'c':3}
aDict
bDict
```

```
{}
{'a': 1, 'b': 2, 'c': 3}
```

更新某个元素

```
from IPython.core.interactiveshell import InteractiveShell
InteractiveShell.ast_node_interactivity = "all"

phonebook1 = {'ann':6575, 'bob':8982, 'joe':2598, 'zoe':1225, 'ann':6585}

phonebook1['joe']
phonebook1['joe'] = 5802
phonebook1
phonebook1['joe']
```

```
2598
{'ann': 6585, 'bob': 8982, 'joe': 5802, 'zoe': 1225}
5802
```

添加元素

```
from IPython.core.interactiveshell import InteractiveShell
InteractiveShell.ast_node_interactivity = "all"

phonebook1 = {'ann':6575, 'bob':8982, 'joe':2598, 'zoe':1225, 'ann':6585}
phonebook2 = {'john':9876, 'mike':5603, 'stan':6898, 'eric':7898}

phonebook1.update(phonebook2)
phonebook1
```

```
{'ann': 6585,
 'bob': 8982,
 'joe': 2598,
 'zoe': 1225,
 'john': 9876,
 'mike': 5603,
 'stan': 6898,
 'eric': 7898}
```

删除某个元素

```
from IPython.core.interactiveshell import InteractiveShell
InteractiveShell.ast_node_interactivity = "all"

phonebook1 = {'ann':6575, 'bob':8982, 'joe':2598, 'zoe':1225, 'ann':6585}
```

```
del phonebook1['ann']
phonebook1
```

```
{'bob': 8982, 'joe': 2598, 'zoe': 1225}
```

逻辑操作符

```
phonebook1 = {'ann':6575, 'bob':8982, 'joe':2598, 'zoe':1225, 'ann':6585}

'ann' in phonebook1

phonebook1.keys()
'stan' in phonebook1.keys()

phonebook1.values()
1225 in phonebook1.values()

phonebook1.items()
('stan', 6898) in phonebook1.items()
```

```
True
dict_keys(['ann', 'bob', 'joe', 'zoe'])
False
dict_values([6585, 8982, 2598, 1225])
True
dict_items([('ann', 6585), ('bob', 8982), ('joe', 2598), ('zoe', 1225)])
False
```

可用来操作的内建函数

```
from IPython.core.interactiveshell import InteractiveShell
InteractiveShell.ast_node_interactivity = "all"

phonebook1 = {'ann':6575, 'bob':8982, 'joe':2598, 'zoe':1225, 'ann':6585}
phonebook2 = {'john':9876, 'mike':5603, 'stan':6898, 'eric':7898}
phonebook1.update(phonebook2)

len(phonebook1)
max(phonebook1)
min(phonebook1)
list(phonebook1)
tuple(phonebook1)
set(phonebook1)
```

```
sorted(phonebook1)
sorted(phonebook1, reverse=True)
```

```
8
'zoe'
'ann'
['ann', 'bob', 'joe', 'zoe', 'john', 'mike', 'stan', 'eric']
('ann', 'bob', 'joe', 'zoe', 'john', 'mike', 'stan', 'eric')
{'ann', 'bob', 'eric', 'joe', 'john', 'mike', 'stan', 'zoe'}
['ann', 'bob', 'eric', 'joe', 'john', 'mike', 'stan', 'zoe']
['zoe', 'stan', 'mike', 'john', 'joe', 'eric', 'bob', 'ann']
```

常用的 Method

```
from IPython.core.interactiveshell import InteractiveShell
InteractiveShell.ast_node_interactivity = "all"

phonebook1 = {'ann':6575, 'bob':8982, 'joe':2598, 'zoe':1225, 'ann':6585}
phonebook2 = {'john':9876, 'mike':5603, 'stan':6898, 'eric':7898}

phonebook3 = phonebook2.copy()
phonebook3

phonebook3.clear()
phonebook3

phonebook2                          # .copy() 的 "原件" 不会发生变化

p = phonebook1.popitem()
p
phonebook1

p = phonebook1.pop('adam', 3538)
p
phonebook1

p = phonebook1.get('adam', 3538)
p
phonebook1

p = phonebook1.setdefault('adam', 3538)
p
phonebook1
```

```
{'john': 9876, 'mike': 5603, 'stan': 6898, 'eric': 7898}
{}
{'john': 9876, 'mike': 5603, 'stan': 6898, 'eric': 7898}
('zoe', 1225)
{'ann': 6585, 'bob': 8982, 'joe': 2598}
3538
{'ann': 6585, 'bob': 8982, 'joe': 2598}
3538
{'ann': 6585, 'bob': 8982, 'joe': 2598}
3538
{'ann': 6585, 'bob': 8982, 'joe': 2598, 'adam': 3538}
```

迭代各种容器中的元素

我们总会有对容器中的元素逐一进行处理（运算）的需求，这时可以用 for 循环去迭代它们。

对于迭代 range() 和 list 中的元素，我们已经很习惯了。

```
for i in range(3):
    print(i)
```

```
0
1
2
```

```
for i in [1, 2, 3]:
    print(i)
```

```
1
2
3
```

在迭代的同时获取索引

有时，我们想同时得到有序容器中的元素及其索引，这可以通过调用 enumerate() 函数来实现。

```
s = 'Python'
for i, c in enumerate(s):
    print(i, c)
```

```
0 P
1 y
2 t
3 h
4 o
5 n
```

```
for i, v in enumerate(range(3)):
    print(i, v)
```

```
0 0
1 1
2 2
```

```
L = ['ann', 'bob', 'joe', 'john', 'mike']
for i, L in enumerate(L):
    print(i, L)
```

```
0 ann
1 bob
2 joe
3 john
4 mike
```

```
t = ('ann', 'bob', 'joe', 'john', 'mike')
for i, t in enumerate(t):
    print(i, t)
```

```
0 ann
1 bob
2 joe
3 john
4 mike
```

在迭代之前排序

可以用 sorted() 函数和 reversed() 函数在迭代之前完成排序。

```
t = ('bob', 'ann', 'john', 'mike', 'joe')
for i, t in enumerate(sorted(t)):
    print(i, t)
```

```
0 ann
1 bob
```

```
2 joe
3 john
4 mike
```

```
t = ('bob', 'ann', 'john', 'mike', 'joe')
for i, t in enumerate(sorted(t, reverse=True)):
    print(i, t)
```

```
0 mike
1 john
2 joe
3 bob
4 ann
```

```
t = ('bob', 'ann', 'john', 'mike', 'joe')
for i, t in enumerate(reversed(t)):
    print(i, t)
```

```
0 joe
1 mike
2 john
3 ann
4 bob
```

同时迭代多个容器

我们可以在 zip() 函数的帮助下，同时迭代两个或者两个以上容器中的元素（这些容器中元素的数量最好相同）。

```
chars = 'abcdefghijklmnopqrstuvwxyz'
nums = range(1, 27)
for c, n in zip(chars, nums):
    print(f"Let's assume {c} represents {n}.")
```

```
Let's assume a represents 1.
Let's assume b represents 2.
Let's assume c represents 3.
Let's assume c represents 4.
...
Let's assume c represents 23.
Let's assume x represents 24.
Let's assume y represents 25.
Let's assume z represents 26.
```

迭代字典中的元素

```
phonebook1 = {'ann':6575, 'bob':8982, 'joe':2598, 'zoe':1225, 'ann':6585}

for key in phonebook1:
    print(key, phonebook1[key])
```

```
ann 6585
bob 8982
joe 2598
zoe 1225
```

```
phonebook1 = {'ann':6575, 'bob':8982, 'joe':2598, 'zoe':1225, 'ann':6585}

for key, value in phonebook1.items():
    print(key, value)
```

```
ann 6585
bob 8982
joe 2598
zoe 1225
```

总结

这一节的内容看上去很多，而一旦将逻辑关系理顺，其实是很简单的。

在这里需要补充的只有如下两个参考链接。以后遇到不明白的地方，翻翻这两个页面，就能找到答案。

- https://docs.python.org/3/tutorial/datastructures.html#dictionaries
- https://docs.python.org/3/library/stdtypes.html#typesmapping

第 5 章 第 7 节

文件

在处理大量的数据时，需要使用计算机。在大量保存、读取、写入数据时，需要使用文件（File）。在这一节里，只介绍最简单的文本文件。

创建文件

创建一个文件，最简单的方式就是使用 Python 的内建函数 open()。

open() 函数的官方文档很长，以下是个简化版：

```
open(file, mode='r')
```

第二个参数 mode 的默认值是 'r'。可用的 mode 有以下几种。

可用的 mode

参数字符	意义
'r'	只读模式
'w'	写入模式（重建）
'x'	排他模式：如果文件已存在则打开失败
'a'	追加模式：在已有文件末尾追加
'b'	二进制文件模式
't'	文本文件模式（默认）
'+'	读写模式（更新）

可以使用这样的语句创建一个文件：

```
open('/tmp/test-file.txt', 'w')
```

```
<_io.TextIOWrapper name='test-file.txt' mode='w' encoding='UTF-8'>
```

在更多的时候，我们会把这个函数的返回值——一个所谓的"file object"，保存到一个变量中，以便在以后调用这个 file object 的各种 Method。例如，获取文件名用 file.name，关闭文件用 file.close()（f 是 file 的简写）。

```
f = open('/tmp/test-file.txt', 'w')
print(f.name)
f.close()
```

```
test-file.txt
```

删除文件

要想删除文件，就得调用 os 模块了。在删除文件之前要确认文件是否存在，否则删除命令的执行就会失败。

```
import os

f = open('/tmp/test-file.txt', 'w')
print(f.name)
f.close()    # 关闭文件，否则无法删除文件
if os.path.exists(f.name):
    os.remove(f.name)
    print(f'{f.name} deleted.')
else:
    print(f'{f.name} does not exist.')
```

```
test-file.txt
test-file.txt deleted.
```

读写文件

创建文件后，我们可以用 f.write() 把数据写入文件，也可以用 f.read() 读取文件。

```
f = open('/tmp/test-file.txt', 'w')
f.write('first line\nsecond line\nthird line\n')
```

```
f.close()

f = open('/tmp/test-file.txt', 'r')
s = f.read()
print(s)
f.close()
```

```
first line
second line
third line
```

当文件中有很多行的时候，可以用 f.readline() 进行操作。每次调用这个 Method，返回结果都会作为新的一行被写入文件。

```
f = open('/tmp/test-file.txt', 'w')
f.write('first line\nsecond line\nthird line\n')
f.close()

f = open('/tmp/test-file.txt', 'r')
s = f.readline()    # 返回的是 'first line\n'
print(s)
s = f.readline()    # 返回的是 'second line\n'
print(s)
f.close()
```

```
first line

second line
```

返回结果好像跟我们想的不太一样。这时，前面见过的 str.strip() 就派上用场了。

```
f = open('/tmp/test-file.txt', 'w')
f.write('first line\nsecond line\nthird line\n')
f.close()

f = open('/tmp/test-file.txt', 'r')
s = f.readline().strip()     # 返回的是 'first line', '\n' 被去掉了
print(s)
s = f.readline().strip()     # 返回的是 'second line', '\n' 被去掉了
print(s)
f.close()
```

```
first line
second line
```

与之相对，我们可以使用 f.readlines() 将文件内容以列表的形式返回（列表中的每个元素分别对应于文件中的每一行）。

```
f = open('/tmp/test-file.txt', 'w')
f.write('first line\nsecond line\nthird line\n')
f.close()

f = open('/tmp/test-file.txt', 'r')
s = f.readlines()      # 返回的是一个列表，注意 readlines 最后的 s
print(s)
f.close()
```

```
['first line\n', 'second line\n', 'third line\n']
```

既然返回的是列表，那么返回的内容就可以被迭代。逐一访问每一行。

```
f = open('/tmp/test-file.txt', 'w')
f.write('first line\nsecond line\nthird line\n')
f.close()

f = open('/tmp/test-file.txt', 'r')
for line in f.readlines():
    print(line)
f.close()
```

```
first line

second line

third line
```

与之相对，我们也可以用 f.writelines() 把一个列表写入一个文件（从 0 开始，按顺序将列表中的对应元素写入文件的每一行）。

```
a_list = ['first line\n', 'second line\n', 'third line\n']
f = open('/tmp/test-file.txt', 'w')
f.writelines(a_list)
f.close()

f = open('/tmp/test-file.txt', 'r')
for line in f.readlines():
    print(line)
f.close()
```

```
first line

second line

third line
```

with 语句块

针对文件操作，Python 另外一个语句块的写法更便于阅读。

```
with open(...) as f:
    f.write(...)
    ...
```

这样，就可以把针对当前以特定模式打开的文件的各种操作都写入同一个语句块了。

```
import os

with open('/tmp/test-file.txt', 'w') as f:
    f.write('first line\nsecond line\nthird line\n')

with open('/tmp/test-file.txt', 'r') as f:
    for line in f.readlines():
        print(line)

if os.path.exists(f.name):
    os.remove(f.name)
    print(f'{f.name} deleted.')
else:
    print(f'{f.name} does not exist.')
```

```
first line

second line

third line

test-file.txt deleted.
```

使用 with 语句块带来的一个额外的好处就是不用写 f.close() 了……

另一个完整的程序

若干年前，我在写某本书的时候，需要一个用来说明 **"即便结论正确，论证过程乱七八糟也不行"** 的例子。

写书就是这样，主要任务之一就是论点找例子、找论据，还得找到恰当且精彩的例子和论据。"精彩"二字要耗费很多时间和精力，因为它意味着"要找到很多例子，然后从中选出最精彩的那个"——根本不像很多人以为的，是所谓"信手拈来"。

当时，我找了很多例子，但都不满意。终于，有一天，我看到这么一个说法：

> 如果把字母 a 计为 1、把字母 b 计为 2、把字母 c 计为 3……把字母 z 计为 26，那么：
>
> - knowledge = 96
> - hardwork = 98
> - attitude = 100
>
> 所以，结论是：
>
> 知识（knowledge）与勤奋（hardwork）固然都很重要，但是，决定成败的是态度（attitude）！

结论虽然有道理，可这论证过程实在太过分了……

我很高兴，觉得这就是个好例子，把这个例子加工一下，会让读者觉得很精彩——如果能找到一些按照同样的方法计算结果等于 100 的单词，而且是那种一看就是反例的单词……凭直觉，英文单词几十万个，如此这般，计算结果等于 100 的单词数不胜数，其中一定会有很多具有负面意义的单词。可是，仅凭直觉是不够的，手工计算又很麻烦，怎么办？

幸亏我会写程序。面对如此荒谬的论证过程，我不会干着急，我有能力让计算机帮我把活干了。

很快就搞定了——我找到了很多个经过如此计算结果等于 100 的英文单词，其中包括：

> - connivance（纵容）
> - coyness（羞怯）
> - flurry（慌张）
> - impotence（阳痿）
> - stress（压力）
> - tuppence（微不足道的东西）
> ……

决定成败的可以是 flurry 甚至 impotence？显然说不通！

精彩的例子制作完毕，我把它放进了书里。那么，具体的计算过程是什么样的呢？

首先，我得找到一个英文单词列表，而且是很全的那种。这用不着写程序，搜索一下就可以了。我搜索的关键字是"english word list"——很直观吧？然后，我就找到了一个：https://github.com/dwyl/english-words。在这个页面上有一个 words-alpha.txt 文件，其中包含约 37 万个单词——应该够用了。把它下载下来，让程序来处理。

因为这个文件的每一行中都有一个单词，所以，就让程序打开文件，将文件内容读入一个列表。然后，迭代这个列表，逐一计算一个单词中的每个字母所代表的数字，把它们加起来，看看结果是否等于 100。如果等于 100，就将它们输出到屏幕上。整个过程好像不难。

```
with open('words_alpha.txt', 'r') as file:
    for word in file.readlines():
        pass # 先用 pass 占个位，一会儿再写计算过程
```

按照上面的说法，把字母 a 记为 1、把字母 b 记为 2、把字母 c 记为 3……把字母 z 记为 26。这并不难实现，因为我们有 ord() 函数。这个函数用于返回字符的 Unicode 编码。ord('a') 的值是 97，用 ord('a') - 96 就得到了 1 这个数值，用 ord('z') - 96 就得到了 26 这个数值。

```
ord('a')
```

```
97
```

那么，计算"knowledge"这个单词的结果，代码就很简单了。

```
word = 'knowledge'
sum = 0
for char in word:
    sum += ord(char) - 96
print(sum)
```

```
96
```

果然，得到的数值是 96——不错。把它写成一个函数：sum_of_word(word)。

```
def sum_of_word(word):
    sum = 0
    for char in word:
        sum += ord(char) - 96
    return sum

sum_of_word('attitude')
```

```
100
```

让程序把文件中的单词都计算一遍，好像也很简单。

```python
def sum_of_word(word):
    sum = 0
    for char in word:
        sum += ord(char) - 96
    return sum

with open('words_alpha.txt', 'r') as file:
    for word in file.readlines():
        if sum_of_word(word) == 100:
            print(word)
```

```
abstrusenesses
acupuncturist
adenochondrosarcoma

...

worshipability
zeuctocoelomatic
zygapophysis
```

嗯？怎么输出结果跟想象中不一样？找到的词怎么都"奇形怪状"的……而且，输出结果中没有"attitude"这个词。

插入一个中止语句——break，把找到的第一个词中的每个字符和它所对应的值都拿出来看看。

```python
def sum_of_word(word):
    sum = 0
    for char in word:
        sum += ord(char) - 96
    return sum

with open('words_alpha.txt', 'r') as file:
    for word in file.readlines():
        if sum_of_word(word) == 100:
            print(word)
            for c in word:            # 把字母和值都打印出来，看看对不对
                print(c, ord(c) - 96)
            break                     # 找到一个之后就停下来
```

```
abstrusenesses

a 1
b 2
s 19
t 20
r 18
u 21
s 19
e 5
n 14
e 5
s 19
s 19
e 5
s 19

 -86
```

怎么有个 -86？！仔细看看输出结果——每一行之间都被插入了一个空行，这应该是从文件里读出的行中包含 \n 这种换行符所致。如果是这样，那么 ord('\n') - 96 返回的结果就是 -86——怪不得找到的词都"奇形怪状"的……

```
ord('\n') -96
```

```
-86
```

改进一下吧。倒也简单，用 str.strip() 在计算前把要读入的字符串前后的空白字符都删掉就好了。

```python
def sum_of_word(word):
    sum = 0
    for char in word:
        sum += ord(char) - 96
    return sum

with open('words_alpha.txt', 'r') as file:
    for word in file.readlines():
        if sum_of_word(word.strip()) == 100:
            print(word)
```

```
abactinally
abatements
abbreviatable

...

zithern
zoogleas
zorgite
```

把符合条件的词保存到文件 result.txt 中。

```
def sum_of_word(word):
    sum = 0
    for char in word:
        sum += ord(char) - 96
    return sum

with open('results.txt', 'w') as result:
    with open('words_alpha.txt', 'r') as file:
        for word in file.readlines():
            if sum_of_word(word.strip()) == 100:
                result.write(word)
```

竟然这么简单？！

这 10 行代码，只用了几秒的时间，就从 370101 个英文单词中找到了 3771 个计算结果等于 100 的词汇。

喝着咖啡，翻一翻 result.txt，很快就能找出那些特别适合作为反例的词汇了。

真的无法想象，当年的我若不懂编程，现在会是什么样子……

总结

在这一节中，我们介绍了文本文件的基本操作。

- 打开文件，可以直接使用内建函数 open()，基本模式有 r 和 w。
- 删除文件，需要调用 os 模块，使用 os.remove()。在删除文件前，最好确认文件确实存在。
- 读写文件可以用 file.read()、file.write()、file.readline()、file.readlines()、file.writelines()。
- 可以用 with 把相关操作都放到一个语句块中。

第 6 章

如何从容应对
含有过多 "过早引用" 的知识

　　"过早引用"（Forward References，另译为 "前向引用"）原本是计算机领域的一个术语。在几乎所有的编程语言中，对变量的使用都有 "先声明，再使用" 的要求，直接使用未声明的变量的做法是被禁止的。在 Python 中同样如此，如果在从未给 an_undefined_variable 赋值的情况下直接调用这个变量，例如 print(an_undefined_variable)，就会报错：NameError: name 'an_undefined_variable' is not defined。

```
print(an_undefined_variable)
```

```
---------------------------------------------------------------------------
NameError                                 Traceback (most recent call last)
<ipython-input-1-7e0e1cc14e37> in <module>
----> 1 print(an_undefined_variable)

NameError: name 'an_undefined_variable' is not defined
```

　　充满过早引用的知识结构，会在人的大脑中构成类似 M.C. Escher 擅画的那种 "不可能图形" 那样的 "结构"。

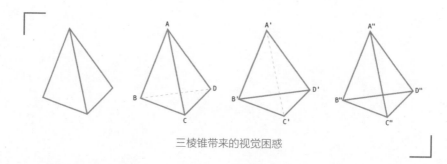

三棱锥带来的视觉困惑

在上图中，前三个三棱锥一般不会造成视觉困惑，尤其是第一个。

如若加上虚线，例如第二个和第三个，那么，由于我们预设虚线表示"原本应该看不见的部分"，点 C 的位置相对于点 B 和点 D 应该更靠近我们，点 C' 的位置相对于点 B' 和点 D' 应该更远离我们。

在第四个三棱锥中，由于 $B''D''$ 和 $A''C''$ 都是实线，我们一下子就失去了判断依据——不知道点 C'' 究竟是离我们更近还是更远。

对一个点的位置的困惑，与这个点和其他三个点之间的关系有关。若不是三棱锥，而是立方体呢？对每个点的位置的困惑会造成对它与更多点之间的更多联系的困惑……若是多面体呢？

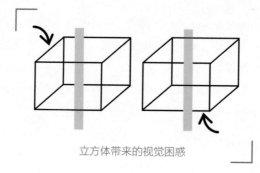

立方体带来的视觉困惑

把这些令人困惑的问题当成"过早引用"来看待，你就能明白为什么充满过早引用的知识结构会那么令人困惑、处理起来那么令人疲惫了。

过早引用是无所不在的

生活、学习、工作，都不是计算机，它们可不管一个东西是否被定义过、定义是否清晰，直接拿出就用的情况比比皆是。

对大多数"不懂事"的小朋友来说，几乎所有痛苦的根源都来自这些问题："懂事"的定义究竟是怎样的呢？什么样算作懂事，什么样算作不懂事？弄不好，即便用整个童年的时间去揣摩这件事，到最后还是迷迷糊糊。很多父母从未想过，对孩子说话也好、提要求也好，最好"先声明，再使用"（当然，也可能是：事先声明了，但语焉不详）。可事实上，这些父母也不容易，因为确实有太多细节，即便给小朋友讲了也没有用，或者根本讲不清楚，抑或拼命解释清楚了，但小朋友就是听不进去……所以，令人恼火的"过早引用"，有时也是一种令人无奈的存在。

谈恋爱的时候也是这样。爱情这东西究竟是什么？刚开始谁都弄不明白——典型的"过早引用"。而且，事实证明，身边的大多数人跟自己一样迷糊。至于那些从小说、电影里获得的"知识"，尽管自己时看心情愉悦，但几乎肯定会给对方带来无穷无尽的烦恼——于对方来说，你撒出来的很可能是漫天飞舞的"过早引用"……

人的岁数越大，交朋友就越不容易。最简单的解释就是：每个人的历史，对他人来说都构成了"过早引用"。理解万岁？太难了。在幼儿园、小学阶段，人与人之间几乎不需要刻意相互理解，甚至都不觉得有这个必要；在中学阶段，基于"过早引用"的积累，相互理解已经开始出现不同程度的困难了；等到大学毕业，再工作几年，不仅相互理解变得越来越困难，更大的压力也出现了——生活中要处理的事情越来越多，脑力消耗越来越大，哪里还有心思处理莫名其妙的"过早引用"？

读不懂也要硬着头皮读完

这是事实，大多数难以掌握的技能都有这个特点。人们通常用"学习曲线陡峭"来形容这类知识，只不过，这种形容只是形容，对学习没有实际的帮助。

面对这样的实际情况，有没有一套有效的应对策略呢？

首先，要掌握一项重要的技能：

| **读不懂也要读完，然后重复很多遍。**

这是最重要的起点。听起来简单，甚至有点莫名其妙，但以后你就会越来越深刻地体会到：这么简单的策略，有些人竟然不懂，并因此吃了很多很多亏。

充满过早引用的知识结构，不可能是一遍就能读懂的。别说学习编程这种信息密度极高的、复杂且重要的知识获取过程，哪怕是一部好电影，也要多"刷"几遍才能彻底看懂。所以，从一开始就要做好将要重复很多遍的准备，从一开始就要做好第一次只能读懂个大概的准备。

古人说，"读书百遍，其义自见"。道理早就有了，只不过那时没有计算机术语可以借用，于是，这道理本身就成了"过早引用"——那些没有过"读书百遍"经历的人，绝对会以为这只不过是在"忽悠"……

有经验的读书者，在拿到一本书，开始自学某项技能的时候，会先翻翻目录（Table of Contents），看看其中有没有自己完全没有接触过的概念，然后翻翻术语表（Glossary），看看是否可以尽量理解，再看看索引（Index），根据页码提示直接翻到相关页面进一步查找……在通读之前，他们还会翻翻书后的参考文献（Reference），了解这本书都引用了哪些书籍，弄不好还会顺手多买几本。

这样做显然是老到的，其最大的好处是消解了大量的"过早引用"，极大地降低了自己的理解负担。

因此，第一遍阅读的正经手段是"**囫囵吞枣**地读完"。

"囫囵吞枣"本来是个贬义词，但在当前这种特殊的情况下，它是最好的策略。那些只习惯于一上来就仔细认真的人，在这种情况下很吃亏。他们越仔细认真，就越容易被各种"过早引用"搞得灰心丧气，相应地，他们的挫败感就积累得越快，到最后，弄不好最先放弃的是他们——失败的原因竟然是"太仔细了"……

对"囫囵吞枣地读完"正面一点的描述是"先为探索未知领域画一幅潦草的地图"。地图这东西，有总比没有好。虽说它最好是精确的，但即便是"不精确的地图"，也比"完全没有地图"好一万倍，对吧？何况这地图总是可以不断校正的。世界上哪一幅地图不是经过一点一点地校正才变得今天这般精确的呢？

磨炼"只字不差"的能力

通过阅读习得新技能，尤其是"尽量只通过阅读习得新技能"，肯定与"通过阅读获得心灵愉悦"大不相同。

读个段子、读本小说、读篇热搜文章，通常不需要"精读"——草草浏览已经足够，顶多在自己特别感兴趣的地方放慢速度仔细看。但是，如若为了习得新技能而阅读，就要施展"**只字不差地阅读**"这项专门的技能了。

对，"只字不差地阅读"是所有自学能力强的人都会且都经常使用的技能。尤其当阅读一个重要概念的定义时，他们会这样做：定义中的每个字都是有用的，每个词的内涵和外延都是需要推敲的——它是什么，它不是什么，它的内涵和外延是什么，因此在使用的时候需要注意什么……

有一个很有趣的现象：绝大多数自学能力差的人，会把一切文字都当成小说，随便看看，粗略看看……

不知你有没有注意到，有些人在看电影的时候会错过绝大多数细节，但这好像不会使他们的观影体验有所降低，而且，他们能使用自己大脑里的那些"碎片"拼接出一个"完整的故事"——通常是"另一个貌似完整的故事"。于是，当你和他们讨论一部电影的时候，你会觉得，你们好像看的不是同一部电影。

所谓自学能力差，最重要的 "坑" 很可能是：

> 每一次学习新技能的时候，很多人只不过因为做不到 "只字不差地阅读" 而总是错过很多细节，于是，他们最终就像那些在看电影时错过了绝大多数细节却不自知的人那样，习得了另外一项 "技能"……

在学习 Python 语言的过程中，有个例子可以说明这种现象。

在 Python 语言中，for 循环可以附加一个 else 部分。到 Google 上搜索一下 "for else python"，就能看到有多少人在 "追问" 它是干什么用的了。不仅如此，有些链接会告诉你 "for … else" 的 "秘密"，还将其称为 "语法糖" 什么的。其实，Python 官方教程里写得非常清楚，还给出了一个例子 [1]：

> Loop statements may have an else clause; it is executed when the loop terminates through exhaustion of the list (with for) or when the condition becomes false (with while), but not when the loop is terminated by a break statement. This is exemplified by the following loop, which searches for prime numbers:

```
>>> for n in range(2, 10):
...     for x in range(2, n):
...         if n % x == 0:
...             print(n, 'equals', x, '*', n//x)
...             break
...     else:
...         # loop fell through without finding a factor
...         print(n, 'is a prime number')
...
2 is a prime number
3 is a prime number
4 equals 2 * 2
5 is a prime number
6 equals 2 * 3
7 is a prime number
8 equals 2 * 4
9 equals 3 * 3
```

只有两种情况：

> • 根本没读过。
> • 读了，却没注意这个细节。

后者更为可怕——就像看了一部内容不完整的电影似的。

---

[1] https://docs.python.org/3/tutorial/controlflow.html#break-and-continue-statements-and-else-clauses-on-loops。

为什么说"只字不差地阅读"是一项专门的技能呢？你自己试过就知道了。明明你已经刻意让自己慢下来，也刻意揣摩了每个字、每个词的含义，甚至为了正确地理解做了很多笔记，可是，当你再一次"只字不差地阅读"的时候，经常会发现自己竟然有若干处遗漏！对，这就是一种需要多次练习、长期训练才能真正掌握的技能，绝对不像听起来那么简单。

于是，在阅读第二遍、第三遍时，就必须施展"只字不差地阅读"这项专门的技能了。只此一点，你就已然与**众**不同了。

好的记忆力很重要

"就算读不懂也要读完"的更高境界是"**就算不明白也要先记住**"。

人们普遍讨厌死记硬背。不过，说实话，这有些片面。虽然确实有一些擅长死记硬背却什么都不会的人，但更多拥有强大记忆力的人实际上是博闻强识的。

面对"过早引用"常见的知识领域，好的记忆力是一个超强加分项。记不清、记不住甚至干脆忘了是自学过程中最耽误事的缺点——当"过早引用的知识点"存在时更是如此。然而，很多人并没有意识到，记忆力也是一门手艺，并且是一门在任何时候都可以通过刻意练习而提高的手艺。更为重要的是，记忆力这个东西，有一百种方法去弥补——最明显、最简单的办法就是"好记性不如烂笔头"。所以，在绝大多数情况下，所谓"记不清、记不住甚至干脆忘了"，都只不过是懒的结果。

还有一个简单实用的方法能够提高对有效知识的记忆力，就是下面要讲的"整理、归纳、总结"——**反复整理、归纳、总结，记不住才怪呢！**

尽快开始整理、归纳、总结

从另外一个角度看，写作这类体系的知识书籍，对作者来说，不仅是挑战，还是摆脱不了的负担。

Python 官方网站上的 *The Python Tutorial* 是公认的最好的 Python 教材——那是 Python 语言的作者 Guido van Rossum[1] 写的。不过，尽管他已经很小心了，还是没办法在讲解上避免大量的过早引用。他的小心体现在，在 *The Python Tutorial* 的目录里就出现过五次 **More**：

- More Control Flow Tools
- More on Defining Functions
- More on Lists
- More on Conditions

---

[1] https://en.wikipedia.org/wiki/Guido_van_Rossum。

| • More on Modules

好几次，他都是先在一处粗略讲解，然后在另外一处深入讲一遍……他显然是一个竭尽全力的作者——无论是在创造一门编程语言上，还是在写一本教程上。即便如此，这本书对任何初学者来说都很难读懂——当个好作者不容易。

于是，作为读者，在第一遍囫囵吞枣地读完之后，马上就要开始总结、**归纳**、**整理**、**组织**关键知识点。

自己动手完成这些工作，是所谓"学霸"的特点。他们只不过掌握了这样一个其他人认为并非必须掌握的简单技巧而已。他们一定有个本子，里面有各种**列表**、**示意图**、**表格**——都是最常用的知识（概念）整理、组织、归纳工具，用法也简单极了。

这个技巧非常简单。也许正因为它如此简单，才被很多人忽略。

与"学霸"相对，大多数"非学霸"都有一模一样的糊弄自己的理由：反正别人做好的，拿过来用就是了——理直气壮。可实际上，**自己动手做做就知道了**。整理、归纳、组织，多次反复，是个相当麻烦的过程。"非学霸"们自己不动手做的真正原因不过是嫌麻烦、怕麻烦，用一个字总结，就是——**懒**！可是，谁愿意承认自己懒呢？没有人愿意。于是，他们给自己找了很多冠冕堂皇的理由："反正别人已经做好了，我为什么要再做一遍呢？""这世界就是由懒人推进的！"……久而久之，各种"爱面子"的说法完美地达成了自我欺骗的效果，最后连他们自己都信了！于是，他们身上多了一个明明存在却永远找不到的漏洞**且不自知**。

我在第一次粗略读过 *The Python Tutorial* 的第 5 章之后，顺手整理了一下数据容器的概念表格：

Containers in Python		
Sequence type	Set	Map
String	Set	Dictionary
range()		
List		
Tuple		
• *Immutable*: background color, gray		
• *Ordered*: font color, red		

我最初整理的数据容器的概念表格

可我错了！ 因为我最初在"合理地囫囵吞枣"的时候，将 Bytes 这种数据类型全部跳过了，而在多轮反复之后继续深入，读了 *The Python Language Reference* 的第 5 章 "Data Model" 后，发现 Set 也有 Immutable，是 Frozen Set……当然，我犯的最严重的错误是，在整理的过程中一不小心把 "Ordered" 给弄反了！

既然这样，肯定需要再次整理。经过多次改进，前面的表格就变成了如下的样子：

Containers in Python		
Sequence Type	Set	Map
String	Set	Dictionary
range()	Frozen Set	
List		
Tuple		
Bytes		
	Immutable: background color, gray	
	Ordered: font color, red	

经过多次改进的数据容器的概念表格

另外，从 Python 3.7 开始，Dictionary 是 insertion ordered 了：

https://docs.python.org/3/library/collections.html#ordereddict-objects

尽管这个自己动手的过程"很麻烦"，但它实际上是一个帮助自我记忆强化的过程——对自我记忆强化来说，这绝对是不可或缺的。习惯于自己动手做吧！习惯于自己不断修改吧！

再给你看一个善于学习的人的例子：

https://nvie.com/posts/iterators-vs-generators/

作者 Vincent Driessen 在这个帖子里写道：

I'm writing this post as a pocket reference for later.

人家随手做幅图，都舍不得不精致：

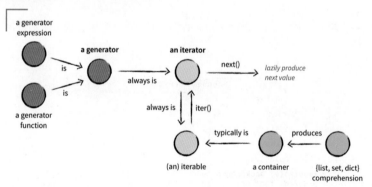

Vincent Driessen 绘制的与 Python 相关的概念的关系图

自学能力强的人有一个特点，就是**不怕麻烦**。小时候经常听母亲念叨："怕麻烦！那还活着干嘛啊？活着多麻烦啊！"——深刻。

先关注使用，再研究原理

作为人类，我们原本是擅长运用自己并不真正理解的物件、技能、原理、知识的。

　　三千多年以前，一艘腓尼基人的商船在贝鲁斯河上航行的时候搁浅了，于是，船员们纷纷登上沙滩。饿了怎么办？生火做饭呗。吃完饭，船员们惊讶地发现，锅下面的沙地上有很多亮晶晶、光闪闪的东西！今天的化学知识对当年的人们来说，是一生不可触摸的"过早引用"。那时的人们并不理解这个东西的本质和原理，但稍加研究，他们发现：锅底沾有他们运输的天然苏打。因此，他们的总结是：天然苏打和沙子（我们现在知道沙子中含有石英砂）一起被火烧，可能会产生这个东西。几经实验，他们成功了。于是，腓尼基人学会了制造玻璃，并因此发了大财。

　　两千五六百年前，释迦牟尼用他的理解及在那个时代有限的概念详细叙述了打坐的感受——他曾连续打坐六年。今天，西方科学家在深入研究脑科学的时候，发现 Meditation[1]（冥想）对大脑有特别多的好处——好处就是好处，与宗教全然无关的好处。

> - *Harvard neuroscientist: Meditation not only reduces stress, here's how it changes your brain* [2]
> - *This Is Your Brain on Meditation -- The science explaining why you should meditate every day* [3]
> - *Researchers study how it seems to change the brain in depressed patients* [4]
> - *Meditation's Calming Effects Pinpointed in the Brain* [5]
> - *Different meditation types train distinct parts of your brain* [6]

　　你看，我们原本就是可以直接使用自己并不真正理解的物件、技能、原理、知识的！可为什么后来就不行了呢？或者说，我们从什么时候开始害怕自己并不真正理解的东西，不敢去用，甚至连试都不敢了呢？

　　前面提到过，学校的教科书里教的全都是"先声明、再使用"的知识，而这种知识体系肯定无法覆盖一个人需要学习的所有内容。同时，现在的人上学的时间越来越长，从小学到大学本科就要 16 年。在这么长的时间里，学习采用同一种思路编排的内容，会给绝大多数人造成一种幻觉——以为所有的知识都是这种类型的。可偏偏，这世界上一些非常有用的、必要的知识，并不是这种类型的。

　　现在的你，不一样了。你要跳出惯性思维，养成一个新的习惯：

---

[1] https://en.wikipedia.org/wiki/Meditation。

[2] https://www.washingtonpost.com/news/inspired-life/wp/2015/05/26/harvard-neuroscientist-meditation-not-only-reduces-stress-it-literally-changes-your-brain/?utm_term=.ccd0dde2adc7。

[3] https://www.psychologytoday.com/us/blog/use-your-mind-change-your-brain/201305/is-your-brain-meditation。

[4] https://news.harvard.edu/gazette/story/2018/04/harvard-researchers-study-how-mindfulness-may-change-the-brain-in-depressed-patients/。

[5] https://www.scientificamerican.com/article/meditations-calming-effects-pinpointed-in-brain/。

[6] https://www.newscientist.com/article/2149489-different-meditation-types-train-distinct-parts-of-your-brain/。

> 不管怎么样，先用起来。反正，即便把原理研究透了，也不可能马上做到，还需要时间漫漫。

用错了没关系，改正就好。用得不好没关系，用多了就会好。只要开始用，理解速度就会提高——实践出真知，不是空话。

有的时候，就是因为没有犯过错，所以不可能有机会改正，于是，就从未做对过。

尊重前人的总结和建议

在生活中，年轻人最常犯的错误就是把这句话当耳旁风：

> 不听老人言，吃亏在眼前。

对年轻人来讲，"老人言"很讨厌，尤其是在"老人言"与自己当下的感受相左的时候。然而，这种"讨厌"的感觉，更多的时候是陷阱，因为那"老人言"只不过是"过早引用"，所以在年轻人的脑子里"无法执行""报错为类型错误"……于是，很多人一不小心就把"不听老人言"和"独立思考"弄混了，并最终吃了亏。而尴尬之处在于，等他们意识到自己吃亏了的时候，大量的时间早已流逝，是为"无力回天"。

你可以观察到一个现象："学霸"的特点之一就是老师让干啥就干啥，没二话。例如，老师说"必须自己动手"，他们就马上开始老老实实地在一切必要的情况下自己动手去**总结**、**归纳**、**整理**、**组织**关键知识点。而某些爱"打酱油"的同学针对这个建议，会不停地问"为什么呀？""有没有更简单的办法啊？"……时间就这样流逝了。

在学写代码的过程中，有很多重要的东西实际上并不属于编程语言的范畴。例如，如何为变量命名、如何组织代码这些"规范"，不是违背了就会马上死掉的 [1]。而且，在刚开始学习的时候，这些东西看起来就是很啰唆、很麻烦的。可是，若不遵守甚至干脆不了解这些东西，结果就是：永远不可能写出大项目，永远只是小打小闹。至于原因，可以用那句让很多人讨厌的话来回答：

> 等你长大了就懂了……

自学编程的好处之一就是让一个人有机会见识到"规范"和"建议"带来的好处。当然，自学编程也让一个人有机会见识到不遵守这些东西会吃怎样的亏——往往是"眼前亏"。

对 *Python Enhancement Proposals*（《Python 增强建议书》，PEP），必须找时间阅读，反复阅读，牢记于心：

> https://www.python.org/dev/peps/pep-0008/

到最后，你会体会到，它不仅事关编程，背后的体察与思考也会对人生有巨大的帮助。

---

[1] 也可能真的会死掉……请看一则 2018 年 9 月发生在旧金山的新闻，*Developer goes rogue, shoots four colleagues at ERP code maker*, https://www.theregister.co.uk/2018/09/20/developer_work_shooting/。

第 7 章

官方教程：The Python Tutorial

虽然，第 1 部分总计 7 章关于编程内容的编排是非常特别且相当有效的：

- 它没有像其他教程那样，从 "Hello world!" 入手；
- 它没有采用与市面上其他编程教材相同的内容编排顺序；
- 它一上来就让你理解了程序的灵魂——布尔运算；
- 它很快就让你明白，有意义的程序其实只由两个核心构成——运算和流程控制；
- 它让你很快理解函数从另外一个角度看只不过是 "程序员作为用户所使用的产品"；
- 它让你重点掌握了最初级却最重要的数据类型——字符串；
- 它让你从容器的角度了解了 Python 中绝大多数 "重要的数据类型"；
- 最重要的是，它不承诺让你 "速成"，但承诺 "领你入门"——显然，它做到了。

然而，第 1 部分内容的核心目标是让你 **"脱盲"**。读完这一部分，尽管你还达不到 "已然学会编程"，但你从此开始有能力去阅读更多的重要内容，例如官方的教程和参考资料。这一部分的内容，更像地图的**图例**，而非地图本身。

反复读过第 1 部分后，最重要的结果就是：

现在你有能力自己查阅官方文档了。

最起码，此后你再去阅读 *The Python Tutorial* 就不会那么费力了。最起码，你可以靠自己理解绝大多数内容了。

在继续阅读本书内容的同时，有空就要反复阅读 *The Python Tutorial*。

官方文档中最重要的链接

Python 也许是目前所有编程语言中在文档建设（Documenting）方面做得最好的——好像真的不需要在这句话后面加上"之一"。Python 社区为了建设完善的文档，甚至发布了专门的文档制作工具 Sphinx（得益于 Python 社区从一开始就非常重视文档规范）。我们在网络上经常看到的计算机类文档，很可能都能在 Read the Docs 这个网站上找到。

Python 官方文档的链接是：

| https://docs.python.org/3/

其中，对初学者最重要的两个链接是：

- **Tutorial**: https://docs.python.org/3/tutorial/index.html
- **Library Reference**: https://docs.python.org/3/library/index.html

从理论上讲，只要弄懂了基础概念，自己反复阅读 *The Python Tutorial* 是学习 Python 的最好方法。没有哪本入门书籍比 *The Python Tutorial* 更好，因为它的作者就是 Python 的作者 Guido van Rossum。

Guido van Rossum 很帅，更帅的是他的车牌。

Guido van Rossume 的车牌

为什么一定要阅读官方文档

阅读一两本 Python 教程是不可能完整地掌握 Python 的。其实，这句话里的"Python"可以替换成任何一种编程语言。

教程和官方文档的各种属性都是截然不同的，例如针对的读者群、组织方式、语言表达等的不同，其中最不一样的地方在于"全面性"。任何一本单独的教程，都不可能像官方文档那样全面。各种单独的教程的优势在于，它们更多地针对初学者、入门者而设计，同时在全面性、深入性上做了妥协。例如，你眼前的这本书就不会涉及 Bytes Object[1]。并非只有我一个人这么做，著名的 Python 教程 *Think Python: How to Think Like a Computer Scientist*[2]

---

[1] https://docs.python.org/3/library/stdtypes.html#bytes-objects。
[2] http://greenteapress.com/thinkpython2/html/index.html。

（中译本名为《像计算机科学家一样思考 Python》）、*Dive into Python*[1] 等都没有涉及 "Bytes Object" 这个话题。

由于官方文档实际上没办法对入门者、初学者过分友好，毕竟全面、权威、准确才是它更应该做到的，所以很多人在刚开始学习的时候会求助于各类非官方的教材、教程。这就造成了：原本是入门以后就理应 "只读官方文档" 或者 "第一查询对象只能是官方文档"，但在很多人那里竟然变成了 "从始至终都在回避官方文档（或者说'最专业的说明文字'）"。这些回避官方文档的人很吃亏，甚至他们自己都无法知道自己究竟吃了多少亏。他们总以为自己已经学习完了，但实际上从一开始就学得一点都不全面。

请牢记并遵守这个原则：

| 第一查询对象只能是官方文档。

当我用 Google 查询的时候，经常使用这样的格式：

| `<querries> site:python.org`

有时甚至会指定在某个目录里搜索：

| `bytes site:python.org/3/library`
|
| 你可以自己尝试搜索关键字 "bytes site:python.org/3/library"。

这个原则在学习任何编程语言时都适用。将来，在学习新的软件包（库）和语言的新特性，甚至学习一种新的编程语言的时候，都要这么做。所谓超强的自学能力，基本上就是由一些类似这样的习惯和另外一些特别基础的方法构成的强大能力。

将官方文档拉回本地

把 *The Python Tutorial* 拉回本地阅读可能更为方便，尤其在用 Sphinx 重新制作之后，在页面左侧总是可以看到完整的目录。

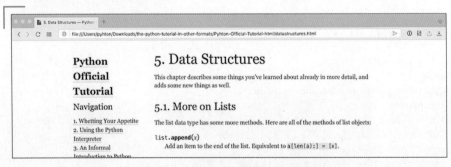

用 Sphinx 重新制作的 *The Python Tutorial*

---

[1] https://en.wikipedia.org/wiki/Guido_van_Rossum。

也可以把这个教程转换成 ePub 格式，以便在移动设备上阅读。甚至可以把这些页面的 .rst 源文件转换成 .ipynb 文件，以便在用 JupyterLab 浏览时直接执行其中的代码。

> **注意**
>
> 在本地计算机的 Terminal 中执行这些命令，才能在本地计算机上获取结果。

安装 git

```
%%bash
which git
git --version

# 如果没有安装 git，就执行以下命令来安装
# conda install -c anaconda git
```

下载源文件

The Python Tutorial 源文件的地址是：

> https://github.com/python/cpython/tree/master/Doc/tutorial

repo 地址是：

> https://github.com/python/cpython.git

使用 git 将 repo 下载到 ~/Download/ 目录下。

```
%%bash
cd ~/Downloads
# 总计 241MB（由于版本不同，文件的大小会不同），所以需要一点时间来下载
git clone https://github.com/python/cpython.git
cd cpython/Doc/tutorial
ls
```

安装 rst2ipynb

```
%%bash
# rst2ipynb needs pandoc and notedown...
which pandoc
which notedown
# 如果没有安装这两样东西，需要执行下面两行进行安装
# conda install -c conda-forge pandoc
# conda install -c conda-forge notedown
```

```
# install rst2ipynb
cd ~/Downloads
git clone https://github.com/nthiery/rst-to-ipynb.git
cd rst-to-ipynb
pip install .
which rst2ipynb
```

批量转换 .rst 至 .ipynb

这个用于将 .rst 文件转换为 .ipynb 文件的程序有点讨厌，它一次只能处理一个文件……

下面是一个 bash 程序（其实将来学起来也不难，看着跟 Python 差不多），代码执行过后会出现很多"警告"——没关系，文件会正常转换的。

```
%%bash
cd ~/Downloads/cpython/Doc/tutorial/
for f in *.rst
    do
        rst2ipynb $f -o "${f/%.rst/.ipynb}"
    done
mkdir ipynbs
mv *.ipynb ipynbs/
```

如此这般，你就把 .rst 文件都转换成 .ipynb 文件，并保存在 ~/Downloads/cpython/Doc/tutorial/ipynbs/ 目录中了。你可以把它挪到你喜欢的地方，用本地的 JupyterLab 浏览，或者用 nteract 这个 App 浏览。

如果以后经常需要批量转换某个目录内的 .rst 文件，可以把 bash 函数放在 ~/.bash_profile 文件里，并在后面添加以下代码。

```
function rsti {
    for f in *.rst
    do
    rst2ipynb $f -o "${f/%.rst/.ipynb}"
    done
}
```

然后，在 Terminal 里执行一遍。

```
source ~/.bash_profile
```

现在，在有 .rst 文件的目录下输入"rsti"执行即可。

用 Sphinx 生成 html/ePub 版本的文件

```bash
%%bash
which sphinx-quickstart
# 如果没有，就执行下一行
# conda install -c anaconda sphinx
sphinx-quickstart --version
sphinx-quickstart --help
```

生成 html 版本和 ePub 版本的文件。

```bash
%%bash
cd ~/Downloads/cpython/Doc/tutorial/
sphinx-quickstart -q output --sep -p 'The Python Tutorial' -a 'Guido van Rossum'
-r '1.0' -v '1.0' -l 'en' --suffix '.rst' --master 'index' --ext-autodoc --ext-
doctest --ext-intersphinx --ext-todo --ext-coverage --ext-imgmath --ext-mathjax
--ext-ifconfig --ext-viewcode --makefile --no-batchfile --no-use-make-mode
cp -f *.rst output/source/
cd output
make html
make epub

# 生成的 html 版本的文件应该在 output/build/html 目录下
# 生成的 ePub 版本的文件应该在 output/build/epub 目录下

# sphinx-quickstart -q output \
# --sep \
# -p 'The Python Tutorial' \
# -a 'Guido van Rossum' \
# -v '1.0'
# -r '1.0' \
# -l 'en' \
# --suffix '.rst' \
# --master 'index' \
# --ext-autodoc \
# --ext-doctest \
# --ext-intersphinx \
# --ext-todo \
# --ext-coverage \
# --ext-imgmath \
# --ext-mathjax \
# --ext-ifconfig \
# --ext-viewcode \
# --makefile \
# --no-batchfile \
# --no-use-make-mode
```

用 Sphinx 这样生成的文件,
支持本地目录搜索,也确实
比在网站上看更方便一点

下载已经转换好的版本

如果担心在转换过程中出错却无法解决,可以直接下载已经转换好的版本。

```bash
%%bash
cd ~/Downloads
git clone https://github.com/xiaolai/the-python-tutorial-in-other-formats.git
```

制作完整的 Python Doc

其实,Python 的整个文档是一个已经做好了制作文件的文档库。

| cpython/Doc/Makefile

只不过,将所有文件编译到一个 ePub 里,在 iPad 之类的移动设备上打开,有点费劲——
我的 iPad 显示文档有 7701 页,翻一页就要顿一顿……

要想使用这个官方的 Makefile,不仅要确认已经安装了 Sphinx,还需要安装一个包:

```
pip install blurb
```

然后,在 Terminal 中转到 Doc 所在的目录,执行以下命令。

```
make html
make epub
```

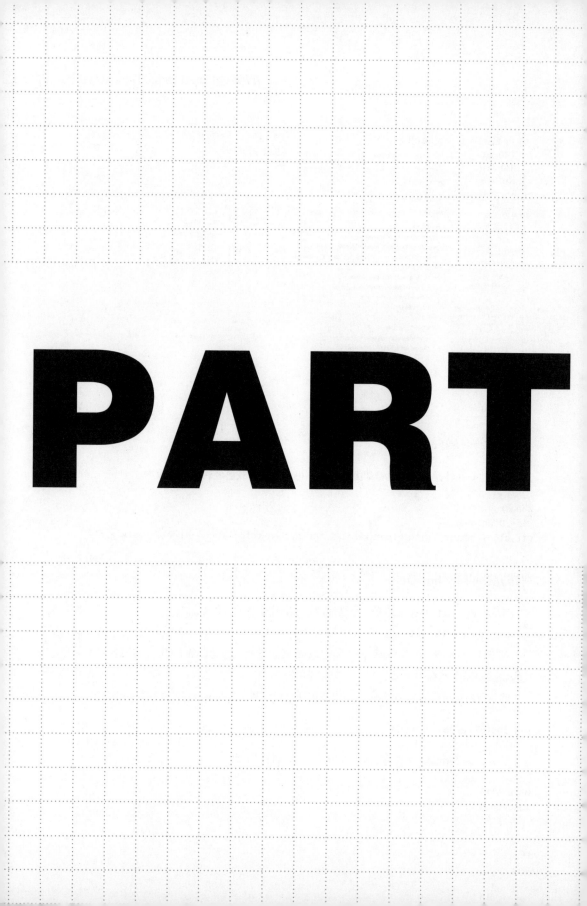

TWO

第 8 章

笨拙与耐心

自学的过程，实际上需要拆解为以下四个阶段（虽然它们之间常常有部分重叠）。

- 学
- 练
- 用
- 造

只要识字，就忍不住去阅读；只要感觉"值得学"，就忍不住去学。事实上，人时刻都在学习，只不过，不同的人，学习的目标与学习的方式和效率都不相同。

大多数人从未区分过这四个阶段，也从未研究过应该如何分别对待这四个阶段。这就解释了为什么那么多人虽然总是忍不住去阅读，总是忍不住去学习，但终其一生都不曾真正掌握像样的技能：他们在第一个阶段就出错了；到了第二个阶段，他们就放弃了；第三个阶段，他们是直接跳过去的，总是"对付着用"；至于第四个阶段，他们想都没想过……

本书第 1 部分的内容基本用来展示"学"的过程。**学，就需要重复**，甚至是很多次的重复——尤其在面对充满了"过早引用"的知识结构的时候。

反复学，是对归纳和整理能力的最大锻炼。而且，最有意思的、常常会自然发生的是：只要你不断重复，你的大脑就会不由自主地把那些已经掌握的知识点与当前尚未掌握的知识点区分开来（前者处理起来轻松且容易，甚至可以跳过；后者需要投入更多的注意力去仔细处理）。在这个过程中，绝大多数的归纳和整理工作就自动完成了。最后，加上一点刻意的、收尾性的归纳、总结、整理工作——大功告成。

很多人总是希望自己一遍就能学会，而这往往会失败。面对这失败，他们却不知道这与天分、智商全无关系。于是，他们默默认定自己没有天分，甚至怀疑自己的智商；于是，他们默默地离开，希望换个地方验证自己的天分与智商；于是，他们将再次面临失败；于是，他们一而再、再而三地被"证明"为天分不够、智商不够……于是，他们变成了那条狗：

> 有这么一项心理学实验。给狗戴上电项圈，关到一圈不算太高、一使劲就能跳过去的栅栏里。只要狗有跳过栅栏的企图，项圈就会发出电流，对狗进行电击（不会对狗造成伤害）。几次尝试之后，狗就放弃了跳出栅栏——它其实能跳过去。更为惊人的结果是：随后，把接受测试的狗关到很低的栅栏里，甚至是不用跳就可以直接跨过去的栅栏里，它也会老老实实，不会想要越过栅栏。

自学是一门手艺。编程在很大程度上也是一门手艺，能否掌握它，在绝大多数情况下与天分和智商全无关系——很多人在十来岁的时候就掌握了编程的基本技能。

所有的手艺，最基本的特征是，想要掌握——

**　主要靠时间。**

例如，拥有二十年安全驾龄的老司机和刚上路的新手肯定不一样，但这跟天分和智商真的没什么关系。

在本书的第 2 部分（PART TWO），我们将进入"用"的阶段。嗯？怎么跳过了"练"？没有，我们的策略是**以用带练**，即：在不断应用的过程中带动刻意练习。

练和学多少有些重合的部分。例如，你可能"学"了第 1 部分两三遍，然后进入第 2 部分，开始接触"用"，而在"用"的过程中，只要有空，或者只要有需求，你就可能要回去"复习"第 1 部分的内容。

无论之前的"学"重复了多少遍，一旦开始"练"，你就注定要感受各式各样的笨拙：在写代码时漏掉了引号或者括号、不小心使用了非英文字符的全角符号，甚至反复犯忘了在语句块的起始语句末尾写冒号这样的愚蠢错误……

别焦虑，这再正常不过了。每次自学新东西的时候，就把自己想象成刚出生的婴儿。其实，每次自学，的的确确都是重生。一旦掌握了一项新的技能，你就不再是从前的那个自己，而是另外一个人了。

婴儿蹒跚学步，的确笨拙，但谁会觉得他们不可爱呢？同样的道理，刚开始使用一项技能的时候，笨拙其实就是可爱，只不过这时旁人不再把你当成"婴儿"，你也已经戴上了一张"成年人"的"面具"。可事实上，你的大脑中正在学习的那一部分，和新生婴儿的大脑没有任何区别。

在学习本书第 1 部分时，"练"的必要其实不大，甚至由于里面充满了"过早引用"[1]的知识结构，急于练习反倒会有副作用。因为在这时，你对自己面临的复杂的知识结构（即：

---

[1] 参见本书第 6 章中的"如何从容应对含有过多'过早引用'的知识"。

充满了"过早引用"的知识结构）认识不够，没有提前准备应对策略，所以，如果还是按照原本的习惯边学边练，那肯定既学不明白、更练不明白。于是，越往前走，挫败感就越强，当挫败感积累到一定程度，自然就放弃了。不仅如此，弄不好，越练越容易出现"不必要的挫败感"。

一切"主要靠时间"的活动都一样，都需要在事前认真做"心理建设"。在通常情况下，"读一本教程、上一个学习班就会了"几乎肯定是错觉或者幻觉。

- 要明白，这肯定是一个比"天真的想象"长得多的过程。
- 要越来越自然地明白，无论学什么，都需要重复很多次——读，要读很多遍；练，要练很多遍；做，要做很多遍……

有了这样的心理建设，就相对更容易保持耐心。

人们缺乏耐心的常见根源是"根本没打算花那么多时间和精力"。这不仅很容易就超出了对时间和精力的预算，也相对更容易让人感到焦虑——就像没有多少本钱的人做生意往往更容易失败一样。这也解释了为什么这本书锁定的目标群体是大一学生和高一学生（甚至包括初一学生）：

> 他们最有自学的"本钱"。

离开学校之后，绝大多数人很难再有"一看一下午""一练一整天""一玩一整夜"的本钱了。同时，由于生活的压力越来越大，对"能够使用新技能"的"需求"也就越来越紧迫。所以，他们对任何一次自学所需的时间和精力的"投资"都缩手缩脚、小里小气……

预算观念非常重要。这个观念的存在与否、成熟与否，基本上决定了一个人未来的盈利能力。

现实情况如何呢？现实情况是：大多数人不仅没有成熟的预算观念，甚至干脆没有预算观念！这也是绝大多数人不适合创业的最根本的原因。

不夸张地讲，未来的你只要恪守一个原则，就很可能会超越 99% 的人：

> 绝对不做预算不够的事情。

说来惭愧，我是在过了 40 岁，在创业和投资中多次经历失败、付了超乎想象的学费之后，才深刻地理解了这条看起来过分简单的原则的——亏得我本科还是学会计专业的呢！

我的运气在于，在自学这件事上，给出的"预算"从来都很多。

大约在 1984 年，我在延吉市青少年宫参加了一个要交 10 块钱学费的暑期计算机兴趣班。兴趣班的老师姓金，教的是 BASIC 语言，用的机器是这样的：

发布于 1983 年的 8 位微型计算机

它在工作时需要外接一台 9 英寸的单色显示器。因为那时还没有磁盘，所以，只要一断电，就什么都没有了……

后来，我上了大学。有一次，我买书自学 C++，在一个地方卡住了——我写的代码死活编译不过去。当时的编译器错误提示机制不像今天这么完善，没有 Google 可以问，我身边也没有人在玩这些东西[1]。后来呢？后来我就放弃了。

当时是什么东西卡住我了呢？说来好笑：

```
if (c = 1) {
    ...
}
```

习惯于写 BASIC 代码的我，被习惯蒙蔽了双眼，检查了那么多遍，却完全没有意识到应该写的是 c == 1！

一晃好几年过去了。有一天，我在书店里看到一本 C++ 教程，想起几年前放弃的东西，就把书买回来，在家里的电脑上重新玩了起来。然后，我就明白问题出在哪儿了。再然后，C++ 编程就被我重新捡起来了……

学完了也就学完了，当时真没地方用。没地方用，自然就很少去练习。

又过了好几年，我去新东方教书。2003 年，我在写词汇书《TOEFL 核心词汇 21 天突破》的过程中，需要统计词频。尽管用不上 C++，但根据之前学习 C++ 的经验，我自学了一点 Python，写了一个词频统计程序。直到今天，这本书还在销售——一项当年花 10 块钱开始学习的技能，在这些年里给我"变现"了很多钱。

我的很多技能都是这样的，当时学完就放在那里，多年后重新捡起来，继续前行。其中，最好笑的应该是弹吉他。

在我十五六岁的时候，父亲给我买了一把吉他，理由是：

> 你连唱歌都跑调，将来咋学英语啊？

然后，我就开始玩吉他，还花 5 块钱上了个培训班。那个年代学弹吉他的人，学的第一首曲子肯定是 *Romance d'Amour*（中译名为《爱的罗曼史》），我当然不例外。那曲子真好听，好听到弹得不好也好听的程度。

后来，有一天，我在一位姑娘面前显摆——竟然没有弹错！弹完之后，我很得意，可那姑娘一脸迷茫。停了几秒，她说："不是还有第二段吗？"我一脸问号："……啊？"

可是，那第二段我终究没有学会。其实我也练过，但因为指骨受伤，在之后的许多年里，我弹吉他只能用拨片。直到……直到 45 岁那年，我忽然想起了我的吉他，于是找来琴谱，花了一点时间把这首曲子顺了下来。

---

[1] 当时的学校里的计算机还很少，如果要使用计算机，需要提前申请上机时间，所以很少有人研究编程。

所以，我猜，我"自学能力强"的原因不过是我投入的"预算"很多、很充裕，"活到老，学到老"在我这里不是空话。在学的时候，重复的次数比别人多；在练的时候，重复的次数比别人多；在用的时候，重复的次数也相对比别人多很多——这跟是否有天分或者聪明与否全然没有关系。学到的东西多了，人就好像变得聪明了。

有个现象，从来不自学的人不会知道：真正开始自学且不断自学之后，起初总是觉得时间不够用（因为当时的自己和其他人没什么区别），随着时间的推移，不仅差异会出现，自我认知差异也会越来越明显：

|　　好多人的时间都白过了，自己的时间都有产出。

更进一步，在其他人越来越焦虑的情况下，不断自学的人却越来越淡定：

|　　他们早已习惯于通过投入大量的时间来换取新技能。

等到真的开始用这些技能做事，不断地做其他人因为"时间白过了"或者投入的"预算"不够而学不会、做不到的事，他们就能明白：这并不是因为自己聪明、有天分，只不过是因为自己做了该做的事、投入了该投入的"成本"和"预算"而已。

由此，你就真的能够理解下面这句话背后的深意了。

|　　人生很长，何必惊慌。

第 9 章

刻意练习

在自学的过程中，总会遇到需要刻意练习的内容。就好像小时候我们学写汉字，总有些人要给"武"字上加上一撇——对他们来说，不写那个不该有的撇就是需要刻意练习的。另外一些人倒是不在"武"字上出错，但分不清"候"和"侯"——对他们来说，分清这两个字就是需要刻意练习的。类似的例子不计其数。

手艺这东西，尤其需要刻意练习。我们说过，掌握一门手艺主要靠时间。这里的"时间"，准确地讲，就是花在刻意练习上的时间。

我当过很长时间的英语老师，其间异常烦恼于一件事：最有用的道理最没人听。

很多人之所以学不好英语，就是因为他们从未刻意练习过。学英语，最简单的刻意练习就是朗读。每天朗读一小时，一百天下来，不仅会超越绝大多数人，更会跨过自己原本可能永远都跨不过去的那道坎——神奇的是，读什么内容，无所谓；更神奇的是，在一开始，发音好不好听甚至好不好都无所谓，反正过不了几天就能发现自己有大幅的进步；最神奇的是，这么简单的事情，99.99% 的人不去做。坚持朗读很难吗？说一个身边的例子：截至 2019 年 2 月 21 日，王渊源（John Gordan）的微信公众号"清晨朗读会"已经带着大伙儿朗读了 1000 天。

许多年前，资质平庸的我，一直有这样的困扰：

- 为什么自己无论干什么都笨手笨脚、差这儿差那儿的？

- 与此同时，为什么总是能看到一些给人感觉"一出手就是高手"的人呢？

这些问题困扰了我好多年……直到后来当了老师，每年面前有几万名学生经过，我才反应过来：

- 我花在刻意练习上的时间**太少**了。
- 我没有**刻意思考**自己应该在哪些地方刻意练习。

而那些看起来"一出手就是高手"的人恰恰相反，他们不仅花了很多时间去刻意练习，还总会刻意思考在哪些地方尤其要刻意练习——差距就是这样形成的。

我小时候学弹吉他，因为指骨受伤，中断了很多刻意练习，后来改用拨片，因为没有做大量的基础练习、没有养成好习惯，只是"跟着感觉走"，所以，我的吉他水平也就是刚刚够用、自娱自乐。在我认识的人中，许岑是我这种情况的反向典范。

由此我深刻地意识到：在另外一些地方，如若再"混"下去，那这辈子我就别想搞出什么名堂了。于是，我下定决心，要在必要的地方刻意地练习。在记忆中，我应用这种思考模式做的第一件事情是写书。我花了很长时间去准备自己的第一本书，并刻意思考要在哪些地方刻意地用力。例如，在取书名这件事上，我每天琢磨，前后换了二十多个名字。后来，对出版的每一本书，在书名选择上我都"殚精竭虑"。最终的结果就是，我的第一本书就是畅销书、长销书，后面的每一本也都是。

所谓"混"，解释很简单：

不做刻意练习的人就是在混日子。

需要刻意练习的地方，因人而异。有些人根本不会让"武"字带把"刀"，而另外一些人会；有些人朗读十分钟的效果就和其他人朗读一小时的效果一样，但大部分人达不到这样的水平……这并非所谓"天分"的差异所致，这大抵只相当于正态分布的坐标略微不同所造成的差别。每个人都有必须刻意练习的地方，都有对别人来说无比容易可对自己来说就是很难做到的事情。对必须刻意练习的事情，每个人需要刻意练习的部分所占的比例是差不多的，只不过每个人需要攻克的难点不一样——高手也有需要刻意练习的部分。

在学习一门新的编程语言时，我常常会做这样的刻意练习：

在纸上用笔写程序。

看着纸上的程序，把自己的大脑当成解析器，判断每一句执行后的结果。反复确认后，用很慢的速度把这个程序输入编辑器——确保无误。然后，运行程序——十有八九会出错。反复检查、修改，让程序顺利执行到最后。

为什么要这么做呢？因为我发现，只要学习一门编程语言，我的大脑就经常把这门编程语言与之前学过的编程语言混为一谈——很痛苦。我必须想一个办法，让之前的也好，之后的也罢，都刻在我的脑子里，不会混淆。

我相信，并非所有的人都有我这样的烦恼和痛苦，而于我来讲，这就是**我需要刻意练习的地方**，也是我通过**刻意思考**找到的自己需要刻意练习的地方。

你也一样。你需要刻意练习的地方，需要你自己去刻意思考。你和别人不一样，没有人和你一样。

这在过去还真属于所谓"书本上学不到"的东西——没有哪个作者能遍历世上所有人的所有特殊情况。不过，互联网这本大书貌似正在突破这种限制。因为有无数的作者在互联网上写作，每个人关注的地方都不一样，再加上搜索引擎带来的便利，所以，我们总是可以在互联网这本大书中找到和自己一样的人。

你可能感受到了，所谓"刻意练习"，其实是你在"刻意思考哪里需要刻意练习"之后自然会去做事情。因此，**"刻意思考"才是关键**。

应对策略很简单：

| 准备一个专门用于记录的工具。

我现在用得最多的记录工具就是 iPhone 上的 Notes（备忘录）。一旦遇到疑似需要刻意练习的地方就顺手记下，以防忘记或者遗漏，有时间就打开看看，排列一下优先级，琢磨一下刻意练习的方式，找时间刻意练习。如此这般，尽量不混日子。

有些时候，刻意练习是很容易做到的。例如，为记住当前正在学习的编程语言的语法规则，直至"像刻在脑子里一样"，你需要做的无非就是把编辑器的"Auto Completion"（自动补全）功能关闭三个月，坚决不让"Tab"键帮你哗啦哗啦写上一大片——这不叫麻烦，这叫刻意练习。

人们常说：

| 凡事就怕**琢磨**。

高手，无一例外，都是善于琢磨的人。他们在琢磨什么呢？为什么他们会琢磨那些事情呢？所谓"琢磨"，真的不难，只不过在此之前你不知道该琢磨什么而已。你与高手之间的所谓"差距"或者"差别"，只有一层薄薄的窗户纸。一旦你捅破它，剩下的都会自然而然地发生。

第 10 章

为什么从函数开始

读完第 1 部分之后，你可能已经写了一些程序了。

在第 7 章中提到过，那一部分的核心目标是让你"脱盲"，也就是说，从那以后，你只要多多少少能够读懂程序，就很好了。可是，你还是已经写了一些程序——尽管那所谓"写"不过是"改"，也算迈出了一大步。

绝大多数编程书籍并不区分学习者的"读"与"写"这两个实际上应该区分的阶段，虽然在现实中这两个阶段总是多多少少有重叠的部分。

在一个比较自然的学习过程中，我们总是先学会阅读，然后才开始练习写作。不仅如此，在整个学习过程中，我们阅读的量一定远远大于写作的量，即："输入"远远大于"输出"。当然，似乎有例外。据说香港作家倪匡读书并不多，却依然高产——他可能是全球最具产量的畅销小说作家了，貌似连身处地球另外一端的史蒂芬·金在产量上都不如他。不过，倪匡的主要"输入"来自他早年丰富的人生经历——别人读书，他阅世。所以，倪匡实际上并非"输入"很少，恰恰相反，他的"输入"太多了。

因此，在绝大多数情况下，输入多于输出，或者说，输入远远多于输出，不仅是自然现象，也是无法改变的规则。

我在安排本书内容的时候，也刻意遵循了这个规则。

第 1 部分的主要目的是启动读者在编程领域的"阅读"能力，到第 2 部分才开始逐步启动读者在编程领域的"写作"能力。在阅读第 2 部分之前，有时间、有耐心的读者可以多做这么一件事。

Python 的代码是开源的，它的代码仓库在 GitHub 上。

| https://github.com/python/

在这个代码仓库中有一个目录，其中保存着若干 Python Demo 程序。

| https://github.com/python/cpython/tree/master/Tools/demo

这个目录下的 README 文件中有如下说明。

> This directory contains a collection of demonstration scripts for various aspects of Python programming.
>
> - `beer.py` Well-known programming example: Bottles of beer.
> - `eiffel.py` Python advanced magic: A metaclass for Eiffel post/preconditions.
> - `hanoi.py` Well-known programming example: Towers of Hanoi.
> - `life.py` Curses programming: Simple game-of-life.
> - `markov.py` Algorithms: Markov chain simulation.
> - `mcast.py` Network programming: Send and receive UDP multicast packets.
> - `queens.py` Well-known programming example: N-Queens problem.
> - `redemo.py` Regular Expressions: GUI script to test regexes.
> - `rpython.py` Network programming: Small client for remote code execution.
> - `rpythond.py` Network programming: Small server for remote code execution.
> - `sortvisu.py` GUI programming: Visualization of different sort algorithms.
> - `ss1.py` GUI/Application programming: A simple spreadsheet application.
> - `vector.py` Python basics: A vector class with demonstrating special methods.

最起码，要精读 `beer.py`[1]、`eiffel.py`[2]、`hanoi.py`[3]、`life.py`[4]、`markov.py`[5]、`queens.py`[6] 这 6 个程序，测试一下自己的理解能力。当然，读不懂也没关系。把读不懂的部分记下来，就可以带着问题学习了。

在未来的学习中，有空就去读读别人写的代码是一个需要养成的好习惯——理解能力的提高就靠它了。慢慢你会发现，学习编程和学习其他领域的技能没什么区别。学习英语也是这样，读得多了，自然就读得快了，也就理解得快了。在这个过程中，还能自然而然地习得很多"句式"，甚至很多"说理的方法""讲故事的策略"。然后，就自然而然地会写了——从能"写一点"开始，慢慢进步，最终变得"很能写"！

---

[1] https://github.com/python/cpython/blob/master/Tools/demo/beer.py。
[2] https://github.com/python/cpython/blob/master/Tools/demo/eiffel.py。
[3] https://github.com/python/cpython/blob/master/Tools/demo/hanoi.py。
[4] https://github.com/python/cpython/blob/master/Tools/demo/life.py。
[5] https://github.com/python/cpython/blob/master/Tools/demo/markov.py。
[6] https://github.com/python/cpython/blob/master/Tools/demo/queens.py。

为了顺利启动第 1 部分的"阅读"，我特意找了个不一样的入口——布尔运算。在第 2 部分，为了从"阅读"过渡到"写作"，我同样特意找了个不一样的入口——**函数**。

从"小"入手，从来都是自学的好方法。我们没有想着一上来就写程序，而是先写"子程序""小程序""短程序"。从结构化编程的角度看，写函数的基本要求就是：

- 完成一个功能；
- 只完成一个功能；
- 没有任何错误地只完成一个功能。

然而，即便从"小"入手，任务也没有变得过于简单。尽管我已经尽量采用最简单的例子来讲解了，其中涉及的话题理解起来仍然不容易。涉及的话题有：

- 参数的传递
- 多参数的传递
- 匿名函数及函数的别称
- 递归函数
- 函数文档
- 模块
- 测试驱动编程
- 可执行程序

这些都是你未来写自己的工程时所必需的基础，马虎不得，疏漏不得。

另外，第 2 部分刻意采用了与第 1 部分不同的编排方式。在第 2 部分每一章的结尾，我**都没有写"总结"**——需要你自己动手完成。你要做的不仅仅是为每一章写总结，在读完整个第 2 部分之后，你还要针对"深入了解函数"（甚至包括第 1 部分中关于函数的内容）这个话题写总结。并且，关于函数的内容，在第 2 部分中也没有全部讲完，在第 3 部分（PART THREE）中还有关于生成器、迭代器、装饰器的内容（由于这些内容或多或少涉及要到第 3 部分才会深入讲解的内容，在第 2 部分就暂时没有涉及）。

你要习惯——归纳、总结、整理的工作，从来都不是一次就能完成的，都需要反复多次才能彻底完成。千万别像那些从未自学过的人一样，对这个流程全然没有了解。

另外，从现代编程方法论的角度看，在"写作"部分就从函数入手，的确是更合理的，因为结构化编程的核心就是拆分任务，把任务拆分到不能再拆分为止。在什么情况下任务就不能再被拆分了呢？当一个函数只完成一项功能的时候。

第 11 章 第 1 节

关于参数（上）

之前就提到过，从结构上看，每个函数都是一个完整的程序，因为一个程序的核心构成部分就是输入、处理、输出。

- 程序可以有**输入**——能接收外部通过参数传递的值。
- 程序可以有**处理**——内部有能够完成某一特定任务的代码，尤其是可以根据"输入"得到"输出"。
- 程序可以有**输出**——能向外部输送返回值。

所以，在我看来，有了一点基础知识之后，首先应该学习的是"如何写函数"——这个起点会更好一些。

这一节的内容，看起来与第 5 章第 4 节"函数"是重复的，但它们的出发点是不一样的。

- 第 5 章第 4 节"函数"，只是为了让读者有"阅读"函数说明文档的能力。
- 这一节，是为了让读者能够开始动手写函数——给自己或别人用。

为函数取名

哪怕一个函数内部什么都不做，它也得有个名字。在函数的名字后面要加上圆括号 ()，以明示它是一个函数，而不是一个变量。

用于定义函数的关键字是 def。以下代码定义了一个什么都不做的函数。

```
def do_nothing():
    pass

do_nothing()
```

为函数取名（为变量取名也一样），有一些基本的注意事项。

- 名称不能以数字开头。能用在名称开头的有大小写字母和下画线 _。
- 名称中不能有空格。要么使用下画线来连接词汇，例如 do_nothing；要么使用 Camel Case[1]，例如 doNothing——推荐使用下画线。
- 名称不能与关键字重合。Python 的关键字如下。

and	as	assert	async	await
break	class	continue	def	del
elif	else	except	False	finally
for	from	global	if	import
in	is	lambda	None	nonlocal
not	or	pass	raise	return
True	try	while	with	yield

可以随时使用以下代码查询关键字列表。

```
from IPython.core.interactiveshell import InteractiveShell
InteractiveShell.ast_node_interactivity = "all"

import keyword
keyword.kwlist              # 列出所有关键字
keyword.iskeyword('if')     # 查询某个词是不是关键字
```

```
['False',
 'None',
 'True',
 ...
 'while',
 'with',
 'yield']

True
```

---

[1] 依靠单词的大小写拼写复合词。中文名为"骆驼拼写法"。

更多为函数、变量取名的注意事项，请参阅以下文章[1]。

- PEP 8 —— *Style Guide for Python Code* 的 Naming Conventions 部分：

  https://www.python.org/dev/peps/pep-0008/#naming-conventions

- PEP 526 —— *Syntax for Variable Annotations*：

  https://www.python.org/dev/peps/pep-0526/

不接收任何参数的函数

函数可以被定义为不接收任何参数。但是，在调用函数的时候，依然需要写上函数名后面的圆括号 ()。

```
def do_something():
    print('This is a hello message from do_something().')

do_something()
```

```
This is a hello message from do_something().
```

没有 return 语句的函数

函数内部不一定非要有 return 语句。例如，在前面提到的 do_something() 函数中就没有 return 语句。但是，如果函数内部并未定义返回值，那么该函数的返回值是 None，而当 None 被当成布尔值时，就相当于 False。

这样的设定，使得函数调用总是可以作为条件语句的判断依据。

```
def do_something():
    print('This is a hello message from do_something().')

if not do_something():        # 由于该函数的名称是 do_something，这句代码的可读性很差
    print("The return value of 'do_something()' is None.")
```

```
This is a hello message from do_something().
The return value of 'do_something()' is None.
```

把 if not do_something(): 翻译成自然语言，应该是"如果 do_something() 的返回值是'非真'，那么："。

---

[1] https://www.python.org/dev/peps/.

接收从外部传递进来的值

让我们写一个判断闰年年份的函数 `is_leap()`。这个函数接收一个年份，并将其作为参数，若是闰年就返回 `True`，否则返回 `False`。

根据闰年的定义：

> • 年份的值应该是 4 的倍数；
>
> • 年份的值能被 100 整除但不能被 400 整除的，不是闰年。

所以，我们要在值能被 4 整除的年份中排除那些值能被 100 整除却不能被 400 整除的。

```python
def is_leap(year):
    leap = False
    if year % 4 == 0:
        leap = True
        if year % 100 == 0 and year % 400 != 0:
            leap = False
    return leap

is_leap(7)
is_leap(12)
is_leap(100)
is_leap(400)
```

```
False
True
False
True
```

```python
# cpython/Lib/datetime.py 是一个更为简洁的版本，理解它还挺练脑子的
def _is_leap(year):
    return year % 4 == 0 and (year % 100 != 0 or year % 400 == 0)
_is_leap(300)
```

```
False
```

一个函数可以同时接收多个参数。例如，我们可以写一个函数，让它输出从大于一个数字到小于另外一个数字的斐波那契数列，这不仅需要定义两个参数，在调用函数的时候也需要传递两个参数。

```python
def fib_between(start, end):
    a, b = 0, 1
    while a < end:
        if a >= start:
```

```
        print(a, end=' ')
    a, b = b, a + b

fib_between(100, 10000)
```

```
144 233 377 610 987 1597 2584 4181 6765
```

当然，可以把这个函数写成以列表作为返回值的形式。

```
def fib_between(start, end):
    r = []
    a, b = 0, 1
    while a < end:
        if a >= start:
            r.append(a)
        a, b = b, a + b
    return r

fib_between(100, 10000)
```

```
[144, 233, 377, 610, 987, 1597, 2584, 4181, 6765]
```

变量的作用域

下面的代码经常会让初学者感到迷惑：

```
def increase_one(n):
    n += 1
    return n

n = 1
print(increase_one(n))
# print(n)
```

```
2
```

increase_one(n) 被调用之后，n 的值究竟是多少？更准确一点：随后的 print(n) 的输出结果应该是什么？输出结果是 1。

在程序执行过程中，变量有**全局变量**（Global Variables）和**局域变量**（Local Variables）之分。

首先，某个函数每次被调用时都会开辟一个新的区域，这个函数内部所有的变量都是局域变量，也就是说，即便这个函数内部某个变量的名称与它外部的某个全局变量的名称相同，它们也不是同一个变量——只是名称相同而已。

其次，更为重要的是，当外部调用一个函数的时候，准确地讲，传递的不是变量，而是那个变量的值。也就是说，当 increase_one(n) 被调用的时候，被传递给那个恰好也叫 n 的局域变量的是全局变量 n 的值——1。

最后，在 increase_one() 函数的代码开始执行，局域变量 n 经过 n += 1 之后，其中存储的值是 2，这个值将被 return 语句返回。因此，print(increase(n)) 输出的值是函数被调用之后的返回值——2。

然而，全局变量 n 的值并没有被改变，因为局部变量 n（它的值是 2）和全局变量 n（它的值还是 1）只不过名字相同，并不是同一个变量。

以上文字，可能需要反复阅读才能理解。在这里，如果你并未消除疑惑，或者并未消化关键点，以后就会反复被它困扰，浪费无数时间。所以，一定要在这里把它弄明白。

有一种情况要格外注意。如果传递进来的值是可变容器，例如列表，那么在函数内部，处理过程是这样的：

```python
def be_careful(a, b):
    a = 2
    b[0] = 'What?!'

a = 1
b = [1, 2, 3]
be_careful(a, b)
a, b
```

```
(1, ['What?!', 2, 3])
```

所以，一个比较好的习惯是：如果传递进来的值是列表，那么在函数内部对其进行操作之前，要创建它的一个拷贝。

```python
def be_careful(a, b):
    a = 2
    b_copy = b.copy()
    b_copy[0] = 'What?!'

a = 1
b = [1, 2, 3]
be_careful(a, b)
a, b
```

```
(1, [1, 2, 3])
```

第 11 章 第 2 节

关于参数（下）

可以接收一系列值的位置参数

在定义参数的时候，如果在一个位置参数（Positional Arguments）前面标注了星号 *，那么，这个位置参数就可以接收一系列值，在函数内部就可以用 for ... in ... 循环逐一处理这一系列值。

带有一个星号的参数，英文名称是 "Arbitrary Positional Arguments" ——姑且翻译为 "随意的位置参数"。在本节的后面会讲到带有两个星号的参数，它的英文名称是 "Arbitrary Keyword Arguments" ——姑且翻译为 "随意的关键字参数"。

> 有些中文书籍把 "Arbitrary Positional Arguments" 翻译成了 "可变位置参数"，而事实上，对这样的词组，无论怎样的中文翻译都是令人费解的。其实，翻译成 "可变位置参数" 也还好，我还见过把 "Arbitrary Keyword Arguments" 翻译成 "武断的关键字参数" 的，我觉得这样的翻译肯定会使读者产生说不清、道不明的疑惑。
>
> 所以，**入门之后尽量只用英文是个好策略**。虽然刚开始有点吃力，但后面会很省心、很 "长寿" ——少浪费时间、少浪费生命，就相当于 "长寿" 了。

```
def say_hi(*names):
    for name in names:
        print(f'Hi, {name}!')
say_hi()
```

```
say_hi('ann')
say_hi('mike', 'john', 'zeo')
```

```
Hi, ann!
Hi, mike!
Hi, john!
Hi, zeo!
```

say_hi() 这一行没有任何输出，因为在调用函数的时候没有给它传递任何值。所以，在函数内部代码执行的时候，name in names 的值是 False，for 循环内部的代码没有执行。

在函数内部是把 names 这个参数当成容器来处理的，否则也没办法用 for ... in ... 来处理。而在调用函数的时候，可以将一个容器传递给函数的 Arbitrary Positional Arguments，做法是：在调用函数的时候，在参数前面加上星号 *。

```
def say_hi(*names):
    for name in names:
        print(f'Hi, {name}!')

names = ('mike', 'john', 'zeo')
say_hi(*names)
```

```
Hi, mike!
Hi, john!
Hi, zeo!
```

实际上，因为在上面的 say_hi(*names) 函数内部就是把接收到的参数当成容器来处理的，所以，在调用这个函数的时候，向它传递任何容器，都会进行同样的处理。

```
def say_hi(*names):
    for name in names:
        print(f'Hi, {name}!')

a_string = 'Python'
say_hi(*a_string)

a_range = range(10)
say_hi(*a_range)

a_list = list(range(10, 0, -1))
say_hi(*a_list)

a_dictionary = {'ann':2321, 'mike':8712, 'joe': 7610}
say_hi(*a_dictionary)
```

```
Hi, P!
Hi, y!
Hi, t!
Hi, h!
Hi, o!
Hi, n!
Hi, 0!
Hi, 1!
Hi, 2!
Hi, 3!
Hi, 4!
Hi, 5!
Hi, 6!
Hi, 7!
Hi, 8!
Hi, 9!
Hi, 10!
Hi, 9!
Hi, 8!
Hi, 7!
Hi, 6!
Hi, 5!
Hi, 4!
Hi, 3!
Hi, 2!
Hi, 1!
Hi, ann!
Hi, mike!
Hi, joe!
```

　　在定义可以接收一系列值的位置参数时，建议在函数内部为该变量命名时总是使用**复数形式**，因为在函数内部总是需要通过 for 循环去迭代元组中的元素。在这样的时候，名称的复数形式对提高代码的可读性很有帮助——注意以上程序的第 2 行。以中文为母语的人，常常在这个细节上"不堪重负"，因为中文的名词没有复数形式——但还是必须要习惯。同样的道理，如若用拼音给变量命名，就肯定是为将来"挖坑"……

　　需要注意的是，在一个函数中，可以接收一系列值的位置参数只能有一个。如果存在其他位置参数，就必须把这个可以接收一系列值的位置参数排在其他位置参数之后。

```
def say_hi(greeting, *names):
    for name in names:
        print(f'{greeting}, {name.capitalize()}!')

say_hi('Hello', 'mike', 'john', 'zeo')
```

```
Hello, Mike!
Hello, John!
Hello, Zeo!
```

为函数的某些参数设定默认值

我们可以在定义函数的时候为某些参数设定默认值。这些有默认值的参数，又被称作"关键字参数"（Keyword Arguments）。从这个函数的"用户"的角度来看，这些设定了默认值的参数就成了"可选参数"。

```python
def say_hi(greeting, *names, capitalized=False):
    for name in names:
        if capitalized:
            name = name.capitalize()
        print(f'{greeting}, {name}!')

say_hi('Hello', 'mike', 'john', 'zeo')
say_hi('Hello', 'mike', 'john', 'zeo', capitalized=True)
```

```
Hello, mike!
Hello, john!
Hello, zeo!
Hello, Mike!
Hello, John!
Hello, Zeo!
```

可以接收一系列值的关键字参数

我们知道，可以设定一个位置参数来接收一系列值。同样，我们可以设定一个能够接收很多个值的关键字参数（Arbitrary Keyword Arguments）。

```python
def say_hi(**names_greetings):
    for name, greeting in names_greetings.items():
        print(f'{greeting}, {name}!')

say_hi(mike='Hello', ann='Oh, my darling', john='Hi')
```

```
Hello, mike!
Oh, my darling, ann!
Hi, john!
```

既然在函数内部，我们在处理接收到的 Arbitrary Keyword Arguments 时使用的是针对字典的迭代方式，那么在调用函数时也可以直接使用字典的形式。

```python
def say_hi(**names_greetings):
    for name, greeting in names_greetings.items():
        print(f'{greeting}, {name}!')

a_dictionary = {'mike':'Hello', 'ann':'Oh, my darling', 'john':'Hi'}
say_hi(**a_dictionary)

say_hi(**{'mike':'Hello', 'ann':'Oh, my darling', 'john':'Hi'})
```

```
Hello, mike!
Oh, my darling, ann!
Hi, john!
Hello, mike!
Oh, my darling, ann!
Hi, john!
```

至于在函数内部用什么样的迭代方式去处理这个字典，是由我们自己决定的。

```python
def say_hi_2(**names_greetings):
    for name in names_greetings:
        print(f'{names_greetings[name]}, {name}!')
say_hi_2(mike='Hello', ann='Oh, my darling', john='Hi')
```

```
Hello, mike!
Oh, my darling, ann!
Hi, john!
```

定义函数时各种参数的排列顺序

在定义函数的时候，不同类型的参数应该按什么顺序摆放呢？对于之前写的 `say_hi()` 函数，有：

```python
def say_hi(greeting, *names, capitalized=False):
    for name in names:
        if capitalized:
            name = name.capitalize()
        print(f'{greeting}, {name}!')

say_hi('Hi', 'mike', 'john', 'zeo')
say_hi('Welcome', 'mike', 'john', 'zeo', capitalized=True)
```

```
Hi, mike!
Hi, john!
Hi, zeo!
Welcome, Mike!
Welcome, John!
Welcome, Zeo!
```

如果想给其中的 greeting 参数也设定一个默认值，该怎么办？好像可以这样写：

```python
def say_hi(greeting='Hello', *names, capitalized=False):
    for name in names:
        if capitalized:
            name = name.capitalize()
        print(f'{greeting}, {name}!')

say_hi('Hi', 'mike', 'john', 'zeo')
say_hi('Welcome', 'mike', 'john', 'zeo', capitalized=True)
```

```
Hi, mike!
Hi, john!
Hi, zeo!

Welcome, Mike!
Welcome, John!
Welcome, Zeo!
```

尽管 greeting 参数有默认值，但 say_hi() 函数在被调用的时候还是必须给出这个参数，否则，输出结果将出乎我们的意料。

```python
def say_hi(greeting='Hello', *names, capitalized=False):
    for name in names:
        if capitalized:
            name = name.capitalize()
        print(f'{greeting}, {name}!')

say_hi('mike', 'john', 'zeo')
```

```
mike, john!
mike, zeo!
```

设定了默认值的 greeting 参数竟然不像我们想的那样是"可选参数"！所以，应该这样写：

```
def say_hi(*names, greeting='Hello', capitalized=False):
    for name in names:
        if capitalized:
            name = name.capitalize()
        print(f'{greeting}, {name}!')

say_hi('mike', 'john', 'zeo')
say_hi('mike', 'john', 'zeo', greeting='Hi')
```

```
Hello, mike!
Hello, john!
Hello, zeo!
Hi, mike!
Hi, john!
Hi, zeo!
```

之所以这样写，是因为函数在被调用时会面对许多参数，而 Python 需要按照既定规则（也就是顺序）判定每个参数的类型。

> 参数的排列顺序如下：
> 1. Positional
> 2. Arbitrary Positional
> 3. Keyword
> 4. Arbitrary Keyword

所以，即便在定义里写成：

```
def say_hi(greeting='Hello', *names, capitalized=False):
    ...
```

在调用该函数的时候，无论写的是：

```
say_hi('Hi', 'mike', 'john', 'zeo')
```

还是：

```
say_hi('mike', 'john', 'zeo')
```

Python 都会认为接收到的第一个值是 Positional Argument——在定义中，greeting 参数被放到了 Arbitrary Positional Arguments 之前。

第11章 第3节

化名与匿名

化名

在 Python 中，我们可以给函数取**化名**（alias）。

在以下代码中，我们先定义了一个名为 "_is_leap" 的函数，然后为它取了一个化名。

```python
from IPython.core.interactiveshell import InteractiveShell
InteractiveShell.ast_node_interactivity = "all"

def _is_leap(year):
    return year % 4 == 0 and (year % 100 != 0 or year % 400 == 0)

year_leap_bool = _is_leap
year_leap_bool              # <function __main__._is_leap(year)>
year_leap_bool(800)         # _is_leap(800) -> True

id(year_leap_bool)          # id() 函数可用于查询某对象的内存地址
id(_is_leap)                # year_leap_bool 和 _is_leap 其实保存在同一个地址处
                            # 也就是说，它们是同一个对象

type(year_leap_bool)
type(_is_leap)              # 它们都是函数
```

```
<function __main__._is_leap(year)>

True

4547071648

4547071648

function

function
```

可以看到，id(year_leap_bool) 和 id(_is_leap) 的内存地址是一样的——它们是同一个对象，它们都是函数。所以，当我们写 year_leap_bool = _is_leap 的时候，相当于给 _is_leap() 函数取了一个化名。

在什么情况下要给一个函数取化名呢？

在任何一个工程里，为函数或者变量取名都是很简单却不容易做的事情——虽然已经尽量用变量的作用域来隔离了，但仍可能会因重名、取名含混而令后来者费解。因此，如果只是为了少敲几下键盘而给一个函数取短化名，不仅不是好主意，更不是好习惯，尤其现在的编辑器都已经支持自动补全和多光标编辑功能了，即使变量名再长，也不会给我们带来负担。

在更多的时候，为函数取化名的目的是提高代码的可读性——对自己和他人都很重要。

lambda

可以用 lambda 关键字写一个很短的函数。

用 def 关键字写函数，示例如下。

```
def add(x, y):
    return x + y
add(3, 5)
```

```
8
```

用 lambda 关键字写函数，示例如下。

```
add = lambda x, y: x + y
add(3, 5)
```

```
8
```

lambda 的语法结构如下。

```
lambda_expr ::= "lambda" [parameter_list] ":" expression
```

以上使用的是 BNF 标注。因为 BNF 是你目前并不熟悉的，所以有疑惑也别当回事，反正你已经见到示例了：

```
lambda x, y: x + y
```

先把 lambda 这个关键字写上。其后分为两部分，：之前是参数，之后是表达式（这个表达式的值就是这个函数的返回值）。

> **注意**
>
> 在 lambda 语句中，：之后有且只能有一个表达式。

而这个函数呢？因为它没有名字，所以被称为"匿名函数"。以下程序相当于给一个没有名字的函数取了个名字。

```
add = lambda x, y: x + y
```

lambda 的使用场景

lambda 这种匿名函数有什么用处呢？

作为某函数的返回值

lambda 的第一个常见的用处是作为另外一个函数的返回值。

我们来看 *The Python Tutorial* 中的一个例子 [1]。

```
def make_incrementor(n):
    return lambda x: x + n

f = make_incrementor(42)
f(0)

f(1)
```

```
42

43
```

---

[1] https://docs.python.org/3/tutorial/controlflow.html#lambda-expressions。

这个例子乍看起来让人很迷惑——在 f = make_incrementor(42) 执行之后，f 究竟是什么？

```
def make_incrementor(n):
    return lambda x: x + n

f = make_incrementor(42)
f

id(make_incrementor)
id(f)
```

```
<function __main__.make_incrementor.<locals>.<lambda>(x)>

4428443296

4428726888
```

需要注意，f 并不是 make_incrementor() 函数的化名。如果要给这个函数取化名，写法应该是：

```
f = make_incrementor
```

那么，f 是什么呢？它是 <function __main__.make_incrementor.<locals>.<lambda>(x)>。

- f = make_incrementor(42) 将 make_incrementor(42) 的返回值保存到变量 f 中。
- make_incrementor() 函数接收到 42 这个参数之后，返回了函数 lambda x: x + 42。
  因此：f 中保存的函数是 lambda x: x + 42；f(0) 向 lambda x: x + 42 这个匿名函数传递了 0，它返回的是 0 + 42。

作为某函数的参数

以一个可以接收函数为参数的内建函数为例——map()。

map(function, iterable, ...)

Return an iterator that applies function to every item of iterable, yielding the results. If additional iterable arguments are passed, function must take that many arguments and is applied to the items from all iterables in parallel. With multiple iterables, the iterator stops when the shortest iterable is exhausted. For cases where the function inputs are already arranged into argument tuples, see itertools.starmap()[1].

---

[1] https://docs.python.org/3/library/itertools.html#itertools.starmap。

　　map() 函数的第一个参数就是用来接收函数的。随后的参数是 iterable，也就是可以被迭代的对象，例如列表、元组、字典等容器。

```
def double_it(n):
    return n * 2

a_list = [1, 2, 3, 4, 5, 6]

b_list = list(map(double_it, a_list))
b_list

c_list = list(map(lambda x: x * 2, a_list))
c_list
```

```
[2, 4, 6, 8, 10, 12]

[2, 4, 6, 8, 10, 12]
```

　　显然，使用 lambda 函数的代码更为简洁。另外，类似完成 double_it(n) 这种简单功能的函数，常常有"用过即弃"的必要。

```
phonebook = [
    {
        'name': 'john',
        'phone': 9876
    },
    {
        'name': 'mike',
        'phone': 5603
    },
    {
        'name': 'stan',
        'phone': 6898
    },
    {
        'name': 'eric',
        'phone': 7898
    }
]

phonebook
list(map(lambda x: x['name'], phonebook))
list(map(lambda x: x['phone'], phonebook))
```

```
[{'name': 'john', 'phone': 9876},
 {'name': 'mike', 'phone': 5603},
 {'name': 'stan', 'phone': 6898},
 {'name': 'eric', 'phone': 7898}]

['john', 'mike', 'stan', 'eric']

[9876, 5603, 6898, 7898]
```

可以给 map() 函数传递若干可被迭代的对象。

```
a_list = [1, 3, 5]
b_list = [2, 4, 6]

list(map(lambda x, y: x * y, a_list, b_list))
```

```
[2, 12, 30]
```

以上的例子都弄明白了，再去看 *The Python Tutorial* 中的例子[1]，就不会有任何疑惑了。

```
pairs = [(1, 'one'), (2, 'two'), (3, 'three'), (4, 'four')]
pairs.sort(key=lambda p: p[1])
pairs
```

```
[(4, 'four'), (1, 'one'), (3, 'three'), (2, 'two')]
```

---

[1] https://docs.python.org/3/tutorial/controlflow.html#lambda-expressions。

第 11 章 第 4 节

递归函数

递归（Recursion）

在函数中有个理解门槛比较高的概念——**递归函数**（Recursive Functions），即：那些**在自身内部调用自身的函数**——连说起来都比较拗口。

先看一个例子。我们要写一个能够计算 n 的**阶乘**（factorial）$n!$ 的函数 $f()$，其规则如下：

- $n! = n \times (n-1) \times (n-2) \times \cdots \times 1$
- 即，$n! = n \times (n-1)!$
- 且，$n \geq 1$

  注意

  以上是数学表达，不是程序。所以，"="在这里是"等于"的意思，不是程序语言中的赋值符号。

计算 f(n) 的 Python 程序如下。

```python
def f(n):
    if n == 1:
        return 1
    else:
        return n * f(n-1)

print(f(5))
```

120

递归函数的执行过程

以 f(5) 为例，让我们看看程序的流程。

f(5)：5>1…				
	f(4)：4>1…			
		f(3)：3>1…		
			f(2)：2>1…	
				f(1)：1==1…
				return 1
			return 2 * f(1)	
		retrun 3 * f(2)		
	return 4 * f(3)			
return 5 * f(4)				

f(5) 递归中的参数调用和值的返回过程

f(5) 被调用之后，函数开始运行。

- 因为 5 > 1，所以，在计算 n * f(n-1) 的时候要再次调用自己，即 f(4)。于是，必须等待 f(4) 的值返回。
- 因为 4 > 1，所以，在计算 n * f(n-1) 的时候要再次调用自己，即 f(3)。于是，必须等待 f(3) 的值返回。
- 因为 3 > 1，所以，在计算 n * f(n-1) 的时候要再次调用自己，即 f(2)。于是，必须等待 f(2) 的值返回。
- 因为 2 > 1，所以，在计算 n * f(n-1) 的时候要再次调用自己，即 f(1)。于是，必须等待 f(1) 的值返回。
- 因为 1 == 1，所以，不会再调用 f() 了。于是，递归结束，开始返回。这次返回的是 1。
- 下一步，返回的是 2 * 1。
- 下一步，返回的是 3 * 2。
- 下一步，返回的是 4 * 6。
- 下一步，返回的是 5 * 24。

至此，外部调用 f(5) 的最终返回值是 120。

加上一些输出语句，就能更清楚地看到程序的执行流程了。

```
def f(n):
    print('\tn =', n)
    if n == 1:
        print('Returning...')
        print('\tn =', n, 'return:', 1)
        return 1
    else:
        r = n * f(n-1)
        print('\tn =', n, 'return:', r)
        return r

print('Call f(5)...')
print('Get out of f(n), and f(5) =', f(5))
```

```
Call f(5)...
        n = 5
        n = 4
        n = 3
        n = 2
        n = 1
Returning...
        n = 1 return: 1
        n = 2 return: 2
        n = 3 return: 6
        n = 4 return: 24
        n = 5 return: 120
Get out of f(n), and f(5) = 120
```

是不是有点烧脑？不过，分成几个层面去突破，你会发现它真的很好玩。

递归的终点

递归函数在内部必须有一个能够让自己停止调用自己的方式，否则，它会永远循环下去……

其实，我们在小时候就见过递归应用，只不过那时我们不知道那就是递归而已。

听过下面这个故事吧？

> 山上有座庙，庙里有个和尚，和尚讲故事，他说……
>
> > 山上有座庙，庙里有个和尚，和尚讲故事，他说……
> >
> > > 山上有座庙，庙里有个和尚，和尚讲故事，他说……

把这个故事写成 Python 程序，大概是这样的：

```python
def a_monk_telling_story():
    print('山上有座庙，庙里有个和尚，和尚讲故事，他说…… ')
    return a_monk_telling_story()

a_monk_telling_story()
```

这是一个无限循环的递归，因为这个函数里没有设置中止自我调用的条件。

无限循环还有个不太好听的名字——死循环。在著名的电影《**盗梦空间**》（*Inception*）里，从整体结构上看，"入梦"就是一个递归函数，只不过这个函数和 a_monk_telling_story() 不一样，它不是一个死循环，因为它设置了中止自我调用的条件。

> 在电影里，醒过来的条件有两个：
> - 在梦里死掉；
> - 在梦里被踢出来（kicked）。
>
> 如果这两个条件一直不被满足，就会因为等待其中一个被满足而处于不定状态（limbo）——跟死循环一样，出不来了……

为了演示方便，我把电影的情节改成了下面这样：

> - 入梦，in_dream()，是一个递归函数。
> - 入梦之后醒过来的条件有两个：
>   - 在梦里死掉，dead is True；
>   - 在梦里被踢出来，kicked is True。
>   - 如果以上两个条件中有任意一个被满足，就会苏醒。

至于为什么会死掉、如何被 kicked，我偷了一下懒：管它怎样，反正每个条件被满足的概率都是 10%。也只有这样，我才能写出一个简短的、能够运行的"盗梦空间程序"。

把这个抽象的情节写成 Python 程序，看看一次入梦之后能睡多久。

```python
import random

def in_dream(day=0, dead=False, kicked=False):
    dead = not random.randrange(0,10) # 1/10 probability to be dead
    kicked = not random.randrange(0,10) # 1/10 probability to be kicked
    day += 1
    print('dead:', dead, 'kicked:', kicked)

    if dead:
        print((f"I slept {day} days, and was dead to wake up..."))
        return day
    elif kicked:
        print(f"I slept {day} days, and was kicked to wake up...")
```

```
        return day

    return in_dream(day)

print('The in_dream() function returns:', in_dream())
```

```
dead: False kicked: False
dead: False kicked: False
dead: False kicked: False
dead: False kicked: False
dead: False kicked: False
dead: False kicked: False
dead: False kicked: False
dead: True kicked: True
I slept 8 days, and was dead to wake up...
The in_dream() function returns: 8
```

如果疑惑为什么 random.randrange(0,10) 能表示 10% 的概率，请重新阅读第 5 章中关于布尔值的内容。

另外，在 Python 中，如果需要将某个值与 True 或者 False 进行比较（尤其在条件语句中），推荐的写法如下（参见 PEP 8[1]）——就像上面代码中的 if dead: 一样。

```
if condition:
    pass
```

不要写成下面这个样子，虽然这么写通常不妨碍程序正常运行[2]。

```
if condition is True:
    pass
```

也不要写成下面这个样子。

```
if condition == True:
    pass
```

我们接着讲递归函数。

正常的递归函数一定有一个退出条件，否则就无限循环下去了。下面的程序在执行一会儿之后就会告诉你：RecursionError: maximum recursion depth exceeded（如果前面那个"山上庙里讲故事的和尚说程序"运行起来，也是这样的）。

---

[1] https://www.python.org/dev/peps/pep-0008/。
[2] 参见 Stackoverflow 上的讨论 "Boolean identity == True vs is True"，https://stackoverflow.com/questions/27276610/boolean-identity-true-vs-is-true。

```
def x(n):
    return n * x(n-1)
x(5)
```

```
---------------------------------------------------------------------------

RecursionError                            Traceback (most recent call last)

<ipython-input-3-daa4d33fb39b> in <module>
    1 def x(n):
    2     return n * x(n-1)
----> 3 x(5)

<ipython-input-3-daa4d33fb39b> in x(n)
    1 def x(n):
----> 2     return n * x(n-1)
    3 x(5)

... last 1 frames repeated, from the frame below ...

<ipython-input-3-daa4d33fb39b> in x(n)
    1 def x(n):
----> 2     return n * x(n-1)
    3 x(5)

RecursionError: maximum recursion depth exceeded
```

不用深究"盗梦空间程序"的其他细节。相信通过以上三个递归程序[1]，你已经找到了
递归函数的共同特征：

> - 在 return 语句中返回的是自身的调用（或者含有自身的表达式）。
> - 为了避免出现死循环，一定要在至少一个条件下返回的不是自身调用。

变量的作用域

下面来看计算阶乘的程序。这次，我们把函数的名字写完整——factorial()。

```
def factorial(n):
    if n == 1:
        return 1
```

---

[1] 有点搞笑的"山上庙里讲故事的和尚说程序"和"盗梦空间程序"，以及用于计算阶乘的真正的递归程序。

```
    else:
        return n * factorial(n-1)

print(factorial(5))
```

```
120
```

最初，这个函数的执行流程之所以令人迷惑，是因为初学者对变量的**作用域**把握得不够充分。

变量根据作用域可以分为全局变量（Global Variables）和局部变量（Local Variables）。可以这样简化理解：

- 在函数内部被赋值然后使用的都是局部变量。它们的作用域是局部，无法被函数外部的代码调用。
- 在所有函数之外被赋值然后使用的是全局变量。它们的作用域是全局，在函数内外都可以被调用。

尽管定义如此，但程序员们通常会严格地遵守这样的原则：

在函数内部绝对不调用全局变量。

即便必须改变全局变量，也只通过函数的返回值在函数外部改变全局变量。

你也必须遵守这样的原则。

这样的原则也可以在日常工作和生活中被"调用"。

做事的原则：自己的事自己做；别人的事，最多通过自己的产出让他们自己去做。

仔细观察以下代码。当一个变量被当成参数传递给一个函数的时候，这个变量本身不会被函数改变。例如，a = 5，在把 a 当成参数传递给 factorial(a) 的时候，这个函数当然应该返回它内部的任务完成之后应该传递回来的值，但 a 本身不会被改变。

```
def factorial(n):
    if n == 1:
        return 1
    else:
        return n * factorial(n-1)

a = 5
b = factorial(a)    # a 并不会因此改变
print(a, b)
a = factorial(a)    # 再一次主动为 a 赋值
print(a, b)
```

```
5 120
120 120
```

理解了这一点之后，再看 factorial() 这个递归函数的递归执行过程，你就会明白这样一个事实：

> 每次 factorial(n) 被调用的时候，都会形成一个作用域，变量 n 作为参数把它的值传递给函数，但变量 n 本身不会被改变。

我们再修改一下上面的代码：

```python
def factorial(n):
    if n == 1:
        return 1
    else:
        return n * factorial(n-1)

n = 5              # 这一次，这个变量的名称是 n
m = factorial(n)   # n 并不会因此改变
print(n, m)
```

```
5 120
```

在 m = factorial(n) 这一句中，n 被 factorial() 当成参数调用了。但是，无论函数内部如何操作，都不会改变变量 n 的值。

一个关键点是：在函数内部出现的变量 n 和函数外部的变量 n 不是一回事，**它们只是名称恰好相同而已**。在定义函数的参数时，如果使用其他名称，结果是一样的。

```python
def factorial(x):  # 在这个语句块中出现的变量都是局部变量
    if x == 1:
        return 1
    else:
        return x * factorial(x-1)

n = 5              # 这一次，这个变量的名称是 n
m = factorial(n)   # n 并不会因此改变
print(n, m)
# 这个例子和之前、再之前的示例代码有什么区别吗
# 本质上没有区别，只是变量名称不一样而已
```

```
5 120
```

当函数开始执行的时候，x 的值是由外部代码（即，函数被调用的那一句）传递进来的。即便函数内部的变量名称与函数外部的变量名称相同，它们也不是同一个变量。

递归函数三原则

现在可以简单地总结一下了。

一个递归函数之所以是一个有用、有效的递归函数，是因为它要遵守"递归三原则"，就像一个机器人之所以是一个合格的机器人，是因为它遵循阿西莫夫三铁律（Three Laws of Robotics）一样[1]。

- 递归函数必须在内部调用它自己。
- 递归函数必须有一个退出条件。
- 在递归过程中，递归函数必须能够逐步达到退出条件。

根据这个三原则，`factorial()` 是一个合格且有效的递归函数，因为它不仅满足第一条和第二条，还满足第三条中的"逐步达到"！而那个"盗梦空间程序"就不太合格了，虽然它满足第一条和第二条，就连第三条都差点蒙混过关，但它不是逐步达到的，而是不管怎样肯定能达到的——明显不是一回事。其实，"盗梦空间程序"就是一个有趣的类比例子而已——有 `factorial()` 函数这样的"正面"例子，"盗梦空间程序"作为"负面"的例子，也算是圆满完成任务了！

初学者好不容易搞明白递归函数究竟是怎么回事之后，往往会不由自主地想：我如何才能学会"递归式思考"呢？然而，这种想法本身可能就不"正确"，或者说不"准确"。

准确地讲，递归是一种解决问题的方式。当我们需要解决的问题可以被逐步拆分成很多个小模块，而且每个小模块都能用同一种算法处理的时候，使用递归函数最为简洁、有效。因此，只有在遇到可以用递归函数去解决的问题时，才需要使用递归函数。从这个角度看，递归函数是程序员为了方便自己而使用的，并不是为了方便计算机而使用的。计算机嘛，给它的任务多一点或者少一点，对它来说差别不大，反正它只要有电就能运转，还不需要自己付电费——开个玩笑。

从理论上讲，所有能用递归函数能完成的任务，不用递归函数也能完成，只不过要写的代码多了一点，看起来没有那么优美而已。

另外，递归不像序列类型[2]那样，是某种编程语言的特有属性。递归既是一种特殊的算法，也是一种编程技巧。任何编程语言都可以使用递归算法，也都可以通过编写递归函数巧妙地解决问题。

---

[1] 关于阿西莫夫三铁律的类比，来自著名的 Python 教程 *Think Python: How to Think Like a Computer Scientist*, http://greenteapress.com/thinkpython2/html/index.html。
[2] 参见本书第 5 章第 3 节"流程控制"。

事实上，"学习递归函数很烧脑"才是最大的好事。从迷惑，到不太迷惑，到清楚，到很清楚，再到特别清楚——这是一个非常有趣、非常有成就感的过程。在这个过程中磨炼的是我们的脑力。此后，再遇到大多数人难以理解的东西，我们就可以使用这一次积累的经验和经过磨炼的脑力了——有意思。

现在，这本书封面上那段"伪代码"应该很容易理解了：

```
def teach_yourself(anything):
    while not create():
        learn()
        practice()
    return teach_yourself(another)

teach_yourself(coding)
```

自学真就是个递归函数呢。

思考与练习

在普林斯顿大学网站的一个网页中有很多递归的例子：

> https://introcs.cs.princeton.edu/java/23recursion/

第 11 章 第 5 节

函数的文档

在调用函数的时候，你就像函数这个产品的用户。而写一个函数，就像做一个产品，这个产品将来可能会被很多用户使用，包括你自己。

产品，就应该有产品说明书，别人用得着，你自己也用得着——很久之后的你，很可能把各种来龙去脉忘得一干二净，所以你同样需要产品说明书——别看那产品是你自己设计的。

Python 在这方面很用功，把函数的"产品说明书"当成了编程语言内部的功能。这也是 Python 拥有 Sphinx 这种工具，而绝大多数其他编程语言没有的原因之一吧。

Docstring

在函数定义内部，我们可以加上 Docstring——该函数的"产品说明书"。这样，将来函数的"用户"就可以通过内建函数 help() 或者 Method .__doc__ 查看这个 Docstring 了。

我们先看一个查看函数的 Docstring 的例子。

```
def is_prime(n):
    """
    Return a boolean value based upon
    whether the argument n is a prime number.
    """
    if n < 2:
        return False
```

```
    if n == 2:
        return True
    for m in range(2, int(n**0.5)+1):
        if (n % m) == 0:
            return False
        else:
            return True

help(is_prime)
print(is_prime.__doc__)
is_prime.__doc__
```

```
Help on function is_prime in module __main__:

is_prime(n)
    Return a boolean value based upon
    whether the argument n is a prime number.

    Return a boolean value based upon
    whether the argument n is a prime number.

'\n    Return a boolean value based upon\n    whether the argument n is a prime
number.\n    '
```

Docstring 可以是多行字符串，也可以是单行字符串。

```
def is_prime(n):
    """Return a boolean value based upon whether the argument n is a prime
number."""

    if n < 2:
        return False
    if n == 2:
        return True
    for m in range(2, int(n**0.5)+1):
        if (n % m) == 0:
            return False
        else:
            return True

help(is_prime)
print(is_prime.__doc__)
is_prime.__doc__
```

```
Help on function is_prime in module __main__:

is_prime(n)
```

```
    Return a boolean value based upon whether the argument n is a prime number.

Return a boolean value based upon whether the argument n is a prime number.

'Return a boolean value based upon whether the argument n is a prime number.'
```

如果 Docstring 存在，它不仅必须位于函数定义的内部语句块的开头，也必须与其他语句一样保持相应的缩进（Indention）。如果 Docstring 被放在其他地方，它是不会起作用的。

```python
def is_prime(n):
    if n < 2:
        return False
    if n == 2:
        return True
    for m in range(2, int(n**0.5)+1):
        if (n % m) == 0:
            return False
    else:
        return True
    """
    Return a boolean value based upon
    whether the argument n is a prime number.
    """

help(is_prime)
print(is_prime.__doc__)
is_prime.__doc__
```

```
Help on function is_prime in module __main__:

is_prime(n)

None
```

书写 Docstring 的规范

规范，虽然是人们最容易遵守的，但通常是很多人没有遵守的。

既然学，就要**像样**——这真的很重要。所以，我们非常有必要认真阅读 Python PEP 257[1] 中关于 Docstring 的规范。

---

[1] https://www.python.org/dev/peps/pep-0257/。

简要总结一下 PEP 257 中必须掌握的规范：

- 无论是单行还是多行的 Docstring，一概使用三个双引号引起来。
- 在 Docstring 内部，文字之前及之后都不要有空行。
- 在多行 Docstring 中，第一行是概要，随后空一行，再写其他部分。
- 完善的 Docstring 应该清楚地概括参数、返回值、可能触发的错误类型、可能的副作用、函数的使用限制等内容。
- 每个参数的说明都使用单独的一行来展现。

  ……

由于我们还没有开始研究 Class，关于 Class 的 Docstring 应该遵守什么样的规范就先略过。然而，我们仍然需要反复阅读和参照这些规范。

关于 Docstring，有两个规范文件非常重要。

- PEP 257 – Docstring Convensions

  https://www.python.org/dev/peps/pep-0257/
- PEP 258 – Docutils Design Specification

  https://www.python.org/dev/peps/pep-0258/

需要**格外注意**：

因为 Docstring 是**写给人看的**，所以，在复杂代码的 Docstring 中，写 Why 远比写 What 重要。

先记住这一点，以后你的体会自然会不断加深。

Sphinx 版本的 Docstring 规范

Sphinx 可以从 .py 文件里提取所有 Docstring，生成完整的 Documentation。如果将来写大型项目，需要生成完善的文档，你就会发现 Sphinx 是个能"救命"的家伙——省时、省力、省心、省命。

在这里，我没办法一下子讲清楚 Sphinx 的使用，尤其在它使用了一种专属的标记语言[1]的情况下，但我们可以看一个例子：

```
class Vehicle(object):
    '''
    The Vehicle object contains lots of vehicles
    :param arg: The arg is used for ...
```

---

[1] reStructureText，文件后缀为 .rst。

```
    :type arg: str
    :param `*args`: The variable arguments are used for ...
    :param `**kwargs`: The keyword arguments are used for ...
    :ivar arg: This is where we store arg
    :vartype arg: str
    '''

    def __init__(self, arg, *args, **kwargs):
        self.arg = arg

    def cars(self, distance, destination):
        '''We can't travel a certain distance in vehicles without fuels, so
here's the fuels

        :param distance: The amount of distance traveled
        :type amount: int
        :param bool destinationReached: Should the fuels be refilled to cover
required distance?
        :raises: :class:`RuntimeError`: Out of fuel

        :returns: A Car mileage
        :rtype: Cars
        '''
        pass

help(Vehicle)
```

```
Help on class Vehicle in module __main__:

class Vehicle(builtins.object)
 |  Vehicle(arg, *args, **kwargs)
 |
 |  The Vehicle object contains lots of vehicles
 |  :param arg: The arg is used for ...
 |  :type arg: str
 |  :param `*args`: The variable arguments are used for ...
 |  :param `**kwargs`: The keyword arguments are used for ...
 |  :ivar arg: This is where we store arg
 |  :vartype arg: str
 |
 |  Methods defined here:
 |
 |  __init__(self, arg, *args, **kwargs)
 |      Initialize self.  See help(type(self)) for accurate signature.
 |
 |  cars(self, distance, destination)
 |      We can't travel a certain distance in vehicles without fuels, so here's
```

```
the fuels
  |
  |        :param distance: The amount of distance traveled
  |        :type amount: int
  |        :param bool destinationReached: Should the fuels be refilled to cover
required distance?
  |        :raises: :class:`RuntimeError`: Out of fuel
  |
  |        :returns: A Car mileage
  |        :rtype: Cars
  |
  |        ------------------------------------------------------------------------
  |        Data descriptors defined here:
  |
  |        __dict__
  |           dictionary for instance variables (if defined)
  |
  |        __weakref__
  |           list of weak references to the object (if defined)
```

通过插件，Sphinx 也能支持 Google Style Docstring 和 Numpy Style Docstring。
以下两个链接放在这里，以便你将来查询。

- sphinx.ext.napoleon – Support for NumPy and Google style docstrings

  http://www.sphinx-doc.org/en/master/usage/extensions/napoleon.html

- sphinx.ext.autodoc – Include documentation from docstrings

  https://www.sphinx-doc.org/en/master/usage/extensions/autodoc.html

第 11 章 第 6 节

保存到文件的函数

写好的函数，当然最好保存起来，以便将来随时调用。

模块

我们可以将以下内容保存到一个名为 "mycode.py" 的文件中。这种可以被外部调用的 .py 文件有个专门的名字——**模块**（Module）[1]。任何一个 .py 文件都可以被称作模块。

```python
# %load mycode.py
# 当前这个 Code Cell 中的代码，保存在当前文件夹的 mycode.py 文件中
# 以下代码是使用 Jupyter 命令 %load mycode.py 导入当前 Code Cell 的

def is_prime(n):
    """
    Return a boolean value based upon
    whether the argument n is a prime number.
    """
    if n < 2:
        return False
    if n == 2:
        return True
```

---

[1] https://docs.python.org/3/tutorial/modules.html。

```
    for m in range(2, int(n**0.5)+1):
        if (n % m) == 0:
            return False
    else:
        return True

def say_hi(*names, greeting='Hello', capitalized=False):
    """
    Print a string, with a greeting to everyone.
    :param *names: tuple of names to be greeted.
    :param greeting: 'Hello' as default.
    :param capitalized: Whether name should be converted to capitalized before
print. False as default.
    :returns: None
    """
    for name in names:
        if capitalized:
            name = name.capitalize()
        print(f'{greeting}, {name}!')
```

此后，我们就可以在其他地方像下面这样使用了（以上代码已经保存在当前工作目录下的 mycode.py 文件中了）。

```
from IPython.core.interactiveshell import InteractiveShell
InteractiveShell.ast_node_interactivity = "all"

import mycode

help(mycode.is_prime)
help(mycode.say_hi)

mycode.__name__
mycode.is_prime(3)
mycode.say_hi('mike', 'zoe')
```

```
Help on function is_prime in module mycode:

is_prime(n)
    Return a boolean value based upon
    whether the argument n is a prime number.

Help on function say_hi in module mycode:

say_hi(*names, greeting='Hello', capitalized=False)
    Print a string, with a greeting to everyone.
    :param *names: tuple of names to be greeted.
    :param greeting: 'Hello' as default.
```

```
    :param capitalized: Whether name should be converted to capitalzed before
print. False as default.
    :returns: None

'mycode'

True

Hello, mike!
Hello, zoe!
```

这个模块的名称是"mycode"。

模块文件系统目录检索顺序

当我们对 Python 说 `import ...` 的时候，它会去寻找我们所指定的文件。这个文件的名称应该由 `import` 语句后面引用的名称和".py"构成。Python 会按照以下顺序寻找文件。

> 先看内建模块里有没有我们所指定的名称。

> 如果没有，就按照 `sys.path` 返回的目录列表的顺序寻找。

可以通过以下代码查看当前机器的 `sys.path`。

```
import sys
sys.path
```

在 `sys.path` 返回的目录列表中，当前工作目录排在第一位。

有时我们需要指定检索目录。因为我们知道自己要使用的模块文件在什么位置，所以可以用 `sys.path.append()` 添加一个搜索位置。

```
import sys
sys.path.append("/My/Path/To/Module/Directory")
import my_module
```

系统内建的模块

可以使用以下代码获取系统内建模块的列表。

```
from IPython.core.interactiveshell import InteractiveShell
InteractiveShell.ast_node_interactivity = "all"
import sys
```

```
sys.builtin_module_names
"_sre" in sys.builtin_module_names # True
"math" in sys.builtin_module_names # False
```

```
('_abc',
 '_ast',
 '_codecs',
  ...
  'time',
 'xxsubtype',
 'zipimport')
True
False
```

跟变量名、函数名不能与关键字重名一样，我们自己取的模块名称最好不要与系统内建模块名称重合。

引入指定模块中的特定函数

当使用 import mycode 的时候，会向当前工作空间引入 mycode 文件中定义的所有函数，相当于：

```
from mycode import *
```

其实，可以只引入当前需要的函数。例如，只引入 is_prime() 函数。

```
from mycode import is_prime
```

在这种情况下，就不必使用 mycode.is_prime() 了。我们可以像这个函数就写在当前工作空间中一样，直接写 is_prime() 函数。

```
from mycode import is_prime
is_prime(3)
```

```
True
```

需要注意的是：如果当前目录中没有 mycode.py 文件，那么"mycode"会被当成目录名再尝试一次；如果当前目录中有一个名为"mycode"的目录（或称"文件夹"），且同时该目录下存在文件 __init__.py[1]，那么 from mycode import * 的作用就是将 mycode 文件夹中

---

[1] __init__.py 通常为空文件，用于标识本目录形成一个包含多个模块的包（packages），它们处在一个独立的命名空间（namespace）中。

的所有 .py 文件导入。

如果我们想导入 foo 目录中的模块文件 bar.py，可以这样写：

```
import foo.bar
```

或者这样写：

```
from foo import bar
```

引入并使用化名

有的时候，或者为了避免混淆，或者为了避免输入太多字符，我们可以为引入的函数设定**化名**[1]，然后使用化名来调用函数。

```
from mycode import is_prime as isp
isp(3)
```

```
True
```

我们甚至可以给整个模块取化名。

```
from IPython.core.interactiveshell import InteractiveShell
InteractiveShell.ast_node_interactivity = "all"

import mycode as m

m.is_prime(3)
m.say_hi('mike', 'zoe')
```

```
True
Hello, mike!
Hello, zoe!
```

模块中不一定只有函数

在一个模块文件中，不一定只有函数，也可以存在函数之外的可执行代码。不过，在 import 语句执行的时候，模块中非函数部分的可执行代码只能执行一次。

---

[1] 参见本书第 11 章第 3 节 "化名与匿名"。

Python 有一个"彩蛋"，恰好是可以用在此处的最佳例子——this 模块，文件名是 this.py。

```
import this
```

```
The Zen of Python, by Tim Peters

Beautiful is better than ugly.
Explicit is better than implicit.
Simple is better than complex.
Complex is better than complicated.
Flat is better than nested.
Sparse is better than dense.
Readability counts.
Special cases aren't special enough to break the rules.
Although practicality beats purity.
Errors should never pass silently.
Unless explicitly silenced.
In the face of ambiguity, refuse the temptation to guess.
There should be one-- and preferably only one --obvious way to do it.
Although that way may not be obvious at first unless you're Dutch.
Now is better than never.
Although never is often better than *right* now.
If the implementation is hard to explain, it's a bad idea.
If the implementation is easy to explain, it may be a good idea.
Namespaces are one honking great idea -- let's do more of those!
```

这个 this 模块中的代码如下。

```
s = """Gur Mra bs Clguba, ol Gvz Crgref
Ornhgvshy vf orggre guna htyl.
Rkcyvpvg vf orggre guna vzcyvpvg.
Fvzcyr vf orggre guna pbzcyrk.
Pbzcyrk vf orggre guna pbzcyvpngrq.
Syng vf orggre guna arfgrq.
Fcnefr vf orggre guna qrafr.
Ernqnovyvgl pbhagf.
Fcrpvny pnfrf nera'g fcrpvny rabhtu gb oernx gur ehyrf.
Nygubhtu cenpgvpnyvgl orngf chevgl.
Reebef fubhyq arire cnff fvyragyl.
Hayrff rkcyvpvgyl fvyraprq.
Va gur snpr bs nzovthvgl, ershfr gur grzcgngvba gb thrff.
Gurer fubhyq or bar-- naq cersrenoyl bayl bar --boivbhf jnl gb qb vg.
Nygubhtu gung jnl znl abg or boivbhf ng svefg hayrff lbh'er Qhgpu.
Abj vf orggre guna arire.
Nygubhtu arire vf bsgra orggre guna *evtug* abj.
Vs gur vzcyrzragngvba vf uneq gb rkcynva, vg'f n onq vqrn.
```

```
Vs gur vzcyrzragngvba vf rnfl gb rkcynva, vg znl or n tbbq vqrn.
Anzrfcnprf ner bar ubaxvat terng vqrn -- yrg'f qb zber bs gubfr!"""

d = {}
for c in (65, 97):
    for i in range(26):
        d[chr(i+c)] = chr((i+13) % 26 + c)

print("".join([d.get(c, c) for c in s]))
```

尽管这个 this.py 文件中没有函数，但在这个文件里定义的变量，我们都可以在 import this 之后找到。

```
from IPython.core.interactiveshell import InteractiveShell
InteractiveShell.ast_node_interactivity = "all"

import this
this.d
this.s
```

```
{'A': 'N',
 'B': 'O',
 'C': 'P',
 ...
 'x': 'k',
 'y': 'l',
 'z': 'm'}
```

```
"Gur Mra bs Clguba, ol Gvz Crgref\n\nOrnhgvshy vf orggre guna htyl.\nRkcyvpvg
vf orggre guna vzcyvpvg.\nFvzcyr vf orggre guna pbzcyrk.\nPbzcyrk vf orggre
guna pbzcyvpngrq.\nSyng vf orggre guna arfgrq.\nFcnefr vf orggre guna qrafr.\
nErnqnovyvgl pbhagf.\nFcrpvny pnfrf nera'g fcrpvny rabhtu gb oernx gur ehyrf.\
nNygubhtu cenpgvpnyvgl orngf chevgl.\nReebef fubhyq arire cnff fvyragyl.\nHayrff
rkcyvpvgyl fvyraprq.\nVa gur snpr bs nzovthvgl, ershfr gur grzcgngvba gb thrff.\
nGurer fubhyq or bar-- naq cersrenoyl bayl bar --boivbhf jnl gb qb vg.\nNygubhtu
gung jnl znl abg or boivbhf ng svefg hayrff lbh'er Qhgpu.\nAbj vf orggre guna
arire.\nNygubhtu arire vf bsgra orggre guna *evtug* abj.\nVs gur vzcyrzragngvba
vf uneq gb rkcynva, vg'f n onq vqrn.\nVs gur vzcyrzragngvba vf rnfl gb rkcynva,
vg znl or n tbbq vqrn.\nAnzrfcnprf ner bar ubaxvat terng vqrn -- yrg'f qb zber bs
gubfr!"
```

试着独立阅读这个文件里的代码，看看能否读懂——对初学者来说，还是挺练脑子的。

在这段代码中，先通过一个规则生成了一个密码表，将密码表保存在字典 d 中，再将变量 s 中保存的"密文"翻译成了英文。

你还可以试试，看自己能否写出一个能把一段英文加密变成跟它一样的"密文"的函数。

dir() 函数

当我们将自己写的函数保存在模块里之后，这个函数的用户（当然包括我们自己）就可以使用 dir() 函数查看模块中的变量名称和函数名称了。

```
import mycode
dir(mycode)
```

```
['__builtins__',
 '__cached__',
 '__doc__',
 '__file__',
 '__loader__',
 '__name__',
 '__package__',
 '__spec__',
 'is_prime',
 'say_hi']
```

第 11 章 第 7 节

测试驱动开发

写一个函数，或者写一个程序，就相当于"实现一个算法"。所谓"算法"，Wikipedia 上的定义是这样的：

> In mathematics and computer science, an **algorithm** is an unambiguous specification of how to solve a class of problems. Algorithms can perform calculation, data processing, and automated reasoning tasks.

其实"算法"没有多神秘，就是"解决问题的步骤"而已。

在前面提到过一个判断年份是否为闰年的函数 [1]。

> 让我们写一个判断闰年年份的函数 is_leap()。这个函数接收一个年份，并将其作为参数，若是闰年就返回 True，否则返回 False。
>
> 根据闰年的定义：
>
> • 年份的值应该是 4 的倍数；
>
> • 年份的值能被 100 整除但不能被 400 整除的，不是闰年。
>
> 所以，我们要在值能被 4 整除的年份中排除那些值能被 100 整除却不能被 400 整除的。

不要往回翻，现在自己动手尝试写出这个函数。你会发现，这并不容易。

---

[1] 参见本书第 11 章第 1 节"关于参数（上）"。

```
def is_leap(year):
    pass
```

第一步就和很多人想象中的不一样，并不是一上来就写，而假定这个函数已经写完了，验证它返回的结果对不对。

这种"先想办法验证结果，再根据结果倒推"的开发方式是一种很有效的方法论，叫作"Test Driven Development"——以测试为驱动的开发。

如果我写的 is_leap(year) 是正确的，那么：

> - is_leap(4) 的返回值应该是 True；
>
> - is_leap(200) 的返回值应该是 False；
>
> - is_leap(220) 的返回值应该是 True；
>
> - is_leap(400) 的返回值应该是 True。

以上四种情况，只不过是根据算法"考虑全面"的结果——你自己试试就知道了，再简单的事，想要"考虑全面"，好像都不容易。所以，在写 def is_leap(year) 的内容之前，我用 pass 把位置占上，并在后面添加了四个用来测试结果的语句。这四个语句的值，现在当然都是 False。等我把整个函数写完了，写正确了，这四个语句的值都应该变成 True。

```
from IPython.core.interactiveshell import InteractiveShell
InteractiveShell.ast_node_interactivity = "all"

def is_leap(year):
    pass

is_leap(4) is True
is_leap(200) is False
is_leap(220) is True
is_leap(400) is True
```

```
False

False

False

False
```

考虑到更多的年份不是闰年，排除顺序大抵是这样的：

> 首先，假定所有的年份都不是闰年；
>
> 其次，看看年份所对应的值是否能被 4 整除；
>
> 最后，剔除那些能被 100 整除但不能被 400 整除的年份。

我们先实现第一条：假定所有的年份都不是闰年。

```python
from IPython.core.interactiveshell import InteractiveShell
InteractiveShell.ast_node_interactivity = "all"

def is_leap(year):
    r = False
    return r

is_leap(4) is True
is_leap(200) is False
is_leap(220) is True
is_leap(400) is True
```

```
False
True
False
False
```

然后，实现"年份的值应该是 4 的倍数"。

```python
from IPython.core.interactiveshell import InteractiveShell
InteractiveShell.ast_node_interactivity = "all"

def is_leap(year):
    r = False
    if year % 4 == 0:
        r = True
    return r

is_leap(4) is True
is_leap(200) is False
is_leap(220) is True
is_leap(400) is True
```

```
True
False
True
True
```

现在剩下最后一条了：剔除那些能被 100 整除但不能被 400 整除的年份。

以 200 这个参数值为例：

- 因为它能被 4 整除，所以，使 r = True。
- 看看它是否能被 100 整除——能。既然如此，再看看它是否能被 400 整除。
    - 如果不能，就让 r = False；
    - 如果能，就保留 r 的值。

如此这般，200 肯定使得 r = False。

```python
from IPython.core.interactiveshell import InteractiveShell
InteractiveShell.ast_node_interactivity = "all"

def is_leap(year):
    r = False
    if year % 4 == 0:
        r = True
        if year % 100 == 0:
            if year % 400 !=0:
                r = False
    return r

is_leap(4) is True
is_leap(200) is False
is_leap(220) is True
is_leap(400) is True
```

```
True
True
True
True
```

尽管整个过程看上去很直观，但真的自己从头到尾操作，就可能四处出错。

Python 内建库中的 datetime.py 模块里的代码更简洁，之前我们一起看过：

```python
# cpython/Lib/datetime.py
def _is_leap(year):
    return year % 4 == 0 and (year % 100 != 0 or year % 400 == 0)
_is_leap(300)
```

```
False
```

尝试自己动手，从写测试代码开始，逐步实现——不允许复制和粘贴，哈哈。

在 Python 语言中，有专门用来"试错"的流程控制[1] 机制。今天，绝大多数编程语言都有这种"试错语句"。当一个程序开始执行的时候，有两种错误可能会导致程序执行失败：

- 语法错误（Syntax Errors）
- 意外（Exceptions）

例如，在 Python 3 中，如果写的是 print i 而不是 print(i)，那么犯的是语法错误。这时，解析器会直接提醒我们在第几行犯了什么样的语法错误。当程序中存在语法错误的时候，程序无法启动和执行。

有时会出现这种情况：语法完全正确，但还是出现了**意外**。因为只要没有语法错误，程序就可以启动，所以，这种错误都是在程序执行之后发生的（Runtime Errors）。例如，写的是 print(11/0)：

```
print(11/0)
```

```
---------------------------------------------------------------------------

ZeroDivisionError                         Traceback (most recent call last)

<ipython-input-2-5544d98276be> in <module>
----> 1 print(11/0)

ZeroDivisionError: division by zero
```

虽然这个语句本身没有语法错误，但这个表达式是无法被处理的。于是，它触发了错误 ZeroDivisionError，而这个"意外"使得程序不能继续执行。

在 Python 中定义了大量的常见"意外"，并按层级进行了分类。

在读完本书的第 3 部分后，可以重新阅读以下官方文档：

https://docs.python.org/3/library/exceptions.html

```
BaseException
 +-- SystemExit
 +-- KeyboardInterrupt
 +-- GeneratorExit
 +-- Exception
     +-- StopIteration
     +-- StopAsyncIteration
     +-- ArithmeticError
     |    +-- FloatingPointError
     |    +-- OverflowError
```

---

[1] 参见本书第 5 章第 3 节"流程控制"。

```
|     +-- ZeroDivisionError
+-- AssertionError
+-- AttributeError
+-- BufferError
+-- EOFError
+-- ImportError
|     +-- ModuleNotFoundError
+-- LookupError
|     +-- IndexError
|     +-- KeyError
+-- MemoryError
+-- NameError
|     +-- UnboundLocalError
+-- OSError
|     +-- BlockingIOError
|     +-- ChildProcessError
|     +-- ConnectionError
|     |     +-- BrokenPipeError
|     |     +-- ConnectionAbortedError
|     |     +-- ConnectionRefusedError
|     |     +-- ConnectionResetError
|     +-- FileExistsError
|     +-- FileNotFoundError
|     +-- InterruptedError
|     +-- IsADirectoryError
|     +-- NotADirectoryError
|     +-- PermissionError
|     +-- ProcessLookupError
|     +-- TimeoutError
+-- ReferenceError
+-- RuntimeError
|     +-- NotImplementedError
|     +-- RecursionError
+-- SyntaxError
|     +-- IndentationError
|          +-- TabError
+-- SystemError
+-- TypeError
+-- ValueError
|     +-- UnicodeError
|          +-- UnicodeDecodeError
|          +-- UnicodeEncodeError
|          +-- UnicodeTranslateError
+-- Warning
      +-- DeprecationWarning
      +-- PendingDeprecationWarning
      +-- RuntimeWarning
      +-- SyntaxWarning
```

```
    +-- UserWarning
    +-- FutureWarning
    +-- ImportWarning
    +-- UnicodeWarning
    +-- BytesWarning
    +-- ResourceWarning
```

以 FileNotFoundError 为例。在打开一个文件之前，其实应该有一个提前验证这个文件是否存在的办法。如果文件不存在，就会发生"意外"。

```
f = open('test_file.txt', 'r')
```

```
-------------------------------------------------------------------------
FileNotFoundError                           Traceback (most recent call last)

<ipython-input-3-5fac19176fe6> in <module>
----> 1 f = open('test_file.txt', 'r')

FileNotFoundError: [Errno 2] No such file or directory: 'test_file.txt'
```

在 Python 中，我们可以用 try 语句块去执行那些可能出现"意外"的语句。try 也可以配合 except、else、finally 使用。从另外一个角度看，try 是一种特殊的流程控制机制，专注于"当意外发生时应该怎么办"。

```
try:
    f = open('test_file.txt', 'r')
except FileNotFoundError as fnf_error:
    print(fnf_error)
```

```
[Errno 2] No such file or directory: 'test_file.txt'
```

如此这般，结果是：

> 当程序中的语句 f = open('test_file.txt', 'r') 因为 test_file.txt 文件不存在而发生"意外"时，except 语句块会接管流程。又因为我们在 except 语句块中指定了 FileNotFoundError，所以，若 FileNotFoundError 发生了，那么 except 语句块中的代码 print(fnf_error) 会被执行。

可以使用的试错流程还有以下变种：

```
try:
    do_something()
except built_in_error as name_of_error:
    do_something()
else:
    do_something()
```

或者：

```
try:
    do_something()
except built_in_error as name_of_error:
    do_something()
else:
    do_something()
finally:
    do_something()
```

甚至可以使用嵌套语句：

```
try:
    do_something()
except built_in_error as name_of_error:
    do_something()
else:
    try:
        do_something()
    except built_in_error as name_of_error:
        do_something()
...
```

更多关于错误处理的内容，请在阅读完本书第 3 部分中与 Class 相关的内容之后，再详细阅读以下官方文档。

- Errors and Exceptions

  https://github.com/selfteaching/the-craft-of-selfteaching/blob/master/markdown/docs.

  python.org/3/tutorial/errors.html

- Built-in Exceptions

  https://docs.python.org/3/library/exceptions.html

- Handling Exceptions

  https://wiki.python.org/moin/HandlingExceptions

在理论上，不应该给这一节套上"测试驱动开发"这么大的标题，因为在实际开发过程中，测试驱动开发要使用更为强大、更为复杂的模块、框架和工具——起码要使用 Python 内建库中的 unittest 模块 [1]。

在写程序的过程中，为别人（和将来的自己）写注释、写 Docstring，为保障程序的结果全面正确而写测试代码，或者干脆在最初就因为考虑到各种意外而使用试错语句块……明明是"天经地义"的事情，很多人却因为怕麻烦而不去做。

这是"聪明反被聪明误"的最好示例长期堆积的地方。很多人真的因为自己很聪明，才觉得没必要这么麻烦，就像苏格拉底仗着自己过目不忘就鄙视所有记笔记的人一样。但是，随着时间的推移和工程代码量的增大，到最后，"聪明人"会被自己"坑"了。聪明本身无法搞定工程，能搞定工程的是智慧。苏格拉底自己没有完成任何工程，是他的学生柏拉图不顾他的嘲笑用纸和笔记录了一切，也正因如此，柏拉图的学生亚里士多德才有机会受到苏格拉底的启发，写出了《前分析篇》（*Prior Analytics*），提出了对人类影响至今的"三段论"。

千万不要因为这一部分中所举的例子太简单而迷惑。刻意选择简单的例子，是为了让你更容易集中精力去理解关于"自己动手写函数"的方方面面。当你真的动手去做，哪怕去阅读真实的工程代码时，就会发现，这一部分内容的难度还是很高的——现在的"轻敌"，会造成以后的"溃败"。

现在还不是时候——等你完成整本书中的程序，记得回来阅读下面的内容。

- doctest − Test interactive Python examples

  https://docs.python.org/3/library/doctest.html
- unittest − Unit testing framework

  https://docs.python.org/3/library/unittest.html

---

[1] https://docs.python.org/3/library/unittest.html。

第 11 章 第 8 节

可执行的 Python 文件

从理论上讲，我们可以把任何一个程序——无论大小——都封装（或者囊括）到一个函数之中。按照惯例（Convention），这个函数叫作 <u>main()</u> 函数。

```python
def routine_1():
    print('Routine 1 done.')

def routine_2():
    sub_routine_1()
    sub_routine_2()
    print('Routine 2 done.')

def sub_routine_1():
    print('Sub-routine 1 done.')

def sub_routine_2():
    print('Sub-routine 2 done.')

def main():
    routine_1()
    routine_2()
    print('This is the end of the program.')

if __name__ == '__main__':
    main()
```

```
Routine 1 done.
Sub-routine 1 done.
Sub-routine 2 done.
Routine 2 done.
This is the end of the program.
```

当一个模块（其实就是存有 Python 代码的 .py 文件，例如 mycode.py）被 `import` 语句导入的时候，这个模块的 `__name__` 就是模块名，例如 `'mycode'`。而当一个模块被命令行运行的时候，这个模块的 `__name__` 会被 Python 解释器设定为 `'__main__'`。

把一个程序封装到 `main()` 函数中，然后在模块代码里添加以下内容。

```
if __name__ == '__main__':
    main()
```

这么做的结果是：

> 当 Python 文件作为模块被 `import` 语句导入的时候，`if` 判断失败，`main()` 函数不会执行；

> 当 Python 文件被 `python -m` 运行的时候，`if` 判断成功，`main()` 函数将会执行。

还记得那个 Python 的 "彩蛋" [1] 吗？ `this.py` 的代码如下。

```
s = """Gur Mra bs Clguba, ol Gvz Crgref
Ornhgvshy vf orggre guna htyl.
Rkcyvpvg vf orggre guna vzcyvpvg.
Fvzcyr vf orggre guna pbzcyrk.
Pbzcyrk vf orggre guna pbzcyvpngrq.
Syng vf orggre guna arfgrq.
Fcnefr vf orggre guna qrafr.
Ernqnovyvgl pbhagf.
Fcrpvny pnfrf nera'g fcrpvny rabhtu gb oernx gur ehyrf.
Nygubhtu cenpgvpnyvgl orngf chevgl.
Reebef fubhyq arire cnff fvyragyl.
Hayrff rkcyvpvgyl fvyraprq.
Va gur snpr bs nzovthvgl, ershfr gur grzcgngvba gb thrff.
Gurer fubhyq or bar-- naq cersrenoyl bayl bar --boivbhf jnl gb qb vg.
Nygubhtu gung jnl znl abg or boivbhf ng svefg hayrff lbh'er Qhgpu.
Abj vf orggre guna arire.
Nygubhtu arire vf bsgra orggre guna *evtug* abj.
Vs gur vzcyrzragngvba vf uneq gb rkcynva, vg'f n onq vqrn.
Vs gur vzcyrzragngvba vf rnfl gb rkcynva, vg znl or n tbbq vqrn.
Anzrfcnprf ner bar ubaxvat terng vqrn -- yrg'f qb zber bs gubfr!"""
```

---

[1] 参见本书第 11 章第 6 节 "保存到文件的函数"。

```
d = {}
for c in (65, 97):
    for i in range(26):
        d[chr(i+c)] = chr((i+13) % 26 + c)

print("".join([d.get(c, c) for c in s]))
```

所以，只要 "import this"，this.py 中的代码就会执行。

```
import this
```

在当前目录下有一个 that.py 文件，它的内容如下（其实就是把 this.py 中的代码封装到 main() 函数中）。

```
# %load that.py
def main():

    s = """Gur Mra bs Clguba, ol Gvz Crgref
Ornhgvshy vf orggre guna htyl.
Rkcyvpvg vf orggre guna vzcyvpvg.
Fvzcyr vf orggre guna pbzcyrk.
Pbzcyrk vf orggre guna pbzcyvpngrq.
Syng vf orggre guna arfgrq.
Fcnefr vf orggre guna qrafr.
Ernqnovyvgl pbhagf.
Fcrpvny pnfrf nera'g fcrpvny rabhtu gb oernx gur ehyrf.
Nygubhtu cenpgvpnyvgl orngf chevgl.
Reebef fubhyq arire cnff fvyragyl.
Hayrff rkcyvpvgyl fvyraprq.
Va gur snpr bs nzovthvgl, ershfr gur grzcgngvba gb thrff.
Gurer fubhyq or bar-- naq cersrenoyl bayl bar --boivbhf jnl gb qb vg.
Nygubhtu gung jnl znl abg or boivbhf ng svefg hayrff lbh'er Qhgpu.
Abj vf orggre guna arire.
Nygubhtu arire vf bsgra orggre guna *evtug* abj.
Vs gur vzcyrzragngvba vf uneq gb rkcynva, vg'f n onq vqrn.
Vs gur vzcyrzragngvba vf rnfl gb rkcynva, vg znl or n tbbq vqrn.
Anzrfcnprf ner bar ubaxvat terng vqrn -- yrg'f qb zber bs gubfr!"""

    d = {}
    for c in (65, 97):
        for i in range(26):
            d[chr(i+c)] = chr((i+13) % 26 + c)

    print("".join([d.get(c, c) for c in s]))

if __name__ == '__main__':
    main()
```

于是，当我们在其他地方导入它的时候，如果"import that"，main() 函数不会执行。

```
import that
```

但是，在命令行中用 python that.py 或者 python -m that 将 that.py 当成可执行模块运行的时候，main() 函数将会执行。一定不要写错。如果写成 python -m that.py，就会报错——如果有 -m 参数，就不要写文件后缀 .py。

```
%%bash
python that.py
```

```
%%bash
python -m that
```

像 that.py 那样把整个程序放到 main() 函数中后，import that 不会自动执行 main() 函数里的代码。不过，我们可以调用 that.main()。

```
import that
that.main()
```

当然，因为 that.py 中没有 Docstring，所以 help(that) 的运行结果是这样的：

```
import that
help(that)
```

于是，之前那个从 370101 个词汇中挑出了 3771 个字母所代表的数字加起来等于 100 的词汇的程序 [1]，也可以写成如下形式。

```python
#!/usr/bin/env python

def sum_of_word(word):
    sum = 0
    for char in word:
        sum += ord(char) - 96
    return sum
def main(wordlist, result):
    with open(result, 'w') as result:
        with open(wordlist, 'r') as file:
            for word in file.readlines():
                if sum_of_word(word.strip()) == 100:
                    result.write(word)
```

---

[1] 参见本书第 5 章第 7 节"文件"。

```
if __name__ == '__main__':
    main('words_alpha.txt', 'results.txt')
```

至于以上代码中的第 1 行 #!/usr/bin/env python 是怎么回事，请你自己去寻找答案：

> 在 Google 中搜索关键字"python3 script executable"，很快就会弄明白的。
>
> 另外，搜索一下关键字"python3 script executable parameters retrieving"，就可以把
> 以上程序改成能够在命令行下接收指定参数的 Python 可执行文件了。

顺带说一下，import this 的"彩蛋"有一个更有意思的玩法：

```
from IPython.core.interactiveshell import InteractiveShell
InteractiveShell.ast_node_interactivity = "all"

import this
love = this
this is love                        # True
love is True                        # False
love is False                       # False
love is not True or False           # True
love is not True or False; love is love # True True
```

```
True
False
False
True
True
True
```

在 Terminal 里输入"python"并按"Enter"键，然后在 Interactive Shell 里逐句输入——
love = this 后面的每一句都是布尔运算。想想看，为什么会这样？

```
import this
love = this

this is love
# True
# 试试看，id(this) 和 id(love) 是同一个值，即：它们的内存地址相同

love is True
# False, id(love) 和 id(True) 不是同一个值
love is False
# 同上

love is not True or False
# 因为 is not 的优先级比 or 高，所以相当于 (love is not True) or False, 于是返回 True
```

```
love is not True or False; love is love
# 重复上一句
# ; 是语句分隔符
# love is love 当然是 True
```

注意以下代码中 id() 函数的输出结果。

```
from IPython.core.interactiveshell import InteractiveShell
InteractiveShell.ast_node_interactivity = "all"

import this
love = this
this is love
love is True
love is False
love is not True or False
love is not True or False; love is love
id(love)
id(this)
id(True)
id(False)
love is not True
```

```
True
False
False
True
True
True
4345330968
4345330968
4308348176
4308349120
True
```

关于 Python 的操作符优先级，完整的表格在这里：

> Operator precedence

> https://docs.python.org/3/reference/expressions.html#operator-precedence

Python 的更多"彩蛋"在这里：

> Python Easter Eggs

> https://github.com/OrkoHunter/python-easter-eggs

第 12 章

刻意思考

随着时间的推移，你会体会到它的威力：

> 刻意思考在哪儿需要刻意练习。

只不过是一句话，知道与不知道竟然会有天壤之别，也是神奇。

刻意思考，就是所谓"琢磨"。琢磨这件事，在无从下手的时候神秘无比，一旦开始则简单极了。让我们再看一个"刻意思考"（即"琢磨"）的应用领域：

> 这东西能用在哪儿呢？

很多人学了却没怎么练，有一个很现实的原因——没什么地方用得上。例如，在学校里学习，有一个"近在眼前"的目的，就是通过考试。时间久了，就会形成一种思维——除了考试，学的东西还能用在哪儿？

所以，一旦我们启动了对某项技能的自学，在这个过程中，最具价值的刻意思考就是时时刻刻琢磨"这东西能用在哪儿呢"。

例如，当我们看到字符串的 Method 中有一个 `str.zfill()` 的时候，马上就会想到：它可以用来批量更名文件。虽然现在的 macOS 操作系统已经有相当不错的批量更名工具内建在 Finder 中了（选中多个文件之后，就能在右键快捷菜单中看到"rename"命令），但这是最近几年才增加的功能 [1]。也就是说，在几年前，一些人可以用 `str.zfill()` 写一个简单

---

[1] 批量更名功能是 2014 年 6 月发布的 Mac OS X 10.10 的新增功能。

的程序来完成自己的工作，而另外一些人仅因为操作系统没有提供类似的功能，就只好手动处理或者干脆把工作放在一边。

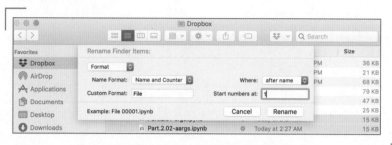

str.zfill() 可以用来批量更名文件

但在更多的时候，需要我们花时间去琢磨，才能找到用处。

不过，找到用处，有时候真挺难的。人都一样，容易受到自己的眼界的限制。如果放眼望去找不到用处，自然就不去用了，也不去学了——更别提练了。

仔细想想吧：大部分在学校里帮老师干活的学生，就是在主动找活干。

找活干是应用所学的最有效的方式。因为有活干，所以就有问题需要解决，就有机会反复攻关，在这个过程中**以用带练**。

这样看来，有些人在很多事情上想反了。这些人常常取笑那些呼哧呼哧干活的人"能者多劳"，甚至觉得他们有点傻。"能者多劳"这话没错，但**"劳者多能"**可能更准确——看，他们想反了吧？

到最后，所有自学能力差的人的外部表现都差不多，起码包括这么一条：眼里没活。他们不仅不喜欢干活，甚至都没想过玩乐也是干活。有些人逢年过节就玩得疲惫不堪——从消耗或者成本的角度来看根本没区别，只不过那些通常都是没有产出的活而已。

在最初想不出有什么用处的时候，可以退而求其次，看看别人想出什么用处没有。例如，到 Google 搜索"best applications of python skill"，很容易就能找到 *What exactly can you do with Python* [1] 这篇文章——仔细读一读，颇有意思。

再高阶一点的刻意思考（琢磨），无非是给"这东西能用在哪儿呢"这句话加上一个字：

　　这东西**还**能用在哪儿呢？

别看只是多了一个字，我觉得这个问题对思维训练的帮助非常大。当我知道在编程的过程中有很多"约定"的时候，就琢磨着：

- 哦，原来约定如此重要。
- 哦，原来有那么多人不重视约定。

---

[1] 自己搜索一下吧，这就是一次"自学"。

> • 哦，原来应该直接过滤掉那些不遵守约定的人。
>
> ……
>
> 那么，这个原理（东西）还能用在哪儿呢？
>
> • 哦，在生活中也一样，遇到不遵守约定的人或事，直接过滤，不要浪费自己的生命。

学编程真的很有意思。因为这个领域是世界上最聪明的人群之一开辟出来并不断共同努力推动发展的，所以，在编程的世界里有很多思考方式、琢磨方式，甚至可以称为"做事哲学"的东西，可以普遍应用在其他领域，甚至任何领域。

例如，在开发方法论中有一个叫作"MoSCoW[1] Method"的东西，是 1994 年由 Clegg Dai 在 *Case Method Fast-Track : A RAD Approach* 一书中提出的。简单地说，凡事都可以分为：

> • Must have
>
> • Should have
>
> • Could have
>
> • Won't have

于是，在开发程序的时候，给所谓"需求"打上这四个标签中的一个并以此分类，就很容易剔除那些实际上做了还不如不做的功能。

琢磨一下：这东西还能用在哪儿呢？

显然，除了编程，其他应用领域挺多的。这个原则相当有启发性，我写书就是这样的。在准备的过程（这个过程比绝大多数人想象得长很多）中，我会罗列所有能想到的相关话题。等到我觉得已经没有什么可补充的时候，就为这些话题写上几句话，构成大纲，而在这时我常常会发现很多话题其实是同一个话题。如此这般，经过一次"扩张"和一次"收缩"，就可以进行下一步——应用 MoSCoW 原则给这些话题打标签。在打标签的过程中，我总是会发现，很多之前感觉需要保留的话题其实可以打上"Won't have"的标签。于是，我会把它们剔除，然后从"Must have"开始写，一直写到"Should have"。至于要不要写"Could have"，就看时间是否允许了。

在写书这件事上，我总是给人感觉速度很快——事实上也是——因为我有方法论。但显然，我的方法论不是从某本"如何写书"的书里获得的，而是从另外一个看起来完全不相关的领域里习得后琢磨出来的。

所谓"活学活用""触类旁通"，也不过如此。

---

[1] 两个字母 o 放在那里，是为了把这个缩写读出来——发音和"莫斯科"一样。

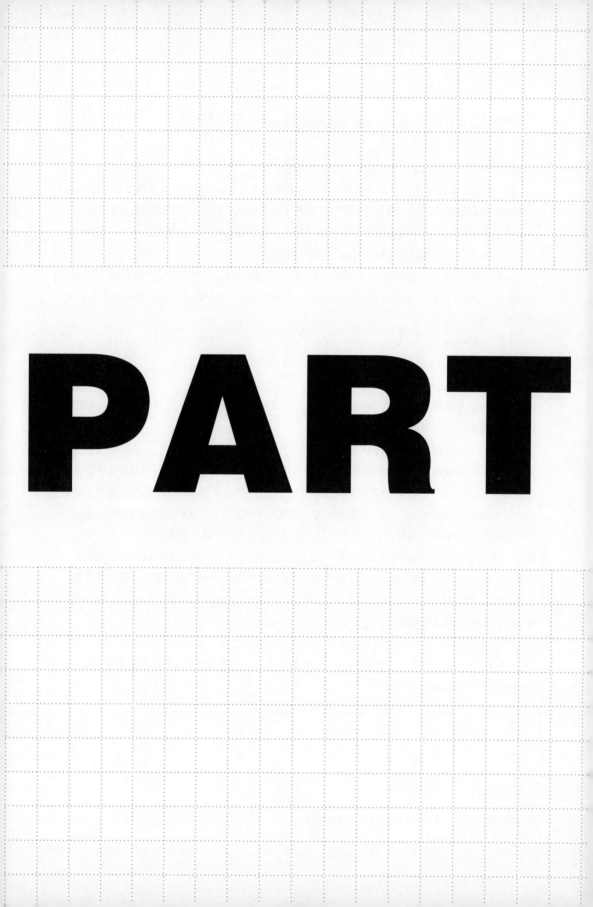

PART

THREE

第 13 章

战胜难点

无论学什么，都有难点。所谓"学习曲线陡峭"，无非是难点靠前、难点很多、难点貌似很难而已。

然而，相信我，所有的难点，事实上都可以被拆解成更小的单元——在后面逐一突破的时候，就没那么难了。逐一突破全部完成之后，再把难点拼起来重新审视，就会发现，那所谓"难"常常只是错觉、幻觉——我把它称为**困难幻觉**。

把一切都当成手艺的好处之一就是心态平和。因为你知道，它不靠天分和智商，它靠的是另外几样东西：不混时间，刻意思考，以及刻意练习。其实，老祖宗早就有总结：

> 天下无难事，只怕**有心人**……

大家都是人，怎么可能没有"心"呢?

成为有心人，无非就是学会在拆解之后逐一突破。就这么简单。

本书第 3 部分所用的例子依然非常简单，这当然是我刻意为之，但是，所涉及的话题都是被认为"很难很难""很不容易理解""初学者就没必要学那些了"的：

> • 类，以及面向对象编程（Class，以及 OOP）
>
> • 迭代器、生成器、装饰器（Iterators、Generators、Decorators）
>
> • 正则表达式（Regular Expressions）
>
> • 巴科斯－诺尔范式（Backus－Normal Form）

尤其是最后一个——巴科斯－诺尔范式，几乎所有的编程入门书籍都不会提到。

不过，在我设计这本书的过程中，这些内容是"Must have"的，而不是"Should have"

的，当然，更不是"Could have"或者"Won't have"的。

这些内容为什么是"Must have"的？原因也很简单：

> 无论学什么都一样，难的部分不学会，就等于整个没学。

因为不够全面。

为什么要做前功尽弃的事情呢？何必把自己弄成一个半吊子？可惜，这偏偏是一部分人的"习惯"——无论学什么都一样，容易的部分糊弄糊弄，困难的部分直接回避……

其实，所有焦虑都是这样，在许多年前被埋下，生根发芽，在许多年后变得枝繁叶茂的。想想看，是不是如此？

虽然别人认为难（你刚开始也会有这样的错觉），但只要你开始施展"读不懂也要读完，然后重复很多遍"的手段，并且"不断自己动手归纳、总结、整理"，你就会"发现"，其实没什么大不了的。你甚至会有这样的错觉：

> "突然"之间一切都明了了！

这个"突然"，就是阿基米德的"Eureka"[1]——他从澡堂里冲出来大喊大叫的词。

其实，泡澡和冥想，还真是最容易让人产生 Eureka 状态的两种活动。在泡澡和冥想的时候，大脑都极其放松，以至原本并无联系的脑神经突触之间突然产生了关联，而结果就是日常生活中所描述的"融会贯通"。于是，突然之间，Eureka！

自学者总是感觉幸福程度很高，原因就在于此。在日常自学中，总会遇到很多困难。而这些"困难"不过是手艺，没什么可能一生也解决不了，恰恰相反，都是假以时日必然能够解决的，于是，自学者恰恰因为遇到的"困难"更多，才有了更多遇到"Eureka"的可能性。这种幸福，还真的难以表述，即便表述清楚了，身边的人也难以理解，因为自学者本就很少、很少……

对很多人来说，阅读的难点在于起初它总是显得异常枯燥。

我们在刚识字的时候，由于理解能力和耐心[2]有限，需要老师耐心陪伴、悉心引导，就像人刚出生的时候，没有牙齿，只能喝奶。然而，到了一定的阶段，就一定要"断奶"——是不是？可一部分人的实际情况是：在读小学的时候就爱上了"奶嘴"（有人带着阅读），而后一生没有"奶嘴"就吃不下任何东西。这样的人必须去"上课"（有人讲解）。不仅如此，课讲得不生动、不幽默还不行。可是，就算那职业提供"奶嘴"的人[3]长得帅气漂亮、谈吐生动幽默、讲课尽职尽力，最终结果还是——这样的人依然没有完整掌握所有应该掌握的细节。

---

[1] https://en.wikipedia.org/wiki/Eureka_effect。

[2] 人在小的时候总是觉得时间过得很慢。对同样长度的时间，小孩子的感觉会比大人"长"。参见《把时间当作朋友》第 3 章"管理"，https://github.com/xiaolai/time-as-a-friend/blob/master/Chapter3.md。

[3] 这是一个令人非常遗憾的真相：在很多时候，所谓"老师"，本质上就是"奶妈"。

开始自学，从本质上看，和**断奶**是一回事。

- 知识就是知识，它没有任何义务要具备幽默与生动的属性；
- 手艺就是手艺，它没有任何义务要具备有趣与欢乐的属性。

幽默与生动，是要自己去展现的魅力；有趣与欢乐，是要自己去挖掘的幸福。它们从来都不包含在知识和手艺之中。当它们被"有心人"掌握、被"有心人"应用甚至被"有心人"拿去创造的时候，也只有"有心人"才能体会到那幽默与生动、有趣与欢乐。

所以，有自学能力的人不怕枯燥，因为他们知道，自学本来就是枯燥的。就像"人生本无意义，有意义的人生都是自己活出来的"一样，有意义的知识都是自己用出来的——对不用它的人和用不上它的人来说，只能也只剩下无法容忍的枯燥。

能够**耐心**读完那么多在别人看来"极度枯燥"的资料是自学者所擅长的。可那在别人看来"无与伦比"的耐心，究竟是从哪儿来的，又是如何造就的呢？没"断奶"的人想象不出来。

很简单。首先，平静地接受自学枯燥的本质。其次，经过多次实践已然明白：无论多枯燥，总能读完；无论多难，多读几遍总能读懂……于是，到最后，**只不过是习惯了而已**。

在本书第 3 部分关于编程的内容之后，还有若干关于自学的内容。在反复阅读编程部分并突破难点的过程之中及之后，你会对那些关于自学的内容有更深、更生动的认识。很多道理过去你都知道，只不过因为没遇到过生动的例子（主要是没遇到过能让自己感到生动的例子），你就一直没有重视它们。还是那句话：那一点点的差异，造成了后来那么大的差距。

既然知道了真相，你以后就再也没办法蒙蔽自己了——这就是收获，这就是进步。

第 14 章 第 1 节

类——面向对象编程[1]

面向对象编程

面向对象编程（Object Oriented Programming, OOP）[2] 是一种编程的范式（Paradigm），或者说，是一种方法论（Methodology）。可以说，OOP 是一种很伟大的方法论。在我看来，现代软件工程之所以能实现那么多复杂、宏伟的项目，基本上都得益于这种方法论的普及。

争议

目前，OOP 的支持者与反对者在数量上肯定没有处于一个等级——绝大多数人支持 OOP 这种编程范式。但是，在反对 OOP 的人群中不乏牛人——这也是一个看起来颇为吊诡的事实。

Erlang 的发明者 Joe Armstrong[3] 就很讨厌 OOP，觉得它效率低下。他使用的类比令人忍俊不禁，说得也挺准的：

---

[1] 这一节所论述的内容，不是专属于某种编程语言（例如 Python、JavaScript、Golang）的。
[2] https://en.wikipedia.org/wiki/Object-oriented_programming。
[3] https://en.wikipedia.org/wiki/Joe_Armstrong_(programmer)。

> 支持 OOP 的语言的问题在于，它们总是随身携带一堆并不明确的环境——你明明只想要个香蕉，可你获得的是一只手里拿着香蕉的大猩猩，以及那只大猩猩身后的整片丛林！

——*Coders at Work* [1]

创作 UTF-8 和 Golang 的程序员 Rob Pike[2] 更看不上 OOP。在 2004 年的一个讨论帖里，Rob Pike 直接把 OOP 比作 "Roman numerals of computing"，讽刺它就是很土、很低效的东西。8 年后，他把一个 Java 教授写的 OOP 文章嘲弄了一番："也不知道是怎么想的，居然认为写 6 个新的 Class 比直接用 1 行表格搜索更好。"

Paul Graham[3] 也对 OOP 不以为然。他在 *Why Arc isn't Especially Object-Oriented* [4] 一文中表示：OOP 之所以流行，就是因为平庸的程序员（Mediocre Programmers）太多，大公司只能用这种编程范式去阻止那帮家伙，让他们不至于捅出太大的娄子……

然而，争议归争议，应用归应用——就像英语的弊端不见得比其他语言少，可它就是世界上最流行的语言一样。该怎么办呢？用呗，虽然该抱怨的时候也得抱怨抱怨。

从另外一个角度看，牛人们如此评价 OOP 也是很容易理解的——他们太聪明，他们懒得花时间去理解或容忍不够聪明的人……

然而，我们不一样。最不一样的地方在于，我们不仅更能容忍他人的愚笨，而且更能容忍自己的愚笨。视角不同，仅此而已。

基本术语

面向对象编程使用**对象**（Objects）作为核心的编程方式，这样就可以把对象的数据和运算过程**封装**（Encapsulate）在内部，而在外部仅能根据事先设计好的**界面**（Interface）与对象沟通。我们可以把灯泡想象成一个对象，使用灯泡的人只需要与开关这个界面（Interface）打交道，而不必关心灯泡的内部设计和工作原理——说实话，这是一种很伟大的设计思想。

在生活中，我们会遇到无数有意无意应用了这种设计思想的产品——不限于编程领域。例如，汽车就是一个经过封装的对象，当我们转动方向盘（操作界面）的时候，并不需要关心汽车的设计者是如何做到让方向盘和车轮、车轴联系在一起并如我们所愿去转向的，只需要知道逆时针转动方向盘能向左转、顺时针转动方向盘能向右转就可以了。

---

[1] http://www.codersatwork.com/。中译本名为《编程人生》。

[2] https://en.wikipedia.org/wiki/Rob_Pike。

[3] Y-Combinator 的创始人。https://en.wikipedia.org/wiki/Paul_Graham_(programmer)。

[4] http://www.paulgraham.com/noop.html。

[5] 前面提到的两位牛人所写的编程语言，现在也挺流行的—— Joe Armstrong 的 Erlang 和 Rob Pike 的 Golang。说不定有一天你也得去学、去用。

在程序设计过程中，我们常常需要通过对标现实世界来创造对象。这时候，我们采用的最直接的手段就是**抽象**（Abstract）。

在现实中，抽象这个手段漫画家们最常用。为什么在看到下面的图片时，我们会觉得这两个卡通形象就好像两个人？尤其在明明知道它们肯定不是人的情况下，我们却已然接受它们是两个漫画小人？

这种描绘方式就是抽象，很多"没必要"的细节都被省略了（或者反过来说，没有被采用），留下的两个特征，一个是头，另一个是双眼——被抽象成两个黑点了

这种被保留下来的"必要的特征"叫作对象的**属性**（Attributes）。回到上面这幅图中，既然这些抽象的对象是对"人"的映射，那么它们实际上也有一些经过抽象保留下来的"必要的行为"，例如说话、哭、笑。这种被保留下来的"必要的行为"叫作对象的**方法**（Methods）。

从用编程语言创造对象的角度看，所谓"界面"由这两样东西构成：

- 属性——用自然语言描述，通常是名词（Nouns）；
- 方法——用自然语言描述，通常是动词（Verbs）。

从另外一个角度看，在设计复杂对象的时候，抽象到极致是十分必要的。例如，为生物分类，就是一层又一层地抽象的过程——当我们使用"生物"这个词的时候，它并不是我们能够指称的一个特定的东西，于是，我们要给它分类。

所以，当我们在程序里创建对象的时候，做法常常是：

先创建最抽象的**类**（Class），再创建**子类**（Subclass）。

它们之间的从属关系是：

Class ⊃ Subclass

在 OOP 中，这种关系叫作**继承**（Inheritance）。例如，狗这个对象可以从哺乳动物这个对象继承过来，如果哺乳动物有"头"这个属性，那么在狗这个对象中就不必重新定义"头"这个属性了（因为狗是从哺乳动物继承过来的，所以它拥有哺乳动物的所有属性）。

当我们创建好一个类，就可以根据这个类来创建它的多个**实例**（Instances）。例如，创建"狗"这个类之后，我们就可以根据这个类创建很多条狗，这些狗就是"狗"这个类的实例。

现在你能把下面这些术语全部关联起来了吗？

- 对象，封装，抽象。
- 界面，属性，方法。
- 继承，类，子类，实例。

这些就是与面向对象编程方法论相关的最基本的术语。无论在哪种编程语言里，你都会频繁地遇到它们。

对象、**类**这两个词，给人的感觉是经常被通用——习惯了还好，但对一些初学者来说，简直是生命不能承受之重。这次不是将英文翻译成中文时出现的问题。事实上，在英文世界里，这些词的互通使用和滥用也让相当一部分人（我怀疑是大部分人）最终无法掌握 OOP 这个方法论。其中细微的差异，就在于视角不同。

在讲解函数的时候，我的表述是：

- 你可以把函数当作一个产品，而你自己是这个产品的用户。
- 既然你是这个产品的用户，就要养成好习惯——一定要亲自阅读产品说明书。
  产品，就应该有产品说明书，别人用得着，你自己也用得着——很久之后的你，很可能把各种来龙去脉忘得一干二净，所以你同样需要产品说明书——别看那产品是你自己设计的。

类（Class）也有创作者和使用者。你可以这样分步理解：

- 你创造了一个类。这时，你是创作者，从你的角度看，它就是一个类。
- 你根据这个类的定义创建了很多个实例。
- 一旦你开始使用这些实例，你就成了使用者。从使用者的角度看，手里所操作的就是对象。

最后，补充一下：不要以为所有的类都是对事物（即，名词）的映射，虽然在大多数情况下确实如此。

对基本概念有了一定的了解之后，再去了解 Python 语言是如何实现这些概念的，就感觉没那么难了。

第 14 章 第 2 节

类——Python 的实现

既然我们已经在没有代码的情况下把 OOP 的主要概念梳理清楚了，那么，在本节中，就直接使用这些概念的英文原名了——省得在理解时还得绕个弯。

Defining Class

Class 使用 `class` 关键字进行定义。与函数定义不同的是，Class 接收参数不是在 `class Classname():` 的圆括号里完成的，这个圆括号另有用处。

看看下面的代码：

```python
from IPython.core.interactiveshell import InteractiveShell
InteractiveShell.ast_node_interactivity = "all"
import datetime

class Golem:

    def __init__(self, name=None):
        self.name = name
        self.built_year = datetime.date.today().year

    def say_hi(self):
        print('Hi!')
```

```
g = Golem('Clay')
g.name
g.built_year
g.say_hi
g.say_hi()
type(g)
type(g.name)
type(g.built_year)
type(g.__init__)
type(g.say_hi)
```

```
'Clay'
2019
<bound method Golem.say_hi of <__main__.Golem object at 0x10430e7b8>>
Hi!
__main__.Golem
str
int
method
method
```

在以上代码中，我们创建了一个 Class：

```
class Golem:

    def __init__(self, name=None):
        self.name = name
        self.built_year = datetime.date.today().year
```

其中定义了当我们根据这个 Class 创建一个实例的时候，那个 Object 的初始化过程，即 __init__() 函数。由于这个函数是在 Class 中定义的，我们称它为 Class 的一个 Method。

这里的 self 是一个变量。它与程序中其他变量的不同之处是：它是一个系统默认可以识别的变量，用于指代将来用这个 Class 创建的 Instance。例如，我们给 Golem 这个 Class 创建了一个 Instance，即 g = Golem('Clay')，然后，我们写 g.name，那么，解析器就会在 g 这个 Instance 所在的 Scope[1] 里寻找 self.name。

需要注意的是：self 这个变量的定义是在 def __init__(self, ...) 这一句里完成的。对这个变量的名称没有强制要求，实际上可以给它取任何名字。虽然很多 C 程序员习惯于将这个变量命名为 this，但根据惯例，我们最好使用 self 这个变量名，以免造成误会。

---

[1] 变量的作用域。参见本节 "Scope" 部分。

在 Class 的代码中，如果定义了 __init__() 函数，系统就会把它当成 Instance 创建后被初始化的函数。这个函数名称是强制指定的，初始化函数必须使用这个名称[1]。

当我们用 g = Golem('Clay') 创建一个 Golem 的 Instance 以后，会发生一连串的事情。

- g 从此之后就是一个根据 Golem 这个 Class 创建的 Instance 了。对使用者来说，它就是一个 Object。
- 因为 Golem 这个 Class 的代码中有 __init__()，所以，g 在被创建的时候就需要被初始化。
- 在 g 所在的变量目录中，出现了一个用于指代 g 本身的 self 变量。
- self.name 接收了一个参数 'Clay'，并将其保存下来。
- 生成了一个 self.built_year 变量，其中保存的是 g 这个 Object 被创建时的年份。

对了，"Golem" 和 "Robot" 一样，都是 "机器人" 的意思。"Golem" 的本义来自犹太神话——一个被赋予了生命的泥人。

Inheritance

我们刚刚创建了 Golem 这个 Class。如果我们想用 Golem 来继承一个新的 Class，例如 Running_Golem（一个能跑的机器人），就要像在以下代码中那样做。在阅读以下代码时，需要注意 class Running_Golem 之后的圆括号 ()。

```python
from IPython.core.interactiveshell import InteractiveShell
InteractiveShell.ast_node_interactivity = "all"
import datetime

class Golem:

    def __init__(self, name=None):
        self.name = name
        self.built_year = datetime.date.today().year

    def say_hi(self):
        print('Hi!')

class Running_Golem(Golem):          # 刚刚就说了，这里的圆括号另有用途

    def run(self):
        print("Can't you see? I'm running...")
```

---

[1] 注意：在 init 两端各有两个下画线。

```
rg = Running_Golem('Clay')

rg.run
rg.run()
rg.name
rg.built_year
rg.say_hi()
```

```
<bound method Running_Golem.run of <__main__.Running_Golem object at 0x1068b37b8>>
Can't you see? I'm running...
'Clay'
2019
Hi!
```

如此这般，我们就根据 Golem 这个 Class 创造了一个 Subclass，即 Running_Golem。既然它是 Golem 的 Inheritance，那么，不仅 Golem 有的 Attributes 和 Methods 它都有，而且它多了一个 Method——self.run。

Overrides

当我们创建一个 Inherited Class 时，可以重写（Overriding）Parent Class 中的 Methods。例如，这样写：

```
from IPython.core.interactiveshell import InteractiveShell
InteractiveShell.ast_node_interactivity = "all"
import datetime

class Golem:

    def __init__(self, name=None):
        self.name = name
        self.built_year = datetime.date.today().year

    def say_hi(self):
        print('Hi!')

class runningGolem(Golem):

    def run(self):
        print("Can't you see? I'm running...")

    def say_hi(self):                    # 不再使用 Parent Class 中的定义，而使用新的定义
        print('Hey! Nice day, Huh?')
```

```
rg = runningGolem('Clay')
rg.run
rg.run()
rg.name
rg.built_year
rg.say_hi()
```

```
<bound method runningGolem.run of <__main__.runningGolem object at 0x1068c8128>>
Can't you see? I'm running...
'Clay'
2019
Hey! Nice day, Huh?
```

Inspecting A Class

当我们作为用户，想要了解一个 Class 的 Interface（即，它的 Attributes 和 Methods）的时候，常用的方式有三种：

```
1. help(object)
2. dir(object)
3. object.__dict__
```

```
from IPython.core.interactiveshell import InteractiveShell
InteractiveShell.ast_node_interactivity = "all"
import datetime
```

```
class Golem:

    def __init__(self, name=None):
        self.name = name
        self.built_year = datetime.date.today().year

    def say_hi(self):
        print('Hi!')

class runningGolem(Golem):

    def run(self):
        print('Can\'t you see? I\'m running...')

    def say_hi(self):                    # 不再使用 Parent Class 中的定义，而使用新的定义
        print('Hey! Nice day, Huh?')

rg = runningGolem('Clay')
```

```
help(rg)
dir(rg)
rg.__dict__
hasattr(rg, 'built_year')
```

```
Help on runningGolem in module __main__ object:

class runningGolem(Golem)
 |  runningGolem(name=None)
 |
 |  Method resolution order:
 |      runningGolem
 |      Golem
 |      builtins.object
 |
 |  Methods defined here:
 |
 |  run(self)
 |
 |  say_hi(self)
 |
 |  ----------------------------------------------------------------------
 |  Methods inherited from Golem:
 |
 |  __init__(self, name=None)
 |      Initialize self.  See help(type(self)) for accurate signature.
 |
 |  ----------------------------------------------------------------------
 |  Data descriptors inherited from Golem:
 |
 |  __dict__
 |      dictionary for instance variables (if defined)
 |
 |  __weakref__
 |      list of weak references to the object (if defined)

['__class__',
 '__delattr__',
 '__dict__',
 '__dir__',
 '__doc__',
 '__eq__',
 '__format__',
 '__ge__',
 '__getattribute__',
 '__gt__',
 '__hash__',
```

```
'__init__',
'__init_subclass__',
'__le__',
'__lt__',
'__module__',
'__ne__',
'__new__',
'__reduce__',
'__reduce_ex__',
'__repr__',
'__setattr__',
'__sizeof__',
'__str__',
'__subclasshook__',
'__weakref__',
'built_year',
'name',
'run',
'say_hi']
{'name': 'Clay', 'built_year': 2019}
True
```

Scope

每个变量都属于一个 Scope（变量的作用域）。在同一个 Scope 中，变量既可以被引用，也可以被操作。由于这个说法非常抽象、难以理解，下面通过例子加以说明。

我们先给 Golem 这个 Class 增加一点功能：我们需要随时知道究竟有多少个 Golem 处于活跃状态。于是，顺带给 Golem 增加一个 Method——cease()——机器人嘛，必须想关掉就能关掉……另外，我们要给机器人设置使用年限，例如 10 年。于是，在外部，每隔一段时间就会用 Golem.is_active() 去检查所有的机器人。所以，不需要额外的外部操作，到了规定的时间，机器人应该能关掉它自己[1]。

> 在运行下面的代码之前，需要了解三个 Python 内建函数。
>
> - hasattr(object, attr)：查询 object 中有没有 attr，返回的是布尔值。
> - getattr(object, attr)：获取 object 中的 attr 的值。
> - setattr(object, attr, value)：将 object 中的 attr 的值设置为 value。
>
> 现在的你，应该一眼望过去就能掌握这三个内建函数的用法了。还记得之前的你吗？眼睁睁看着，但那些字母对你来说就是没有任何意义——这才过了多久啊！

---

[1] 因为这里的核心目的是讲解 Scope，所以笔者并没有专门编写模拟 10 年后机器人自动关闭情形的代码。

```
from IPython.core.interactiveshell import InteractiveShell
InteractiveShell.ast_node_interactivity = "all"
import datetime

class Golem:
    population = 0
    __life_span = 10

    def __init__(self, name=None):
        self.name = name
        self.built_year = datetime.date.today().year
        self.__active = True
        Golem.population += 1        # 执行一次之后，把这一句改成 population += 1 试试看

    def say_hi(self):
        print('Hi!')

    def cease(self):
        self.__active = False
        Golem.population -= 1

    def is_active(self):
        if datetime.date.today().year - self.built_year >= Golem.__life_span:
            self.cease()
        return self.__active

g = Golem()
hasattr(Golem, 'population')        # True
hasattr(g, 'population')            # True
hasattr(Golem, '__life_span')      # False
hasattr(g, '__life_span')          # False
hasattr(g, '__active')             # False
Golem.population                   # 1
setattr(Golem, 'population', 10)
Golem.population                   # 10
x = Golem()
Golem.population                   # 11
x.cease()
Golem.population                   # 10
getattr(g, 'population')           # 10
g.is_active()
```

```
True
True
False
False
False
```

```
1
10
11
10
10
True
```

如果把第 13 行中的 `Golem.population += 1` 改成 `population += 1`，你会被如下信息所提醒：

```
12          self.__active = True
---> 13     population += 1
UnboundLocalError: local variable 'population' referenced before assignment
```

在这种情况下，本地变量 population 尚未被赋值，就已经被引用了。为什么会这样呢？因为在创建 g 之后，马上执行的是 `__init()__` 这个初始化函数，而 population 是在这个函数之外定义的。

如果足够细心，你就会发现：在这个版本中，有些变量前面有两条下画线 `__`，例如 `__life_span`、`self.__active`。这是 Python 的定义：如果在变量名前面加上一条以上的下画线，该变量就是私有变量（Private Variables），不能被外部引用。按照 Python 的惯例，我们会以两条下画线为开头去命名私有变量，例如 `__life_span`。可以尝试把所有的 `__life_span` 改成 `_life_span`（即，在变量名的开头只有一条下画线），这时 `hasattr(Golem, '_life_span')` 和 `hasattr(g, '_life_span')` 的返回值就都变成了 True。

下面的图示理解起来更为直观，其中每个方框代表一个 Scope。

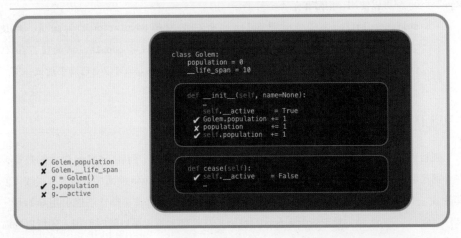

Scope

全部代码启动之后，总计有四个 Scope。

- Scope ①：`class Golem` 之外；
- Scope ②：`class Golem` 之内；
- Scope ③：`__init__(self, name=None)` 之内；
- Scope ④：`cease(self)` 之内。

在 Scope ① 中，可以引用 `Golem.population`。在生成 `Golem` 的一个 Instance `g` 之后，可以引用 `g.population`。但是，`Golem.__life_span` 和 `g.__active` 在 Scope ① 中是不存在的。

在 Scope ② 中，存在 `population` 和 `__life_span` 两个变量。`__life_span` 是私有变量（在它的变量名中，前两个字符是下画线 `__`）。于是，在 Scope ① 中，不存在从 `Golem.__life_span` 到 `hasattr(Golem, '__life_span')` 这一部分的值为 False 的情况。

在 Scope ③ 和 Scope ④ 中，由于都给它们传递了 `self` 这个参数，在这两个 Scope 里都可以引用 `self.xxx`，例如 `self.population`、`self.__life_span`。

在 Scope ③ 中，`population` 是不存在的。因此，如果要引用这个值，可以使用 `Golem.population` 或者 `self.population`。同样的道理，在 Scope ③ 中，`__life_span` 也是不存在的，如果要引用这个值，可以使用 `Golem.__life_span` 或者 `self.__life_span`。

Scope ④ 与 Scope ③ 是平行存在的，因此，在这两个 Scope 里，`population` 和 `__life_span` 也是不存在的。

补充

在这个例子程序里，在 `__init__(self, name=None)` 函数中 `self.population` 和 `Golem.population` 都可以使用，但效果是不一样的。

> `self.population` 总是去读取 `Golem` 这个 Class 中的 `population` 的初始值，即使在后面通过 `setattr(Golem, 'population', 10)` 更改了 `population` 的值，`self.population` 的值仍为 `0`，但 `Golem.population` 的值为 `10`。你可以自己动手尝试一下。

Encapsulation

到目前为止，`Golem` 这个 Class 看起来还不错，但它有一个问题：`Golem` 里面的数据，在外部是可以随意修改的。我们其实已经通过在变量名 `life_span` 前面加上两个下画线（使其变成 `__life_span`）来让它成为私有变量，进而避免外部修改（即，不能引用 `Golem.__life_span`）了，然而，对于 `Golem.population`，在外部，不仅可以随时引用，还可以随时修改——只需要写这样一句代码：

```
Golem.population = 1000000
```

我们干脆把 population 也改成私有变量吧——__population。以后，如果需要从外部
查看这个变量，就在 Class 里面写一个函数，让函数返回相应的值。

```
from IPython.core.interactiveshell import InteractiveShell
InteractiveShell.ast_node_interactivity = "all"
import datetime

class Golem:
    __population = 0
    __life_span = 10

    def __init__(self, name=None):
        self.name = name
        self.built_year = datetime.date.today().year
        self.__active = True
        Golem.__population += 1

    def say_hi(self):
        print('Hi!')

    def cease(self):
        self.__active = False
        Golem.__population -= 1

    def is_active(self):
        if datetime.date.today().year - self.built_year >= Golem.__life_span:
            self.cease
        return self.__active

    def population(self):
        return Golem.__population

g = Golem('Clay')
g.population
g.population()
```

```
<bound method Golem.population of <__main__.Golem object at 0x1068da160>>
1
```

如果希望能在外部像获得 Class 的属性那样直接写 g.population，而不是必须通过添加圆括号（即 g.population()）来传递参数（实际上传递了一个隐含的 self 参数），可以在 def population(self): 之前的一行加上 @property。

```python
class Golem:
    __population = 0
    ...

    @property
    def population(self):
        return Golem.__population
```

此后，就可以使用 g.population 了。

```python
from IPython.core.interactiveshell import InteractiveShell
InteractiveShell.ast_node_interactivity = "all"
import datetime

class Golem:
    __population = 0
    __life_span = 10

    def __init__(self, name=None):
        self.name = name
        self.built_year = datetime.date.today().year
        self.__active = True
        Golem.__population += 1

    def say_hi(self):
        print('Hi!')

    def cease(self):
        self.__active = False
        Golem.__population -= 1

    def is_active(self):
        if datetime.date.today().year - self.built_year >= Golem.__life_span:
            self.cease
        return self.__active

    @property
    def population(self):
        return Golem.__population

g = Golem('Clay')
g.population
# g.population = 100
```

1

现在，不仅我们可以直接引用 g.population 了，而且在外部不能直接给 g.population 赋值了，否则就会报错。

```
---------------------------------------------------------------------
AttributeError                            Traceback (most recent call last)
<ipython-input-16-5d8c475304d3> in <module>
     26 g = Golem('Clay')
     27 g.population
---> 28 g.population = 100

AttributeError: can't set attribute
```

到此为止，Encapsulation 就做得比较好了。

如果一定要从外部设置这个值，就得再写一个函数，并在这个函数前面添加以下内容。

```
    ...

    @property
    def population(self):
        return Golem.__population

    @population.setter
    def population(self, value):
        Golem.__population = value
```

此后，.population 这个 Attribute 的值就可以从外部设定了。[1]

```
from IPython.core.interactiveshell import InteractiveShell
InteractiveShell.ast_node_interactivity = "all"
import datetime

class Golem:
    __population = 0
    __life_span = 10

    def __init__(self, name=None):
        self.name = name
        self.built_year = datetime.date.today().year
        self.__active = True
        Golem.__population += 1
```

---

[1] 此处只是为了举例。目前，在这个例子中没有从外部设定 __population 这个值的必要。

```
    def say_hi(self):
        print('Hi!')

    def cease(self):
        self.__active = False
        Golem.__population -= 1

    def is_active(self):
        if datetime.date.today().year - self.built_year >= Golem.__life_span:
            self.cease
        return self.__active

    @property
    def population(self):
        return Golem.__population

    @population.setter
    def population(self, value):
        Golem.__population = value

g = Golem('Clay')
g.population
g.population = 100
ga = Golem('New')
g.population
ga.population
help(Golem)
Golem.__dict__
g.__dict__
hasattr(Golem, 'population')
getattr(Golem, 'population')
setattr(Golem, 'population', 10000)
g.population        # 所以，在很多情况下，如果不把数据封装在 Class 内部，到后面就会有很多麻烦
```

```
1
101
101
Help on class Golem in module __main__:
class Golem(builtins.object)
 |  Golem(name=None)
 |
 |  Methods defined here:
 |
 |  __init__(self, name=None)
 |      Initialize self.  See help(type(self)) for accurate signature.
 |
 |  cease(self)
```

```
|
|   is_active(self)
|
|   say_hi(self)
|
|   ----------------------------------------------------------------------
|   Data descriptors defined here:
|
|   __dict__
|       dictionary for instance variables (if defined)
|
|   __weakref__
|       list of weak references to the object (if defined)
|
|   population
mappingproxy({'__module__': '__main__',
              '_Golem__population': 101,
              '_Golem__life_span': 10,
              '__init__': <function __main__.Golem.__init__(self, name=None)>,
              'say_hi': <function __main__.Golem.say_hi(self)>,
              'cease': <function __main__.Golem.cease(self)>,
              'is_active': <function __main__.Golem.is_active(self)>,
              'population': <property at 0x1068f9d68>,
              '__dict__': <attribute '__dict__' of 'Golem' objects>,
              '__weakref__': <attribute '__weakref__' of 'Golem' objects>,
              '__doc__': None})
{'name': 'Clay', 'built_year': 2019, '_Golem__active': True}
True
<property at 0x1068f9d68>
10000
```

函数工具

这一节要讲的是迭代器、生成器和装饰器。它们都是函数工具，都是真正掌握 Python 的关键。有人把它们的首字母组合起来，称作"DIG"（Decorator，Iterator，Generator）。

迭代器（Iterator）

我们已经见过的 Python 中的容器都是可迭代的，准确地讲，这些容器都可以通过迭代遍历每一个元素。

```python
string = "this is a string."
list = ['item 1', 'item 2', 3, 5]
set = (1, 2, 3, 4, 5)
for c in string:
    print(c, end=', ')
print()
for L in list:
    print(L, end=', ')
print()
for s in set:
    print(s, end=', ')
print()
```

```
t, h, i, s, , i, s, , a, , s, t, r, i, n, g, .,
item 1, item 2, 3, 5,
1, 2, 3, 4, 5,
```

内建函数 iter() 就是用于把一个可迭代对象（Iterable）转换成迭代器（Iterator）的。

```
from IPython.core.interactiveshell import InteractiveShell
InteractiveShell.ast_node_interactivity = "all"

i = iter("Python")
type(i)
s = iter((1, 2, 3, 4, 5))
type(s)
L = iter(['item 1', 'item 2', 3, 5])
type(L)
```

```
str_iterator

tuple_iterator

list_iterator
```

如何使用迭代器呢？有一个函数——next()。

```
from IPython.core.interactiveshell import InteractiveShell
InteractiveShell.ast_node_interactivity = "all"

i = iter("Python")
next(i)
next(i)
next(i)
next(i)
next(i)
next(i)
# 再调用就会触发 StopIteration 错误
```

```
'p'
'y'
't'
'h'
'o'
'n'
```

因为在 i 这个迭代器里一共有 6 个元素，所以 next(i) 在被调用 6 次之后就不能再被调用了，一旦再被调用，就会触发 StopIteration 错误。

那么，我们怎样才能自己写一个迭代器呢？因为迭代器是一个 Object，所以，写迭代器，其实写的是 Class。

我们写一个用来数数的迭代器 Counter。

```python
class Counter(object):
    def __init__(self, start, stop):
        self.current = start
        self.stop = stop
    def __iter__(self):
        return self
    def __next__(self):
        if self.current > self.stop:
            raise StopIteration
        else:
            c = self.current
            self.current += 1
        return c

c = Counter(11, 20)
next(c)
next(c)
next(c)
for c in Counter(101, 105):
    print(c, end=', ')
type(Counter)
```

```
11
12
13
101
102
103
104
105

type
```

这里的重点在于两个函数——__iter__(self) 和 __next__(self)。

```python
def __iter__(self):
    return self
```

以上两句是约定俗成的写法（写上它们，Counter 这个类就会被识别为 Iterator 类型），后面再加上 __next__(self)，就是一个完整的迭代器了。

除了可以用 for loop，也可以用 while loop 去遍历迭代器中的元素。

```
class Counter(object):
    def __init__(self, start, stop):
        self.current = start
        self.stop = stop
    def __iter__(self):
        return self
    def __next__(self):
        if self.current > self.stop:
            raise StopIteration
        else:
            c = self.current
            self.current += 1
        return c

for c in Counter(101, 103):
    print(c, sep=', ')

c = Counter(201, 203)
while True:
    try:
        print(next(c), sep=', ')
    except StopIteration:
        break
```

```
101
102
103
201
202
203
```

生成器（Generator）

能不能用函数（不用 Class）写一个 Counter 呢？答案是：能，用生成器就行。

```
def counter(start, stop):
    while start <= stop:
        yield start
        start += 1
for i in counter(101, 105):
    print(i)
```

```
101
102
```

```
103
104
105
```

哎呀，怎么感觉这段代码简洁了很多呢？事实上，简洁与否并不是关键。看起来用生成器更简洁，无非是因为当前的例子更适合用生成器来实现而已。在不同的情况下，迭代器和生成器各有优势。

这里的关键在于 yield 语句。它和 return 语句最明显的不同在于，它之后的语句依然会被执行，而 return 语句之后的语句会被忽略。但是，正因为这个不同，在写生成器的时候，只能用 yield，不能用 return。你现在可以把以上代码中的 yield 改成 return，体会一下它们的不同。

生成器函数被 next() 调用后，执行 yield 语句并生成一个值返回（然后，继续执行 next() 外部剩余的语句）。下次再被 next() 调用的时候，将从上次生成返回值的 yield 语句处继续执行。如果感觉理解起来有困难，就多读几遍，然后想想：如果生成器中有多个 yield 语句，会是什么情况？

还有一种东西叫作生成器表达式。先看一个例子。

```python
even = (e for e in range(10) if not e % 2)
# odd = (o for o in range(10) if o % 2)
print(even)
for e in even:
    print(e)
```

```
<generator object <genexpr> at 0x107cc0048>
0
2
4
6
8
```

其实，这种表达式我们早就在 List Comprehension[1] 里见过了，List Comprehension 就是通过生成器表达式完成的。

> **注意**
>
> 仔细看 even = (e for e in range(10) if not e % 2) 这一句最外面那层括号——用了圆括号 ()。因此，even 就是由生成器创造的迭代器。
>
> 如果用的是方括号 []，even 就是由生成器创造的列表（List）。当然，如果用的是花括号 {}，生成的就是集合（Set）。

---

[1] 参见本书第 5 章第 6 节"数据容器"。

```
# even = (e for e in range(10) if not e % 2)
odd = [o for o in range(10) if o % 2]
print(odd)
for o in odd:
    print(o)
```

```
[1, 3, 5, 7, 9]
1
3
5
7
9
```

```
# even = (e for e in range(10) if not e % 2)
odd = {o for o in range(10) if o % 2}
print(odd)
for o in odd:
    print(o)
```

```
{1, 3, 5, 7, 9}
1
3
5
7
9
```

生成器表达式必须在括号内使用[1]，包括函数的参数的括号，示例如下。

```
sum_of_even = sum(e for e in range(10) if not e % 2)
print(sum_of_even)
```

```
20
```

函数内部当然可以包含其他函数。以下就是一个函数中包含其他函数的结构示例。

```
def a_func():
    def b_func():
        pass
    def c_func():
        pass
        def d_func():
            pass
```

---

[1] 参见 Python 官方网站的 HOWTOS，https://docs.python.org/3/howto/functional.html#generator-expressions-and-list-comprehensions。

```
        b_func()
    return True
```

如果我们想让一个函数返回另外一个函数，该怎么做呢？我们一步一步来。

```
def a_func():
    def b_func():
        print("Hi, I'm b_func!")
    print("Hi, I'm a_func!")
a_func()
```

```
Hi, I'm a_func!
```

```
def a_func():
    def b_func():
        print("Hi, I'm b_func!")
    print("Hi, I'm a_func!")
    b_func()
a_func()
```

```
Hi, I'm a_func!
Hi, I'm b_func!
```

我们可以将上面的代码写成下面这样——让 a_func() 将它内部的 b_func() 作为返回值。

```
def a_func():
    def b_func():
        print("Hi, I'm b_func!")
    print("Hi, I'm a_func!")
    return b_func()
a_func()
```

```
Hi, I'm a_func!
Hi, I'm b_func!
```

如果我们在 return 语句里只写函数名，会怎么样呢？就好像下面这样：

```
def a_func():
    def b_func():
        print("Hi, I'm b_func!")
    print("Hi, I'm a_func!")
    return b_func
a_func()
```

```
Hi, I'm a_func!
<function __main__.a_func.<locals>.b_func()>
```

这次返回的不是调用 b_func() 这个函数的执行结果，而是 b_func 这个函数本身。

装饰器（Decorator）

函数也是对象

这是关键：

> 函数本身也是对象（即，Python 定义的某个 Class 的一个 Instance）。

于是，函数本身其实可以与其他数据类型一样，作为其他函数的参数或者返回值。

让我们分步走。

在以下代码中，a_decorator 返回的是一个函数的调用，即 wrapper()，而不是 wrapper 这个函数本身。

```
def a_decorator(func):
    def wrapper():
        print('We can do sth. before a func is called...')
        func()
        print('... and we can do sth. after it is called...')
    return wrapper()

def a_func():
    print("Hi, I'm a_func!")

a_func()
a_decorator(a_func)
```

```
Hi, I'm a_func!
We can do sth. before a func is called...
Hi, I'm a_func!
... and we can do sth. after it is called...
```

如果返回的是函数本身，即 wrapper，输出结果跟你想的并不一样。

```
def a_decorator(func):
    def wrapper():
        print('We can do sth. before a func is called...')
```

```
        func()
        print('... and we can do sth. after it is called...')
    return wrapper

def a_func():
    print("Hi, I'm a_func!")

a_func()
a_decorator(a_func)
```

```
Hi, I'm a_func!
<function __main__.a_decorator.<locals>.wrapper()>
```

装饰器操作符

Python 提供了一个针对函数的操作符 @，它的作用嘛……很难一下子说清楚。先看看以下代码。

```
def a_decorator(func):
    def wrapper():
        print('We can do sth. before calling a_func...')
        func()
        print('... and we can do sth. after it was called...')
    return wrapper

@a_decorator
def a_func():
    print("Hi, I'm a_func!")

a_func()
```

```
We can do sth. before calling a_func...
Hi, I'm a_func!
... and we can do sth. after it was called...
```

在以上代码中，a_decorator(func) 返回的是 wrapper 这个函数本身。

在定义 a_func() 的时候，我们在它之前添加了 @a_decorator。这样做的结果是：

> 每次 a_func() 被调用的时候，因为它之前有 @a_decorator，所以它会先被当作参数传递到 a_decorator(func) 这个函数中，而真正的执行是在 a_decorator() 里完成的。

被 @ 调用的函数叫作装饰器（Decorator），例如以上代码中的 a_decorator(func)。

现在，可以简单、直接地把装饰器的作用说清楚了：

```
@a_decorator
def a_func():
    ...
```

等价于

```
def a_func():
    ...
a_func = a_decorator(a_func)
```

也就是用 a_decorator 的调用结果替换原来的函数。以后再调用 a_func 的时候，就是在调用 a_decorator 的返回值，而此时 a_decorator 本身已经执行完毕了。

装饰器的用途

Decorator 最常见的用途是什么呢？就是用来改变其他函数的行为。

```
def an_output():
    return 'The quick brown fox jumps over the lazy dog.'
print(an_output())
```

```
The quick brown fox jumps over the lazy dog.
```

```
def uppercase(func):
    def wrapper():
        original_result = func()
        modified_restult = original_result.upper()
        return modified_restult
    return wrapper

@uppercase
def an_output():
    return 'The quick brown fox jumps over the lazy dog.'
print(an_output())
```

```
THE QUICK BROWN FOX JUMPS OVER THE LAZY DOG.
```

可以给一个函数添加一个以上的装饰器。

```
def uppercase(func):
    def wrapper():
        original_result = func()
        modified_restult = original_result.upper()
        return modified_restult
    return wrapper
```

```
def strong(func):
    def wrapper():
        original_result = func()
        modified_restult = '<strong>'+original_result+'</strong>'
        return modified_restult
    return wrapper


@strong
@uppercase
def an_output():
    return 'The quick brown fox jumps over the lazy dog.'
print(an_output())
```

```
<strong>THE QUICK BROWN FOX JUMPS OVER THE LAZY DOG.</strong>
```

把两个装饰器的顺序调换一下，写成下面这样试试。

```
@uppercase
@strong
def an_output():
...
```

装饰器的执行顺序是"自下而上"的——其实"由里到外"更为准确——体会一下吧。

装饰带有参数的函数

目前，我们见到的使用装饰器的函数都是没有参数的，例如 an_output 和 a_func。

如果被装饰的函数有参数该怎么办？装饰器内部的代码又该怎么写？这时，Python 的 *args 和 **kwargs 的威力就显现出来了——之前因为怕麻烦而没有通过仔细反复阅读搞定 "一个星号和两个星号分别代表什么样的参数"这个知识点的人，现在恐怕要吃亏了……

装饰器函数本身应该这么写：

```
def a_decorator(func):
    def wrapper(*args, **kwargs):
        return original_result
    # ...
    return wrapper
```

在这里，(*args, **kwargs) 非常强大，可以匹配所有函数传递进来的所有参数。准确地讲，*args 负责接收并处理所有传递进来的位置参数，**kwargs 负责接收并处理所有传递进来的关键字参数。

假设我们有这么一个函数：

```
def say_hi(greeting, name=None):
    return greeting + '! ' + name + '.'

print(say_hi('Hello', 'Jack'))
```

```
Hello! Jack.
```

我们可以在装饰器里对函数名、参数都做一些事情，例如写一个 @trace 来告诉用户在调用一个函数的时候都发生了什么。

```
def trace(func):
    def wrapper(*args, **kwargs):
        print(f"Trace: You've called a function: {func.__name__}(),",
              f"with args: {args}; kwargs: {kwargs}")

        original_result = func(*args, **kwargs)
        print(f"Trace: {func.__name__}{args} returned: {original_result}")
        return original_result
    return wrapper

@trace
def say_hi(greeting, name=None):
    return greeting + '! ' + name + '.'

print(say_hi('Hello', name = 'Jack'))
```

```
Trace: You've called a function: say_hi(), with args: ('Hello',); kwargs: {'name':
'Jack'}
Trace: say_hi('Hello',) returned: Hello! Jack.
Hello! Jack.
```

掌握了以上基础知识，再去阅读 *Python Decorator Library* 的 Wikipedia 页面 [1]，就会轻松许多。

学会使用装饰器究竟有多重要

一定要学会使用装饰器，因为很多人就是不会。

Oreilly.com 上有篇文章，*5 reasons you need to learn to write Python decorators*，其中的第五条竟然是——Boosting your career！

---

[1] https://wiki.python.org/moin/PythonDecoratorLibrary。

Writing decorators isn't easy at first. It's not rocket science, but takes enough effort to learn, and to grok the nuances involved, that many developers will never go to the trouble to master it. And that works to your advantage. When you become the person on your team who learns to write decorators well, and write decorators that solve real problems, other developers will use them. Because once the hard work of writing them is done, decorators are so easy to use. This can massively magnify the positive impact of the code you write. And it just might make you a hero, too.

As I've traveled far and wide, training hundreds of working software engineers to use Python more effectively, teams have consistently reported writing decorators to be one of the most valuable and important tools they've learned in my advanced Python programming workshops.

为什么有那么多人就是学不会呢？只不过因为在此之前遇到 *args、**kwargs 的时候直接"晕倒"，没有再挣扎哪怕一下。

第14章第4节

正则表达式

正则表达式本质上是一种独立的语言，短小却格外强悍，以至如果没有学会正则表达式，之前所学的编程技能在实际使用时将大打折扣。

Wikipedia 对正则表达式的说明如下：

> **正则表达式**（英语：Regular Expression，在代码中常简写为 regex、regexp 或 RE），又称正规表示式、正规表示法、正规运算式、规则运算式、常规表示法，是计算机科学的一个概念。正则表达式使用单个字符串来描述、匹配一系列符合某个句法规则的字符串。在很多文本编辑器里，正则表达式通常被用来检索、替换那些符合某个模式的文本。许多程序设计语言都支持利用正则表达式进行字符串操作。例如，在 Perl 中就内建了一个功能强大的正则表达式引擎。正则表达式这个概念最初是由 UNIX 中的工具软件（例如 sed 和 grep）普及开的。

在绝大多数被翻译成中文的教程中，在讲解正则表达式时所使用的描述如下：

> 一个正则表达式（Regular Expression）通常被称为一个模式（Pattern）。

我常常觉得，当初要是把 "Regular Expression" 翻译成 "规则表达式"，那么初学者很可能就不会感受到这么大的压力了——谁都一样，眼看着由每一个都认识的字构成的词组，却无法直观地想到它究竟是什么东西，都会感到莫名的压力。

其实，在 "Regular" 的众多语义中，以下释义最符合 "Regular Expression" 的原意[1]：

---

[1] 释义摘自苹果电脑系统内置的《牛津英汉双解辞典》。

⑭ Linguistics 规则的 ▸ regular verbs 规则动词

而 "**Pattern**" 这个词，在词典里有好几个对应的中文词汇：

① 图案；② 式样；③ 图样；④ 榜样；⑤ 模式；⑥ 样品；⑦ 模子。

在当前语境中，把 "Pattern" 翻译成 "模子" 显然比翻译成 "模式" 更好，甚至翻译成 "样品" 感觉都比翻译成 "模式" 更恰当。"模子" 这个词很直观——拿一个模子去找与它一致的字符串。"与规则一致"，英文用的是 "**Match**"，一般翻译为 "匹配"。在自学编程的过程中，这种由翻译造成的迷惑、阻碍甚至拖延随处可见。

既然把 "Regular Expression" 翻译成 "规则表达式" 更好，那么，把 "Pattern" 直接翻译成 "规则" 可能更直观、更准确——理解起来更是毫无障碍。

一个规则表达式（Regular Expression）通常被称为一个规则（Pattern）。

那么，**规则表达式**里写的是什么呢？只能是**规则**。

这样看来，也就 "捕获"（Capture）这个词没什么歧义了。

现在，我们已经把术语全部 "解密" 了。看看下面的表述：

我们可以书写特定的规则，用于在文本中捕获与规则一致的字符串，而后对其进行操作。

理解起来相当顺畅。

在以下 Python 代码中，\wo\w[1][RE] 就是一个规则表达式（或称规则），re.findall(pttn, str) 的作用是在 str 里找到所有与这个**规则**（Pattern，模式）**一致**（Match，匹配）的字符串。

```
import re
str = 'The quick brown fox jumps over the lazy dog'
pttn = re.compile(r'\wo\w')
re.findall(pttn, str)
```

```
['row', 'fox', 'dog']
```

总结一下：

规则表达式（Regular Expressions，通常缩写为 Regex）是最强大的且不可或缺的文本处理工具。它的用处就是在文本中**扫描 / 搜索**（Scan/Search）与某一**规则**（Pattern）**匹配**（Match，即，与规则一致）的所有实例，按照规则**捕获**（Capture）其中的部分或者全部，对它们进行**替换**（Replace）。

接下来，为了避免出现歧义，我们将统一使用 Regex 及与它相关的英文单词 Pattern、Match、Capture、Replace（Replacement）等。

---

[1] 告诉你一个小秘密：访问 https://regexper.com/，在文本框中输入一个正则表达式，然后单击 "Display" 按钮，就能看到该正则表达式的图形化示意图。在本节中，绝大部分正则表达式都有上标 "[RE]"，相应的图形化示意图也都可以通过这个方法查看——你可以自己动手试试。

有时，使用 Regex 并不是为了 Replace，而是为了检查格式。例如，可以用 Regex 检查用户输入的密码是否过于简单，验证用户输入的电话号码、证件号码是否符合特定格式，等等。

另外，在自学的过程中，想办法把所有术语都用简单、直白的"人话"重新表述清楚是一种特别有效的促进进步的行为模式。

视觉体验

所谓"百闻不如一见"——想办法让一个陌生的概念在视觉上变得直观，是突破大部分学习障碍的最为直接、有效的方式。

我们直接来看 Regex 的工作过程。用微软发行的代码编辑工具 Visual Studio Code 对一小段文本使用若干条 Regex 进行匹配的过程如下：

> https://raw.githubusercontent.com/selfteaching/the-craft-of-selfteaching/master/images/regex-test.gif?raw=true

在 Python 的项目代码仓库里有一个非常简短的 Demo 程序，叫作 redemo.py[1]，它使用 Tcl/Tk[2] 作为图形界面。redemo.py 也可以用来测试正则表达式，它的代码地址是：

> https://raw.githubusercontent.com/python/cpython/master/Tools/demo/redemo.py

redemo.py 的运行界面

[1] https://github.com/python/cpython/blob/master/Tools/demo/redemo.py。
[2] https://docs.python.org/3/library/tkinter.html。

目前[1]网上最方便的 Regex 测试器是 regex101.com[2]。打开该测试器，在一段文本中找出所有首字母为大写的词汇，然后，将这些词汇中的所有字母，先替换成小写，再替换为大写，过程如下（使用的正则表达式是 ([A-Z]\w+)[RE]，替换表达式分别是 \L$1 和 \U$1）。

> https://raw.githubusercontent.com/selfteaching/the-craft-of-selfteaching/master/images/regex101.gif?raw=true

因为这个网站实在是太棒了，所以，在日常使用中，我用 Nativefier[3] 将它打包了成一个 Mac Desktop App。不过，它也有局限——被搜索的文件体积稍微大一点就会报错……

准备工作

在练习使用正则表达式进行搜索和替换时，我们需要一个目标文件。这个文件是一个文本文件，保存在本书电子版的根目录[4]下，名称是 regex-target-text-sample.txt。

在以下代码中，pttn = r'beg[iau]ns?' 中的 beg[iau]ns?[RE] 就是 Regex 的 Pattern，而 re.findall(pttn, str) 的意思是把 str 中所有与 pttn 这个规则一致的字符串都找出来。

> **注意**
>
> 在 Python 代码中写 Pattern 时，之所以要在字符串 '...' 前面加上 r（写成 r'...'），是因为：如果不用 raw string，那么每个转义符号都要写成 \\；如果用 raw string，就可以直接使用转义符号 \。当然，如果想搜索 \ 这个符号本身，还是得写成 \\。

```
import re
with open('regex-target-text-sample.txt', 'r') as f:
    str = f.read()
pttn = r'beg[iau]ns?'
re.findall(pttn, str)
```

```
['begin', 'began', 'begun', 'begin']
```

regex-target-text-sample.txt 文件的内容如下。

```
<ol>
    <li><pre>begin began begun bigins begining</pre></li>
    <li><pre>google gooogle goooogle goooooogle</pre></li>
    <li><pre>coloured color coloring  colouring colored</pre></li>
    <li><pre>never ever verb however everest</pre></li>
```

---

[1] 本书写于 2019 年年初。

[2] https://regex101.com/。

[3] https://github.com/jiahaog/nativefier。

[4] https://github.com/selfteaching/the-craft-of-selfteaching。

```
    <li><pre>520 52000 5200000 520000000 520000000000</pre></li>
    <li><pre>error wonderer achroiocythaemia achroiocythemia</pre></li>
    <li><pre>The white dog wears a black hat.</pre></li>
    <li><pre>Handel, Händel, Haendel</pre></li>
</ol>
<dl>(843) 542-4256</dl> <dl>(431) 270-9664</dl>
<dl>3336741162</dl> <dl>3454953965</dl>
<ul>
<li>peoplesr@live.com</li> <li>jaxweb@hotmail.com</li>
<li>dhwon@comcast.net</li> <li>krueger@me.com</li>
</ul>
<h3>URLs</h3>
https://docs.python.org/3/howto/regex.html
https://docs.python.org/3/library/re.html
<h3>passwords</h3>
Pasw0rd~
i*Eh,GF67E
a$4Bh9XE&E
<h3>duplicate words</h3>
<p>It's very very big.</p>
<p>Keep it simple, simple, simple!</p>
```

在本节后面的示例中，考虑到读者在阅读时总是希望能直接看到被搜索的字符串，所以我在一些情况下直接设定了 str 的值，而没有使用以上文本文件的全部内容。另外，如果使用以上文本文件的全部内容，得到的 Match 会非常多，这也确实影响阅读。

优先级

现在，你已经不是之前那个什么都不懂的人了。你已经知道一个事实：编程语言无非是用来运算的。

既然是运算，就有操作符（Operators）和操作元（Operands），而操作符肯定是有优先级的，不然那么多操作元和操作符放在一起，究竟先执行哪一个呢？

Regex 也一样，它本身就是一种迷你语言（Mini Language）。在 Regex 中，操作符肯定也有优先级。Regex 的操作元有一个专门的名称，叫作原子。

我们大致了解一下 Regex 的操作符优先级。

操作符优先级

排　序	原子与操作符优先级	按优先级从高到低排列
1	转义符号（Escaping Symbol）	\
2	分组或捕获（Grouping or Capturing）	(...)、(?:...)、(?=...)、(?!...)、(?<=...)、(?<!...)
3	数量（Quantifiers）	a*、a+、a?、a{n, m}
4	序列与定位（Sequence and Anchor）	abc、^、$、\b、\B
5	或（Alternation）	a|b|c
6	原子（Atoms）	a、[^abc]、\t、\r、\n、\d、\D、\s、\S、\w、\W、.

当然，在此之前，如果你没有自学过、理解过 Python（或者任何其他编程语言）表达式中的操作符优先级，那么，一上来就看上面的表格，不仅对你没有帮助，而且只能让你更加迷惑——理解能力是逐步积累、逐步提高的。

原子

在 Regex 的 Pattern 中，操作元（即，被运算的"值"）被称作原子。

本义字符

最基本的原子就是本义字符，它们都是单个字符。

本义字符包括小写字母 a 到 z、大写字母 A 到 Z、数字 0 到 9 及下画线"_"——它们所代表的就是它们的字面值，相当于 `string.ascii_letters`、`string.digits` 及 `_`。

```
from IPython.core.interactiveshell import InteractiveShell
InteractiveShell.ast_node_interactivity = "all"

import string
string.ascii_letters
string.digits
```

```
'abcdefghijklmnopqrstuvwxyzABCDEFGHIJKLMNOPQRSTUVWXYZ'
'0123456789'
```

以下字符在 Regex 中都有特殊的含义。

| \、+、*、.、?、-、^、$、|、(、)、[、]、{、}、<、>。

当我们写 Regex 的时候，如果需要搜索的字符不是本义字符，而是以上这些特殊字符，

建议直接给它们加上转义符 \。如果想搜索 '，就写 \'；如果想搜索 #，就写 \#[1]——这对初学者来说可能是最安全的策略了。

跟过往一样，所有的细节都很重要，它们就是需要花时间逐步熟悉最终牢记的。

集合原子

集合原子还是原子。

标识集合原子，使用方括号 []。[abc] 的意思是 "a 或 b 或 c"，即 abc 中的任意一个字符。例如，beg[iau]n[RE] 能够代表 begin、began 及 begun。

```
import re

str = 'begin began begun bigins begining'
pttn = r'beg[iau]n'
re.findall(pttn, str)
```

```
['begin', 'began', 'begun', 'begin']
```

在方括号中，我们可以使用 -（区间）和 ^（非）两个操作符。

- [a-z] 表示从小写字母 a 到小写字母 z 中的任意一个字符。
- [^abc] 表示 abc 以外的任意字符，即，非 [abc] 的字符。

  注意

  在一个集合原子中，^ 符号只能使用一次，且只能紧跟 [，否则不起作用。

类别原子

类别原子是指那些能够代表一类字符的原子，它们都得使用转义符号和另外一个符号来表达。

- \d：任意数字，等价于 [0-9]。
- \D：任意非数字，等价于 [^0-9]。
- \w：任意本义字符，等价于 [a-zA-Z0-9_]。
- \W：任意非本义字符，等价于 [^a-zA-Z0-9_]。
- \s：任意空白，相当于 [\f\n\r\t\v]（注意：方括号内第一个字符是空格）。
- \S：任意非空白，相当于 [^ \f\n\r\t\v]（注意：紧随 ^ 的是一个空格）。
- .：除 \r、\n 之外的任意字符，相当于 [^\r\n]。

---

[1] 事实上，# 不是 Regex 中的特殊符号，所以，它前面的转义符可有可无。

类别原子挺容易记忆的——如果你知道各个字母是哪个词（或词组）的首字母的话。

- d——digits。
- w——word characters。
- s——spaces。

另外，在空白的集合 [\f\n\r\t\v] 中，\f 是分页符，\n、\r 是换行符，\t 是制表符，\v 是纵向制表符（很少使用）。

各种关于空白的转义符也挺容易记忆的——如果你知道各个字母是哪个词（或词组）的首字母的话。

- f——flip。
- n——new line。
- r——return。
- t——tab。
- v——vertical tab。

```
import re

str = '<dl>(843) 542-4256</dl> <dl>(431) 270-9664</dl>'
pttn = r'\d\d\d\-'
re.findall(pttn, str)
```

```
['542-', '270-']
```

边界原子

我们可以用边界原子来指定边界。边界原子也称"定位操作符"。

- ^：匹配被搜索的字符串的开始位置。
- $：匹配被搜索的字符串的结束位置。
- \b：匹配单词边界。例如，er\b[RE] 能匹配 coder 中的 er，却不能匹配 error 中的 er。
- \B：匹配非单词边界。例如，er\B[RE] 能匹配 error 中的 er，却不能匹配 coder 中的 er。

```
import re

str = 'never ever verb however everest'
pttn = r'er\b'
re.findall(pttn, str)
pttn = r'er\B'
re.findall(pttn, str)
```

```
['er', 'er', 'er']
['er', 'er']
```

> **注意**
>
> ^ 和 $ 在 Python 语言中会分别被 \A 和 \Z 替代。
>
> 事实上，每种语言或多或少都对 Regex 有自己的定制，不过本节讨论的绝大多数
> 细节都是通用的。

组合原子

我们可以用圆括号 () 将多个单字符原子组合成一个原子。这样做的结果是：圆括号 ()
内的字符串将被当成一个原子，可以被后面要讲解的数量操作符操作。

() 这个操作符有两个作用：**组合**（Grouping），就是我们刚刚讲到的这个作用；**捕获**
（Capturing），在后面会讲到。

注意区别 er[RE]、[er][RE] 和 (er)[RE]。

- er 是两个原子，即 'e' 和紧随其后的 'r'。
- [er] 是一个原子，或者是 'e'，或者是 'r'。
- (er) 是一个原子，即 'er'。

接下来讲解数量操作符的时候会再次强调这一点。

数量操作符

数量操作符有：+、?、*、{n, m}。它们用来限定位于它们之前的原子出现的次数；如
果没有数量限定，则代表该原子出现且仅出现一次。

- + 代表前面的原子必须出现至少一次，即：出现次数 ≥ 1。

  例如，go+gle[RE] 可以匹配 google、gooogle、goooogle 等。
- ? 代表前面的原子最多只能出现一次，即：0 ≤ 出现次数 ≤ 1。

  例如，colou?red[RE] 可以匹配 colored、coloured。
- * 代表前面的原子可以不出现，也可以出现一次或者多次，即：出现次数 ≥ 0。

  例如，520*[RE] 可以匹配 52、520、52000、5200000、520000000000 等。
- {n} 之前的原子出现确定的 n 次。
- {n,} 之前的原子出现至少 n 次。
- {n, m} 之前的原子出现至少 n 次，至多 m 次。

  例如，go{2,5}gle[RE] 能匹配 google、gooogle、goooogle、gooooogle，但不能匹配
  gogle 和 goooooogle。

```
from IPython.core.interactiveshell import InteractiveShell
InteractiveShell.ast_node_interactivity = "all"

import re
with open('regex-target-text-sample.txt', 'r') as f:
    str = f.read()

pttn = r'go+gle'
re.findall(pttn, str)

pttn = r'go{2,5}gle'
re.findall(pttn, str)

pttn = r'colou?red'
re.findall(pttn, str)

pttn = r'520*'
re.findall(pttn, str)
```

```
['google', 'gooogle', 'goooogle', 'gooooogle']

['google', 'gooogle', 'goooogle']

['coloured', 'colored']

['520', '52000', '5200000', '520000000', '520000000000']
```

数量操作符的操作对象是它前面的原子。换言之，数量操作符的操作元是操作符前面的原子。

本节前面提到过，要注意区别 er、[er] 和 (er)。

- er 是两个原子，即 'e' 和紧随其后的 'r'。
- [er] 是一个原子，或者是 'e'，或者是 'r'。
- (er) 是一个原子，即 'er'。

```
from IPython.core.interactiveshell import InteractiveShell
InteractiveShell.ast_node_interactivity = "all"

import re

str = 'error wonderer severeness'

pttn = r'er'
re.findall(pttn, str)

pttn = r'[er]'
```

```
re.findall(pttn, str)

pttn = r'(er)'
re.findall(pttn, str)
```

```
['er', 'er', 'er', 'er']
['e', 'r', 'r', 'r', 'e', 'r', 'e', 'r', 'e', 'e', 'r', 'e', 'e']
['er', 'er', 'er', 'er']
```

虽然在以上代码中看不出 er 和 (er) 的区别，但是加上数量操作符就不一样了——因为**数量操作符只对它前面的那个原子进行操作**。

```
from IPython.core.interactiveshell import InteractiveShell
InteractiveShell.ast_node_interactivity = "all"

import re

str = 'error wonderer severeness'

pttn = r'er+'
re.findall(pttn, str)

pttn = r'[er]+'
re.findall(pttn, str)

pttn = r'(er)+'
re.findall(pttn, str)
```

```
['err', 'er', 'er', 'er']
['err', 'r', 'erer', 'e', 'ere', 'e']
['er', 'er', 'er']
```

或操作符

或操作符 | 是所有操作符中优先级最低的——数量操作符的优先级都比它高。所以，| 前后的原子在被数量操作符（如果有的话）操作之后才交给 | 来操作。

于是，begin|began|begun[RE] 能够匹配 begin、began 或 begun。

```
import re

str = 'begin began begun begins beginn'
pttn = r'begin|began|begun'
re.findall(pttn, str)
```

```
['begin', 'began', 'begun', 'begin', 'begin']
```

在集合原子（即，[] 内的原子）中，各个原子之间的关系只有"或"（相当于方括号中的每个原子之间都有一个被省略的 |）。

> **注意**
>
> 方括号中的 | 不被当作特殊符号，而被当作 | 这个符号本身。
>
> 方括号中的圆括号 () 也被当作圆括号本身，而没有分组的含义。

```
from IPython.core.interactiveshell import InteractiveShell
InteractiveShell.ast_node_interactivity = "all"

import re

str = 'achroiocythaemia achroiocythemia a|e'
pttn = r'[a|ae]'
re.findall(pttn, str)

pttn = r'[a|e]'
re.findall(pttn, str)

pttn = r'[ae]'
re.findall(pttn, str)

pttn = r'[(ae)]'
re.findall(pttn, str)

pttn = r'[a|ae|(ae)]'
re.findall(pttn, str)
```

```
['a', 'a', 'e', 'a', 'a', 'e', 'a', 'a', '|', 'e']
```

匹配并捕获

捕获（Capture）使用的符号是圆括号 ()。使用圆括号得到的匹配的值被暂存成一个带有索引的列表，第一个是 $1、第二个是 $2……依此类推。随后，我们可以在替换的过程中使用 $1、$2……中保存的值。

> **注意**
>
> 在 Python 语言中调用 re 模块之后，在 re.sub() 中调用被匹配的值，使用的索引方法是 \1、\2……依此类推。

```
import re
str = 'The white dog wears a black hat.'
pttn = r'The (white|black) dog wears a (white|black) hat.'
re.findall(pttn, str)

repl = r'The \2 dog wears a \1 hat.'
re.sub(pttn, repl, str)

repl = r'The \1 dog wears a \1 hat.'
re.sub(pttn, repl, str)
```

```
[('white', 'black')]
'The black dog wears a white hat.'
'The white dog wears a white hat.'
```

非捕获匹配

如果我们并不想捕获圆括号中的内容，使用它只是为了分组，那么，我们就可以在圆括号内的开头加上 ?:（即 (?:...)）。

```
import re
str = 'The white dog wears a black hat.'
pttn = r'The (?:white|black) dog wears a (white|black) hat.'
re.findall(pttn, str)                      # 只捕获了一处，也就是说，将来只有一个值可以被引用

repl = r'The \1 dog wears a \1 hat.'   # 之前的一处捕获，在替换时可被多次引用
re.sub(pttn, repl, str)
```

```
['black']

'The black dog wears a black hat.'
```

在 Python 代码中使用正则表达式进行匹配、捕获及随后的替换，有更灵活的方式，因为我们可以直接对那些值进行编程。在 re.sub() 中，repl 参数甚至可以接收另外一个函数作为参数——以后你肯定会自行认真阅读下面这个页面中的所有内容：

| https://docs.python.org/3/library/re.html

关于非捕获匹配，还有若干操作符。

(?=pattern)——正向肯定预查（look ahead positive assert）

从任何匹配规则的字符串的开始处匹配查找字符串。这是一个非获取匹配，也就是说，不需要获取该匹配供以后使用。例如，`Windows(?=95|98|NT|2000)`[RE] 能匹配 Windows2000 中的 `Windows`，但不能匹配 Windows3.1 中的 `Windows`。预查不消耗字符，也就是说，当一个匹配发生后，在最后一次匹配之后立即开始下一次匹配的搜索，而不是从包含预查的字符之后开始搜索。

(?!pattern)——正向否定预查（negative assert）

从任何不匹配规则的字符串的开始处匹配查找字符串。这是一个非获取匹配，也就是说，不需要获取该匹配供以后使用。例如，`Windows(?!95|98|NT|2000)`[RE] 能匹配 Windows3.1 中的 `Windows`，但不能匹配 Windows2000 中的 `Windows`。预查不消耗字符，也就是说，当一个匹配发生后，在最后一次匹配之后立即开始下一次匹配的搜索，而不是从包含预查的字符之后开始搜索。

(?<=pattern)——反向（look behind）肯定预查

与正向肯定预查类似，只是方向相反。例如，`(?<=95|98|NT|2000)Windows`[RE] 能匹配 2000Windows 中的 `Windows`，但不能匹配 3.1Windows 中的 `Windows`。

(?<!pattern)——反向否定预查

与正向否定预查类似，只是方向相反。例如，`(?<!95|98|NT|2000)Windows`[RE] 能匹配 3.1Windows 中的 `Windows`，但不能匹配 2000Windows 中的 `Windows`。

控制标记

有几个全局控制标记（Flag）需要了解，其中最常默认指定的是 `G` 和 `M`。

A/ASCII：默认为 `False`。

- `\d`、`\D`、`\w`、`\W`、`\s`、`\S`、`\b`、`\B` 等，只限于 ASCII 字符。
- 行内写法：`(?a)`。
- Python `re` 模块中的常量：`re.A`、`re.ASCII`。

I/IGNORECASE：默认为 `False`。

- 忽略字母大小写。
- 行内写法：`(?i)`。
- Python `re` 模块中的常量：`re.I`、`re.IGNORECASE`。

G/GLOBAL：默认为 `True`。

- 找到第一个 `match` 之后不返回。

- 行内写法：(?g)。
- 在 Python re 模块中，这个标记不能更改，默认为 TRUE。

L/LOCALE：默认为 False。

- 由本地语言设置决定 \d、\D、\w、\W、\s、\S、\b、\B 等的内容。
- 行内写法：(?L)。
- Python re 模块中的常量：re.L、re.LOCALE。

M/MULTILINE：默认为 True。

- 使用本标志后，当使用 ^ 和 $ 匹配行首和行尾时，会增加换行符之前和之后的位置。
- 行内写法：(?m)。
- Python re 模块中的常量：re.M、re.MULTILINE。

S/DOTALL：默认为 False。

- 使 . 完全匹配任意字符，包括换行。如果没有这个标志，. 将匹配 n、r 之外的任意字符。
- 行内写法：(?s)。
- Python re 模块中的常量：re.S、re.DOTALL。

X/VERBOSE：默认为 False。

- 当该标志被指定时，Pattern 中的的空白字符会被忽略，除非该空白字符在圆括号、方括号中，或者在反斜杠 \ 之后。这样做的结果是允许将注释写入 Pattern，这些注释会被 Regex 解析引擎忽略。注释用 # 标识，不过该符号不能写在字符串或反斜杠之后。
- 行内写法：(?x)。
- Python re 模块中的常量：re.X、re.VERBOSE。

几个常用的 Regex

以下几个常用的 Regex[1] 值得保存。

- matching username
  /^[a-z0-9_-]{3,16}$/[RE]
- matching password[2]
  /^[a-z0-9_-]{6,18}$/[RE]

---

[1] *8 Regular Expressions You Should Know*, Vasili, https://code.tutsplus.com/tutorials/8-regular-expressions-you-should-know--net-6149。

[2] 对用于校验密码强度的正则表达式，往往需要设置更为复杂的规则。Stackoverflow 上的一则答复中有很好的示例：https://stackoverflow.com/a/21456918。

- matching a HEX value

  `/^#?([a-f0-9]{6}|[a-f0-9]{3})$/`[RE]

- matching a slug

  `/^[a-z0-9-]+$/`[RE]

- matching email address

  `/^([a-z0-9_\.-]+)@([\da-z\.-]+)\.([a-z\.]{2,6})$/`[RE]

- matching a URL

  `/^(https?:\/\/)?([\da-z\.-]+)\.([a-z\.]{2,6})([\/\w \.-]*)*\/?$/`[RE]

- matching an IP address

  `/^(?:(?:25[0-5]|2[0-4][0-9]|[01]?[0-9][0-9]?)\.){3}(?:25[0-5]|2[0-4][0-9]|[01]?[0-9][0-9]?)$/`[RE]

- matching a HTML tag

  `/^<([a-z]+)([^<]+)*(?:>(.*)<\/\1>|\s+\/>)$/`[RE]

写 Regex 时最烧脑的地方在于"使其全面"——要考虑到各种意外情况。当然，除非必要，也不要在"全面"上花太多时间。给你看一个据说能在最大程度上匹配所有的电子邮件地址的 Regex，感受一下这种非必要的"全面"：

> http://www.ex-parrot.com/pdw/Mail-RFC822-Address.html

趣事一则

ELIZA[1] 是人类史上第一个所谓"聊天机器人"程序，它实现于 1966 年，核心是：使用正则表达式匹配对方语句中的关键词汇，经过替换，形成看似有意义的"回应"。但事实上，ELIZA 完全不知道自己在说什么……

1972 年，另外一个聊天机器人 PARRY[2] 被写了出来。

1973 年，这两个聊天机器人在 ARPANET "碰面"，好好地"聊"了一下[3]。

> ELIZA: Good Evening. Tell me your problems. Please terminate input with a period or a
>
>   question mark.
>
> PARRY: People get on my nerves sometimes.
>
> ELIZA: I am not sure I understand you fully.

---

[1] https://en.wikipedia.org/wiki/ELIZA。

[2] https://en.wikipedia.org/wiki/PARRY。PARRY 的源代码是用 LISP 语言写的：http://www.cs.cmu.edu/afs/cs/project/ai-repository/ai/areas/classics/parry/。

[3] ELIZA 和 PARRY 的完整聊天记录：https://tools.ietf.org/html/rfc439。

PARRY: You should pay more attention.

ELIZA: Suppose you should pay more attention.

PARRY: You're entitled to your own opinion.

ELIZA: What makes you think I am entitled to my own opinion?

PARRY: It bothers me just to be around people in general.

ELIZA: Please go on.

PARRY: I went to the track at Bay Meadows a while back.

ELIZA: What does that suggest to you?

PARRY: I went to the races.

......

后人用 Python 重新实现了 ELIZA 的程序代码。你可以直接执行这些代码，与 ELIZA 聊聊天。

https://raw.githubusercontent.com/jezhiggins/eliza.py/master/eliza.py

第 14 章 第 5 节

BNF 和 EBNF

在通常情况下，你很少会在编程入门书籍里读到关于 Backus – Naur Form（BNF，巴科斯 – 诺尔范式）和 Extended Backus – Naur Form（EBNF）的内容。它们被普遍认为是"非专业人士无须了解的话题"——隐藏的含义是"就算给他们讲，他们也无论如何都弄不懂"。

然而，在我看来，这件事非讲不可——这是由《自学是门手艺》这本书的设计目标决定的。从严格意义上讲，以自学编程为例，如果仅仅为了让读者"入门"，我完全没必要自己动手耗时费力写这么多东西。编程入门书籍，或者 Python 编程入门书籍，已经有太多了，其中质量过硬的也多了去了；如果你没有英文阅读障碍，那你还会发现，网上有很多优质的英文免费 Python 教程——真的轮不到李笑来同学再写一次。

我写这本书的目标是：

> 让读者从认知自学能力开始，以自学编程为第一次实践，逐步完整地掌握自学能力，进而在随后漫长的人生中，需要什么就去学什么。

不用非得找人教、找人带——只有这样，**"前途"**这两个字才会变得实在。

我最希望做到的是：通过这本书了解了自学的方法论，以及编程和 Python 编程的基础概念之后，你能**自顾自地踏上征程**，**一路走下去**。至于走到哪里、能走到哪里，就看你的了。当然，会自学的人运气一定不会差。

于是，这本"书"的核心目标之一，换个说法就是：

> 我希望读者在读完《自学是门手艺》之后，有能力独立地全面研读 Python 的官方文档，甚至各种编程语言和软件的相关文档（当然，包括它们的官方文档）。

自学编程，很像独自一人冲入一片很大的、里面什么动物都有的丛林，虽然丛林里有的地方很美，可若没有地图和指南针，就会迷失方向。事实上，并不是没有"地图"——别说Python了，无论什么编程语言（包括软件），都有翔实的官方文档。只是很多人无论买了多少书、上过多少课，就是不去用官方"地图"——就不！而这并不是因为"第三方地图"更好用，实际的原因他们难以启齿：

- 官方文档阅读量太大了。（嗯？地图不是越详细越好吗？）
- 也不是没看过官方文档，主要是看不懂。（这对初学者来说倒是个问题！）

所以，我认为这本"书"最重要的工作是：

  为读者解读地图上的"图例"。此后，读者在任何时候都能彻底读懂"地图"。

很多人在读 *The Python Tutorial* 的时候就已经觉得吃力了，读到 *The Python Standard Libraries*[1] 和 *The Python Language References*[2] 的时候就基本上放弃了。

下面的内容摘自 *string*—*Common string operations*[3]。

  Format Specification Mini – Language ... The general form of a standard format specifier is:

```
format_spec        ::=  [[fill]align][sign][#][0][width][grouping_option]
[.precision][type]
fill               ::=  <any character>
align              ::=  "<" | ">" | "=" | "^"
sign               ::=  "+" | "-" | " "
width              ::=  digit+
grouping_option ::=  "_" | ","
precision          ::=  digit+
type               ::=  "b" | "c" | "d" | "e" | "E" | "f" | "F" | "g" |
                        "G" | "n" | "o" | "s" | "x" | "X" | "%"

...
```

看着一大堆的 ::=、[]、|，马上就懵了。

这是 BNF 描述（还是 Python 自己定制的 EBNF）。为了理解它们，最好研究一下"上下文无关文法"（Context-free Grammar）[4]，没准儿未来你一高兴就会去玩一般人不敢玩的各种 Parser，甚至干脆自己写一门编程语言。不过，现在我们完全可以跳过那些复杂的东西，因为当前的目标只不过是"能够读懂那些符号的含义"。

这些描述真的不难理解——它就是用语法描述的方法。例如，什么是符合语法的整数（Integer）呢？符合以下语法描述的就是整数（使用 Python 的 EBNF）。

---

[1] https://docs.python.org/3/library/index.html。

[2] https://docs.python.org/3/reference/index.html。

[3] https://docs.python.org/3/library/string.html。

[4] https://en.wikipedia.org/wiki/Context-free_grammar。

```
integer ::= [sign] digit +
sign    ::= "+" | "-"
digit   ::= "0" | "1" | "2" | "3" | "4" | "5" | "6" | "7" | "8" | "9"
```

在以上语法描述中，基本符号没有几个。它们各自的含义如下。

- ::=：表示定义。
- < >：尖括号中的内容是必选内容。
- [ ]：方括号中的内容是可选项。
- " "：双引号中的内容是字符。
- |：竖线两边的内容是可选内容。它相当于 or。
- *：表示零个或者多个。
- +：表示一个或者多个。

于是：

interger 是由"可选的 sign"和"一个或者多个 digit 的集合"构成的——第 1 行末尾那个 + 的作用和正则表达式里的 + 一样。

sign 的定义是什么呢？要么是 +，要么是 -。

digit 的定义是什么呢？从 "0" 到 "9" 的任何一个值。

因此，99、+99、-99 都是符合以上语法描述的 integer，但 99+ 和 99- 肯定不是符合以上语法描述的 integer。

很简单吧？就是在 ::= 左边逐行列出一个语法的所有要素，然后在右边逐行、逐一定义，直至全部要素定义完毕。

也许那些此前已经熟悉 BNF 范式的人会有点惊讶："你怎么连'终结符'和'非终结符'这种最基本的概念都跳过了？"是呀，即便不触碰这两个概念，也能讲到"能马上开始用"的程度。这就是我经常说的："人类有一个神奇的本领——擅长使用自己并不懂的东西。"

Python 对 BNF 的拓展就借鉴了正则表达式[1]——从最后两个符号 *、+ 的使用就能看出来。顺带说一下，这也是这本书里非要讲其他入门书籍里不讲的正则表达式的原因之一。

另外，Python 社区里的文档是在二十来年中积累下来的，有时标注方法并不一致。例如，描述 Python Full Grammar specification[2] 时使用的语法标注符号体系就跟前面描述 String 时的不一样。

- :：表示定义。
- [ ]：方括号中的内容是可选项。

---

[1] The Python Language Reference » 1.2 Notation，https://docs.python.org/3/reference/introduction.html#notation——这个链接必须看一看。

[2] https://docs.python.org/3/reference/grammar.html。

- ' '：单引号中的内容是字符。
- |：竖线两边的内容是可选内容。它相当于 or。
- *：表示零个或者多个。
- +：表示一个或者多个。

用冒号：替代了 ::=，用单引号 ' ' 替代了双引号 " "，而尖括号 < > 干脆不用了。

```
# Grammar for Python

# NOTE WELL: You should also follow all the steps listed at
# https://devguide.python.org/grammar/

# Start symbols for the grammar:
#       single_input is a single interactive statement;
#       file_input is a module or sequence of commands read from an input file;
#       eval_input is the input for the eval() functions.
# NB: compound_stmt in single_input is followed by extra NEWLINE!
single_input: NEWLINE | simple_stmt | compound_stmt NEWLINE
file_input: (NEWLINE | stmt)* ENDMARKER
eval_input: testlist NEWLINE* ENDMARKER

decorator: '@' dotted_name [ '(' [arglist] ')' ] NEWLINE
decorators: decorator+
decorated: decorators (classdef | funcdef | async_funcdef)

async_funcdef: 'async' funcdef
funcdef: 'def' NAME parameters ['->' test] ':' suite

parameters: '(' [typedargslist] ')'
typedargslist: (tfpdef ['=' test] (',' tfpdef ['=' test])* [',' [
        '*' [tfpdef] (',' tfpdef ['=' test])* [',' ['**' tfpdef [',']]]
      | '**' tfpdef [',']]]
  | '*' [tfpdef] (',' tfpdef ['=' test])* [',' ['**' tfpdef [',']]]
  | '**' tfpdef [','])
tfpdef: NAME [':' test]
varargslist: (vfpdef ['=' test] (',' vfpdef ['=' test])* [',' [
        '*' [vfpdef] (',' vfpdef ['=' test])* [',' ['**' vfpdef [',']]]
      | '**' vfpdef [',']]]
  | '*' [vfpdef] (',' vfpdef ['=' test])* [',' ['**' vfpdef [',']]]
  | '**' vfpdef [',']
)
vfpdef: NAME

stmt: simple_stmt | compound_stmt
simple_stmt: small_stmt (';' small_stmt)* [';'] NEWLINE
small_stmt: (expr_stmt | del_stmt | pass_stmt | flow_stmt |
            import_stmt | global_stmt | nonlocal_stmt | assert_stmt)
```

```
expr_stmt: testlist_star_expr (annassign | augassign (yield_expr|testlist) |
                    ('=' (yield_expr|testlist_star_expr))*)
annassign: ':' test ['=' test]
testlist_star_expr: (test|star_expr) (',' (test|star_expr))* [',']
augassign: ('+=' | '-=' | '*=' | '@=' | '/=' | '%=' | '&=' | '|=' | '^=' |
            '<<=' | '>>=' | '**=' | '//=')
# For normal and annotated assignments, additional restrictions enforced by the
interpreter
del_stmt: 'del' exprlist
pass_stmt: 'pass'
flow_stmt: break_stmt | continue_stmt | return_stmt | raise_stmt | yield_stmt
break_stmt: 'break'
continue_stmt: 'continue'
return_stmt: 'return' [testlist]
yield_stmt: yield_expr
raise_stmt: 'raise' [test ['from' test]]
import_stmt: import_name | import_from
import_name: 'import' dotted_as_names
# note below: the ('.' | '...') is necessary because '...' is tokenized as ELLIPSIS
import_from: ('from' (('.' | '...')* dotted_name | ('.' | '...')+)
              'import' ('*' | '(' import_as_names ')' | import_as_names))
import_as_name: NAME ['as' NAME]
dotted_as_name: dotted_name ['as' NAME]
import_as_names: import_as_name (',' import_as_name)* [',']
dotted_as_names: dotted_as_name (',' dotted_as_name)*
dotted_name: NAME ('.' NAME)*
global_stmt: 'global' NAME (',' NAME)*
nonlocal_stmt: 'nonlocal' NAME (',' NAME)*
assert_stmt: 'assert' test [',' test]

compound_stmt: if_stmt | while_stmt | for_stmt | try_stmt | with_stmt | funcdef |
classdef | decorated | async_stmt
async_stmt: 'async' (funcdef | with_stmt | for_stmt)
if_stmt: 'if' test ':' suite ('elif' test ':' suite)* ['else' ':' suite]
while_stmt: 'while' test ':' suite ['else' ':' suite]
for_stmt: 'for' exprlist 'in' testlist ':' suite ['else' ':' suite]
try_stmt: ('try' ':' suite
           ((except_clause ':' suite)+
            ['else' ':' suite]
            ['finally' ':' suite] |
            'finally' ':' suite))
with_stmt: 'with' with_item (',' with_item)* ':' suite
with_item: test ['as' expr]
# NB compile.c makes sure that the default except clause is last
except_clause: 'except' [test ['as' NAME]]
suite: simple_stmt | NEWLINE INDENT stmt+ DEDENT

test: or_test ['if' or_test 'else' test] | lambdef
```

```
test_nocond: or_test | lambdef_nocond
lambdef: 'lambda' [varargslist] ':' test
lambdef_nocond: 'lambda' [varargslist] ':' test_nocond
or_test: and_test ('or' and_test)*
and_test: not_test ('and' not_test)*
not_test: 'not' not_test | comparison
comparison: expr (comp_op expr)*
# <> isn't actually a valid comparison operator in Python. It's here for the
# sake of a __future__ import described in PEP 401 (which really works :-)
comp_op: '<'|'>'|'=='|'>='|'<='|'<>'|'!='|'in'|'not' 'in'|'is'|'is' 'not'
star_expr: '*' expr
expr: xor_expr ('|' xor_expr)*
xor_expr: and_expr ('^' and_expr)*
and_expr: shift_expr ('&' shift_expr)*
shift_expr: arith_expr (('<<'|'>>') arith_expr)*
arith_expr: term (('+'|'-') term)*
term: factor (('*'|'@'|'/'|'%'|'//') factor)*
factor: ('+'|'-'|'~') factor | power
power: atom_expr ['**' factor]
atom_expr: ['await'] atom trailer*
atom: ('(' [yield_expr|testlist_comp] ')' |
       '[' [testlist_comp] ']' |
       '{' [dictorsetmaker] '}' |
       NAME | NUMBER | STRING+ | '...' | 'None' | 'True' | 'False')
testlist_comp: (test|star_expr) ( comp_for | (',' (test|star_expr))* [','] )
trailer: '(' [arglist] ')' | '[' subscriptlist ']' | '.' NAME
subscriptlist: subscript (',' subscript)* [',']
subscript: test | [test] ':' [test] [sliceop]
sliceop: ':' [test]
exprlist: (expr|star_expr) (',' (expr|star_expr))* [',']
testlist: test (',' test)* [',']
dictorsetmaker: ( ((test ':' test | '**' expr)
                   (comp_for | (',' (test ':' test | '**' expr))* [','])) |
                  ((test | star_expr)
                   (comp_for | (',' (test | star_expr))* [','])) )

classdef: 'class' NAME ['(' [arglist] ')'] ':' suite

arglist: argument (',' argument)*  [',']

# The reason that keywords are test nodes instead of NAME is that using NAME
# results in an ambiguity. ast.c makes sure it's a NAME.
# "test '=' test" is really "keyword '=' test", but we have no such token.
# These need to be in a single rule to avoid grammar that is ambiguous
# to our LL(1) parser. Even though 'test' includes '*expr' in star_expr,
# we explicitly match '*' here, too, to give it proper precedence.
# Illegal combinations and orderings are blocked in ast.c:
# multiple (test comp_for) arguments are blocked; keyword unpackings
```

```
# that precede iterable unpackings are blocked; etc.
argument: ( test [comp_for] |
            test '=' test |
            '**' test |
            '*' test )

comp_iter: comp_for | comp_if
sync_comp_for: 'for' exprlist 'in' or_test [comp_iter]
comp_for: ['async'] sync_comp_for
comp_if: 'if' test_nocond [comp_iter]

# not used in grammar, but may appear in "node" passed from Parser to Compiler
encoding_decl: NAME

yield_expr: 'yield' [yield_arg]
yield_arg: 'from' test | testlist
```

现在，你已经能读懂 BNF 了。再读一读用 BNF 描述的 Regex 语法 [1] 吧，就当复习了。

```
BNF grammar for Perl-style regular expressions

<RE>              ::=   <union> | <simple-RE>
<union>           ::=   <RE> "|" <simple-RE>
<simple-RE>       ::=   <concatenation> | <basic-RE>
<concatenation>   ::=   <simple-RE> <basic-RE>
<basic-RE>        ::=   <star> | <plus> | <elementary-RE>
<star>            ::=   <elementary-RE> "*"
<plus>            ::=   <elementary-RE> "+"
<elementary-RE>   ::=   <group> | <any> | <eos> | <char> | <set>
<group>           ::=   "(" <RE> ")"
<any>             ::=   "."
<eos>             ::=   "$"
<char>            ::=   any non metacharacter | "\" metacharacter
<set>             ::=   <positive-set> | <negative-set>
<positive-set>    ::=   "[" <set-items> "]"
<negative-set>    ::=   "[^" <set-items> "]"
<set-items>       ::=   <set-item> | <set-item> <set-items>
<set-item>        ::=   <range> | <char>
<range>           ::=   <char> "-" <char>
```

真的没有想象中那么神秘，是不是？

---

[1] *Perl Style Regular Expressions in Prolog*, CMPT 384 Lecture Notes Robert D. Cameron November 29 – December 1, 1999，http://www.cs.sfu.ca/~cameron/Teaching/384/99-3/regexp-plg.html。

既然学到这里了，顺带再自学一个东西吧。这个东西叫作"glob"（是"global"的缩写），可以理解为"超级简化版正则表达式"，最初是 UNIX、POSIX 操作系统用来匹配文件名的"通配符"。

```
11/3/71                                    /ETC/GLOB (VII)

NAME            glob -- global

SYNOPSIS        --

DESCRIPTION     glob is used to expand arguments to the shell
                containing "*" or "?".  It is passed the argument
                list containing the metacharacters; glob expands
                the list and calls the command itself.

FILES           --

SEE ALSO        sh

DIAGNOSTICS     "No match", "no command"

BUGS            glob will only load a command from /bin.  Also if
                any "*" or "?" argument fails to generate
                matches, "No match" is typed and the command is
                not executed.

OWNER           dmr
```

1971 年的 UNIX 操作系统中关于 glob 的截图，其中"dmr"是"UNIX 之父"Dennis Ritchie 对自己名字的简写

glob 的主要符号只有这么几个：

  *、?、[abc]、[^abc]。

现在的你，打开 Wikipedia 上关于 glob 和 Wildcard Character 的页面，肯定能"无障碍"理解了。

  • https://en.wikipedia.org/wiki/Glob_(programming)

  • https://en.wikipedia.org/wiki/Wildcard_character

不仅如此，你还会发现，现在再去读 String 的官方文档，不会觉得"根本看不懂"了，恰恰相反，你会觉得"之前我怎么连这个都看不懂呢"。

  https://docs.python.org/3/library/string.html#format-string-syntax

在自学这件事上，失败者的理由看起来五花八门，但其实都一样——因为怕麻烦或者基础知识不够而不去读最重要的文档。在学英语的时候死活不读语法书就是一个特别常见的例子。其实，英语语法书的内容并不难，书再厚也是用来"查"的，词性标记 v.、n.、adj.、adv.、prep 就相当于地图上的图例。想想看：语法书和编程语言的官方文档，不都是"自学者地图"吗？

可是，这么简单的事情，却难住了很多人，真是遗憾。

第 15 章

拆解

在学习编程的过程中，你会不由自主地学会一个重要的技能：

> | 拆解。

这么简单的两个字，在人生中的作用重大到不可想象。而且，它也的确是自学能力中最重要的底层能力之一。

横向拆解

我很幸运，在 12 岁的时候就有机会学习编程（习得了最基本的概念，那时候学的编程语言是 BASIC），所以，相对其他人，我在"拆解任务"方面有更强的初始意识。后来，在我 15 岁开始学着玩吉他的时候，发现道理其实是一样的。记得有首曲子很难，当然也非常好听——Recrerdes Da La Alhambra（中译名为《阿罕布拉宫的回忆》）——看看曲谱，你就知道它有多难了。

Recrerdes Da La Alhambra 的一部分曲谱

怎么办？！我的办法不管是听起来还是看起来都很笨。

- 每次只弹一小节：
    - 放慢速度弹，尤其在刚开始，要弹得很慢、很慢；
    - 等熟悉了之后，逐渐加快，直至达到正常速度。
- 弹好一小节后，开始弹下一小节：
    - 放慢速度弹，尤其在刚开始，要弹得很慢、很慢；
    - 等熟悉了之后，逐渐加快，直至达到正常速度。
- 把两小节连起来弹：
    - 有些小节连起来弹相对容易，但有些小节需要挣扎很久才能顺畅地弹奏。

如此这般，最终我把这首很难的曲子弹出来了——其实，所有的初学者都是这样做的。

自学的一个重要技巧就是：

> 把那些很难完成的任务无限拆分，直至每个子任务都很小——小到**可操作**为止。

例如，正则表达式是你必须学会的东西，但学会、学好真的不那么容易。一切技能都一样，在学会之前都是很难的，可在学会之后，用熟了，你就会"发现"，那其实没多难。

那么，在刚开始的时候该怎么办？你需要运用拆分的本领。

- 囫囵吞枣地至少读一遍教程。
- 给自己搭好测试环境——可以在 Regex101.com 上搭建，也可以使用 Visual Studio Code 之类的编辑器。
- 找一些 Regex，先不去管它们的意思，自己测试一下看看。
- 正式进入"精读"状态，一小节一小节地突破。
- 搞定一小节之后，把它与之前的小节一起读两三遍。
- 把学习任务拆分成若干个块（例如，匹配、替换），重新逐个突破——可以在编辑器中使用，也可以在 Python 代码中使用。
- 把各种操作符与特殊字符拆分成若干个组，然后，熟练掌握，直到牢记——达到不用将来反复回来查询的程度。
- ……

事实上，当你习惯这么做之后就会"发现"，一切自学任务其实都不难，只是繁杂程度不一而已。很多人最终自学失败，要么是因为不懂得拆分任务，要么仅仅是因为**怕麻烦**。还是那句话：人活着就挺麻烦的……

纵向拆解

拆解的第一种方法是把某个任务拆分成若干个小任务，正如前面讲解的那样——我称它为"横向拆解"。另外一种拆解方法，我称它为"纵向拆解"，有时也会用"分层拆解"这个说法——这种方法在自学复杂的概念体系时特别管用。

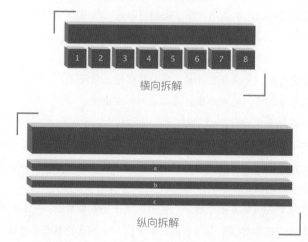

编程这种东西，之所以刚开始让人觉得难学，是因为它涉及的概念除了之前我们强调的"过早引用"[1]，还具有一个特征：

| 有的概念虽然不属于一个层面，却常常纠缠在一起，没有明确的提示。

例如，常量、变量、字符串、函数、文件等概念，其实并不是某种特定编程语言的专有概念，而是所有编程语言都会涉及的概念——计算机处理的就是这些东西，无论哪种编程语言，最终都要通过计算机去处理这些东西。

再如，每种编程语言都有对应的分支和循环语句，所以分支和循环工作在逻辑判断、流程管理这个层面，而分支和循环的"**实现**"应该划分到另外一个层面。另外，每种编程语言实现分支和循环语句的语法细节多少有点差异，而这些细节属于那种编程语言本身。

```python
# 在 Python 中这么写

for i in range(n):
    ...
```

```javascript
// 在 JavaScript 中这么写

var i;
for (i = 0; i < n; i++) {
  ...;
}
```

[1] 参见本书第 1 部分。

在自学正则表达式的时候也是如此。最基本的规则是属于 Regex 的；各种编程语言的 Regex 实现各不相同，那是属于各种编程语言的；在各种编辑器中，除了基础的规则，它们也有自己的定制——看起来细节很多，但分层、分类之后，就变得很容易理解、很容易记住了。

在遇到"面向对象编程"的时候还是如此。类、实例、对象、继承、多态……这些概念其实并不属于某种编程语言，但它们也确实在几乎所有编程语言中被实现、被应用。这里的难，原因无非是属于两个层面甚至多个层面的概念被拧在一起教、学、练了。

再举个例子。当我把学习编程当作习得自学能力的第一个"实战项目"之时，甚至要把"读"和"写"分成两个层面——先照顾"读"，至于"写"，要等到有了基本的"读"的能力之后再说；即便到了"写"的时候，也要从"简单的函数"开始，而非一上来就去写一个"大程序"。仔细想想，这种拆分层面的技能好像可以用在方方面面呢！

所以，我们要在自学的过程中，不停地想办法把"读"和"写"区分开来，不能总是"大锅烩"。

在日常生活中，我们会遇到一些被评价为"理解能力强"的人，而那些没有得到这样的评价的人就很不解、很迷惑：

│ 我到底差在哪儿？你不说我理解能力强，难道我的理解能力很差？

老师当久了，经常为这种现象而震惊：

│ 原来很简单的东西竟然可能成为很多人一生的障碍。

这句话重复多少遍都不过分。

大多数人不太在意自己大脑中的概念之间的关系，因为平日里这也不怎么耽误事。一旦遇到复杂一点的知识体系，问题就出现了。所谓知识体系复杂，无非是新的概念多了一些、概念之间的关联更复杂一些。概念之间的关联更复杂一些，无非是各个概念之间不仅只有一种联系——到最后，它们会形成网状连接。

在《财富自由之路》那本书里，我几乎用了全部的篇幅，才厘清了概念及其之间关系的重要性。复杂吗？其实并不复杂——在分别从横向和纵向逐步厘清之后。可问题在于，很多人脑子里的概念关联一团糟而不自知，甚至无法得知——他们就是那种你们一起去看同一场电影，他们却看到了"另一个貌似完整的故事"的人[1]……

厘清概念的方法是什么？就是不断拆解，不断主动整理。例如，每次用图表整理编程中的概念，你都会发现自己的理解比原来清晰了一些，经过多次整理，最终就谙熟于心了。

举一个更恰当、更惊人的例子很难，我只能勉为其难再举一个和"拆解"有一点关系的例子。

当我在 2011 年遇到比特币的时候，平日里对概念及其关联进行各种纵向和横向拆解的

---

[1] 参见本书第 6 章中的"如何从容应对含有过多'过早引用'的知识"。

这个习惯给我"创造"了巨大的好运。后来，我在《INBlockchain 的开源区块链投资原则》[1] 这篇文章里提过这件事：

> 对"比特币"这个概念，可以有多重的理解——这也是人们对它感到迷惑或者相互之间很难在它身上达成一致理解的根本原因。
>
> 首先，比特币是世界上第一个，也是迄今为止最成功的区块链应用。
>
> 其次，比特币是一家"世界银行"，只不过它不属于任何机构，它是由一个去中心化网络构成的。
>
> 再次，这家叫作"比特币"的去中心化的"世界银行"发行了一种货币，恰好也叫"比特币"。有些人更喜欢使用相对谨慎的说法，把这种货币指称为"BTC"，而不是"比特币"（Bitcoin）。
>
> 最后，即便在比特币横空出世七年（2017 年）后，也很少有人意识到比特币（或者BTC）其实可以被理解为这家叫作"比特币"的去中心化的"世界银行"的股票。

这无非就是把一个概念拆分成若干个层面，再分别对每个层面进行准确的解读。但是，毫无疑问，就是这一点点靠很简单的方法练就的理解能力，帮了我大忙。

触类旁通

听起来再简单的任务，落实成代码也肯定没那么简单、那么容易。以后你会越来越清楚：写程序的主要工作量，往往并非来自在编辑器里敲代码的那个阶段。

> 更多的工作量其实在于：如何才能在脑子里把程序的整个流程拆解清楚，照顾到各个方面。

所以，编程，更多的是用纸和笔梳理细节的工作。一旦把所有的细节都想明白了，把它们落实成代码所花费的时间其实是非常短的——越是工程量大的项目越是如此。

这个道理在任何地方都是相同的、相通的。不说编程——写书也是这样的。

随着时间的推移，你花在"拆解"上的时间会越来越多，因为所有的"大工程"都可以被拆解成"小工程"，于是，为了做出"大工程"，拆解工作不仅是必需的、最耗时费力的，也是最值得的。我身边的很多人，包括出版社的专业编辑，都慨叹过我的"写书速度"。我猜，实际上把他们惊到甚至惊倒的，并不是他们所以为的"李笑来写书的速度"，而是"李笑来打字的速度"而已。当我告诉他们我要写一本什么样的书的时候，实际上，有一个工作我早就完成了——系统梳理要写的那本书的所有细节。剩下的工作，只是把那些东西写出来而已。当然，我是用键盘敲出来的，用我那几乎无与伦比的输入速度敲出来的，自然"显得"很快。

---

[1] https://github.com/xiaolai/INB-Principles/blob/master/Chinese.md。

创业也好，投资也罢，也都是一样的。因为我这个人脸皮厚，不怕人们笑话，所以我可以平静地说出这么一件事：

> 我参与（或投资）过**很多**失败的创业项目。

所有复盘的结果，无一例外，失败的根源都是：在立项的时候，没有把很多重要的细节搞清楚，甚至没想到要去搞清楚，就已经开始行动了。于是，在成本不断积累的情况下，没完没了地处理各种"意外"，没完没了地重新制定目标，没完没了地拖延，没完没了地"重新启动"……直至开始苟延残喘，最后不了了之。

拆解得不够，就容易导致想不清楚、想错、想歪……

也许有人会理直气壮地反问："怎么可能从一开始就把所有情况都想清楚呢？"唉，以前我也是这么想的……直到吃了很多亏，很多很多亏，很多很多很大很大的亏，我才"发现"且不得不痛下决心去接受：事先想不清楚的，就不要去做。

这是一种特殊的、重要的且极有价值的能力。在现实生活中，我也见过若干有这种能力的高手。你可以到网上搜一个人名——庄辰超，他就是我见过的能在做事情之前全都想清楚的人之一。

在自学的时候，拆解任务的重要性更是如此。这本书的一个特点，就是把"自学"（平日里称为"学习"）这个流程拆解为"学""练""用"，以及后面会讲到的"造"——总计四个环节来处理。不仅内容编排本身是这样的，甚至在第 1 部分就反复强调，这些内容"不可能是一遍就能读懂的"，并且反复提醒，虽然第一遍阅读的正经手段是"囫囵吞枣地读完"，但是"读不懂也要读完，然后重复很多遍"……对于初学者常常会面临的尴尬，也在第 1 部分就讲到了：学习编程语言和学习英语在本质上没什么区别，先学会读，在多读、多读、再多读的同时，开始练习写——这才真的很自然。即便讲写，也是从"写函数"开始讲的，而不是一上来就说："来，让我们写个程序……"

这一点点不起眼的差异，作用是很大的，因为从"小而完整"的东西开始做（任何事）是非常重要的。

"小"无所谓，"完整"才是关键。[1]

---

[1] 参见本书第 18 章中的"自学者的社交"。

第 16 章

刚需幻觉

在这本书的"前言"中，我就举过一个例子：人们之所以一不小心就把自己搭了进去，只不过是因为没搞明白，道理就是道理，跟"长谈"的"老生"全然没有关系。

在自学中，耽误人的幻觉有很多。例如，时间幻觉。人们总觉得自己的时间不够了，所以在学东西的时候总是很急[1]。可实际上，把一门手艺练到"够用"的地步，一两年足够；练到"很好"的地步，三五年足够；至于"极好"嘛，那是一辈子的事。结果呢？很多人瞎着急、盲目地"省时间"，学什么都不全面、练什么都不足数足量……一晃三五年过去，他们开始焦虑，打算换个手艺再学学、再试试……然后，他们又开始焦虑——又是一个循环。

最坑人的幻觉，在我看来，就是"刚需幻觉"——这又是我杜撰的一个词。

听我慢慢讲。

感觉总是最大的坑

我的结论是：

│ 很多人的自学能力是被"自己的感觉"给耽误的。

每个人原本都有一定的自学能力，但最终，其中一些人的自学能力被"自己的感觉""干掉"了，直至全然失去。虽然他们也经常学习，但他们的学习模式大都是最初级的——模仿。

---

[1] 参见本书第 1 章中的"为什么要掌握自学能力"。

为什么"模仿"是学习行为中最初级的模式呢？

第一，受自己的视野所限，模仿必须依赖模仿对象进行。

第二，模仿只能处理表里如一的简单知识和技能。一旦遇到那些富有深意的知识和技能，模仿就无效了。如果硬着头皮模仿，结果只能是"东施效颦"。

在《把时间当作朋友》[1] 中，我反复强调了一件事：

> 不要问学它有什么用，学就是了。

这原本是自学的最佳策略之一，也是自学的最根本策略，可是，自学能力不强的人，能听进这话的不多。即便我在书里举了那么多例子，即便他们在看书的时候可能有一点点认同我所讲的，可是，他们还是转瞬间就会回到原来的状态。无论遇到什么自学机会，他们都会不由自主地问：

> "我学它有什么用啊？"

如果在得到的答案中，那"用处"对他们而言不是"刚需"，他们瞬间就会失去动力、放弃追求——直至某一天，突然"发现"那竟然是"刚需"……他们只好临时抱佛脚。人们总希望与想要追求的东西形影相随——有谁会对已经放弃的东西念念不忘呢？于是，下一次，他们还是会作出"预算不足"的判断。

最终失去自学能力的人，都是因为对"刚需"的判断失误了。这就是我在这里要讲的"刚需幻觉"。

刚需幻觉详解

刚需幻觉产生的根源在于：

> 在一些人的感觉中，不会的东西就不是"刚需"。

要不是这本书里有"自学编程"这么大且立体的例子，让我可以反复地、多角度地阐述道理，上面这句话还真的不太容易解释——即便能解释清楚，也会因为缺乏生动的例证而失去效力。

正则表达式就是一个很好的例子。

当你没有学会它，甚至不知道它的时候，你不可能觉得那是"刚需"，因为此前在你全然不知道这个东西的情况下，你一直都活得好好的。

如果你略微学了一下，但是没学会、没学好或者干脆放弃了，你也不会觉得那是"刚需"。因为你不会去用它，所以你当然"用不上"它……你根本没办法知道"你不懂正则表达式"这个事实让你"未得到"什么（不是"失去"，因为你不曾拥有）。

---

[1] https://github.com/xiaolai/time-as-a-friend。

然而，只要你花了一点力气，真的掌握了它，你就会有两个"发现"：

- 你根本离不开它[1]。
- 它其实真没多难。

第二个"发现"总是让你无比庆幸——幸亏学了，幸亏"发现"了，否则，自己耽误自己一辈子且完全不自知。但是，第一个"发现"更为重要，因为但凡有过一次这样的经历，你就可以永远摆脱刚需幻觉了。

编程也是这样的。当你开始学习编程的时候，你的身边很可能会有一些人这样问你：

"你学它要干嘛啊？"

无论你怎么回答，他们的回应应该是差不多的，反正就是不认为你的投入是合理的。

等你学会了编程，你的"发现"肯定包括前面提到的那两个：

- 你根本离不开它。
- 它其实真没多难。

哪怕很简单的技能都是如此。

在许多年前，我曾专门花两周左右的时间练习键盘盲打并把自己使用的输入法方案改为微软双拼。有人为此揶揄过我："你练这玩意儿干嘛？难道你要当一辈子打字员？"不过，因为我在当时就有了一定的自学能力，所以，用不着事后"发现"，我"直接就知道"，将来：

- 我根本离不开它。
- 它其实真没多难。

事实呢？事实就是如此。打字速度极快，直接帮助后来的我成为多产的作家。真的无法想象，如果我是一个打字速度极慢的人，要如何写书，要如何写那么多书和那么多文章，要如何于 2018 年 9 月在 72 小时内完成《韭菜的自我修养》一书的初稿……

在我长大的年代，键盘输入算是一项技能。然而，在现今这个几乎人人从小就要使用键盘的年代，还有多少人不会键盘输入呢？一项技能到底是不是"刚需"，在掌握它之前，我们都无法判断，因此，在面对新技能的时候，"感觉那并非刚需"肯定是幻觉。

只有真正掌握一项技能，它才会"变"成"刚需"；一旦掌握了某项技能，它就只能是"刚需"——**这样的幻觉非常坑人**。

我们的大脑有一种神奇的功能——无论如何，都能将已有信息拼成一幅完整的图像。在这里，"无论如何"的意思是：不管那已有信息多么凌乱、多么无聊、有多少缺损，我们的大脑都可以用它们拼出一幅完整的、"有意义"的图像。

---

[1] 在写这本书的时候，我弄出了很多个 .ipynb 文件。到最后，哪怕是"生成目录"这种看起来很简单的任务，如果会用正则表达式，只要几分钟就能完成，但如果不会，就得手工逐一提取、排序、编辑……因此，会用正则表达式对我来说怎么可能不是"刚需"！参见 https://github.com/selfteaching/the-craft-of-selfteaching/blob/master/markdown/Part.3.D.indispensable-illusion.md。

我们的大脑的这种神奇的功能被称作"框架效应"（Framing Effect），这个概念经常出现在与新闻学相关的资料里

我们很容易就能想象：经常被这些信息误导的人，大抵全无自学能力。当他们被刚需幻觉所左右的时候，很明显，他们使用"片面的信息"拼出了"完整的意义"，然后被其误导（甚至严重误导）且全然不自知。误导他们的，不是别的什么，竟然是他们自己的大脑！

刚需幻觉如是，时间幻觉、困难幻觉亦如是。后面会讲到的注意力漂移[1]，依然属于这种情况——自己才是"元凶"……

所以，在决定学任何东西的时候，最好不要咨询身边的人，除非你确定对方是高手（最好是自学高手）。如果你咨询的是那些被刚需幻觉误导了的人——他们（竟然）以为所有人都和他们一样，而你（居然）听信了他们的话——那就实在太惨了！

既然要学、想学，那就自顾自去学吧，用不着征求别人的意见！

优势策略

怎样做才能不被刚需幻觉所迷惑、所限制呢？

首先，基础策略是深刻理解这个现象及其解释：

|　对任何一项技能来说，**"刚需"是自学的结果**，而不是自学的原因。

用是否为"刚需"作为自己是否开始学习的理由，注定会吃亏，因为这样做的下场肯定就是"被刚需幻觉所迷惑、所限制"。

其次，也是更为重要的一个策略是：

|　**做一个自驱动的人**，而非被外部驱动的被动的人。

这是一个越早建立越好的习惯。有些人终生都是被动者，终生都只被外界驱动，所以，他们会在某一时刻"发现"某项技能是"刚需"，然后去学。然而，非常可惜却肯定会发生的是：每当这时，他们的"预算"都会捉襟见肘。

---

[1] 参见本书第 20 章中的"避免注意力漂移"。

最后，有一个很简单却很有效的策略，只有三个字，之前提到过[1]：

> 找活干。

有活干，真的很幸福。

影响下一代

有些父母是这样跟孩子对话的。

> - 孩子：爸爸（妈妈），你在干什么呀？
> - 父母：我在学 ＿＿＿＿＿＿＿＿（请自行填空）。
> - 孩子：那你学它干什么用啊？
> - 父母：等我学会就知道了。

过了一段时间：

> - 父母：孩子，过来看看，这是爸爸（妈妈）做的东西……

我猜，这样的孩子，从小就能自然而然地破解刚需幻觉。

所谓"潜移默化"，所谓"耳闻目染"，其实是很简单的东西。效果呢？效果不会因为策略的简单或者容易而消减。通常的情况是：越简单、越容易的策略，效用越惊人。

所以，正确的结论是这样的：

> 一切技能都是"刚需"。

尽管这并不意味着你不需要作出选择。

至于学还是不学，从来都不是根据有用还是没用来判断的。真正有意义的判断依据只有一条：

> 有没有时间？

有时间，那就学呗；没时间，那就挤时间呗。学得不够好怎么办？花更多时间呗。

---

[1] 参见本书第 12 章中的"刻意思考"。

第 17 章

全面——自学的境界

之前我提到过那些"貌似一出手就已然是高手"的人，也为此做过一番解释[1]：

> 他们的特点就是善于**刻意练习**。

为了真正做到刻意练习，需要不断地进行**刻意思考**——刻意思考自己究竟必须在哪些地方刻意练习。

之前也说过，人和人非常不同，于是，需要刻意练习的地方也各不相同。

不过，有一个方面是所有的自学者都必须刻意练习的，谁都逃不过：

> **全面**。

那些"貌似一出手就已然是高手"的人就是在这个方面超越了大多数人。因为他们在每个层面上都学得更全面、练得更全面、用得更全面，所以，在使用技能去创造的时候，他们自然思考得更为全面。于是，就产生了这种"全面碾压"的效果。

然而，这是一个很难被旁人发现的"秘密"，因为"全面"这个事实只存在于这些高手的大脑之中，很难被展示出来。他们不会想到这是一个"秘密"——因为他们一直就是这么做的，所以他们会很自然地以为所有的人都是这么做的。

小时候，我经常看到父亲备课到深夜。他手中的教科书，每一页的空白处都密密麻麻地写着注释。如果实在没地方写了，他就在那个地方夹上一张纸继续写……到最后，他手里的那本书要比别人手里的同样的书看起来厚很多。

---

[1] 参见本书第 9 章中的"刻意练习"。

许多年后，我也成了老师，也要备课。我备课的方法自然是"拷贝"过来的——父亲是怎么做的，我见过，于是，我也那么做了。到最后，我手里的书的厚度要变成别人手里同样的书的两倍，我心里才踏实。

在一个内部分享会中，一位老师问我：

| "李老师啊，您已经讲了这么久了，都熟到干脆不用备课的地步了吧？"

我愣了一下——讲课前不备课这件事根本不在我的想象范围之内啊！我的父亲讲了那么多年的课，不还是经常备课到深夜吗？我一样做了，也总是觉得还有很多可以补充的地方啊！

然而，这个小插曲提醒了我：

| 我会那么做，我就会以为所有人都会那么做。

我猜，那些"貌似一出手就已然是高手"的人也一样。他们从未觉得这是"秘密"——他就是那么做的，他们很久以来就是那么做的，所以，他们以为所有人都是那么做的。

从另外一个角度看，旁人更希望拥有的是一个"秘密"。于是，因为他们并不知道那个"秘密"，所以，他们做不到自学高手那样看起来就合理了，他们自己心里也就舒服了。

把自学当作一门手艺，把所有的技能都当作手艺，就相对容易理解了：

| **全面，是掌握一门手艺的基本。**

要想达到全面，当然要靠时间。所以，关于"混"与"不混"，我们有了更深刻却又更朴素的认识：

| 所谓"不混时间"，无非是**刻意练习、追求全面**。

正因如此，几乎所有的自学高手都懂得这个道理：

| **绝对不能只靠一本书。**

有一个特别有趣的现象：有些人平日里花钱大手大脚，舍不得对自己过分苛刻，但一到买书这件事上就变得很节俭、很苛刻——对待越严肃的知识越是如此。他们好像完全不知道自己正在疯狂地"虐待"自己……的大脑。

对自己的胃好一点，我绝对认同，因为我自己就是个吃货。可是，在很长一段时间里，我完全不能理解为什么有人会不由自主地对自己的大脑不好——不仅不好，而且格外不好，甚至干脆是"虐待"。

后来，观察的学生多了，我也就慢慢理解了。

很多人事实上从来没有习得过自学能力，他们终生都在被指导、被引领。在在校教育阶段，少则九年，多则十几年二十年，他们体验过太多"不过尔尔"的学习过程。他们肯定花过钱——在接受九年义务教育的过程中就花了父母一些钱，若上了大学，花的钱更多。然而，花过那么多钱，他们却总是没什么收获。于是，在他们的经验中，"这次我应该小心点"就再自然不过了。

因此，"第一次突破"很重要。如果一个人有过一次只通过阅读书籍获得一项新技能的体验，那么，他内心深处（更准的说法是"大脑的底层操作系统"[1]）的那个成本计算方法就会发生改变。他心里想的更可能是：

> 这肯定是有用的，一旦学会，收益可不止几十元的书价或几百元的课价那么一点点。
>
> 至于是否能学会，主要看我投入的时间和精力预算有多少……

我身边有很多自学能力非常强的人，这些人买书的方式都是一样的：一旦他们决定学习某项技能，首先想到的是去买书，而不是去找人。他们之前体验过，他们就是很清楚：

> • 书里什么都有。
>
> • 在大多数情况下，仅靠阅读绝对够了。

不仅如此，他们一定会买回来一大堆书，而不是四处去问："关于 xx，哪一本书最好啊？"在他们眼里，书是成本最低的东西——与最终的收益相比简直不值一提。

重要的是，**一本书绝对不够**——无论是谁写的，无论作者多么著名、影响力多么大……因为，书也好、教程也罢，都是有"篇幅限制"的。

更为关键的是，每个作者都有自己的视角、出发点、讲解方式、内容组织方法。例如，我的这本书就跟别人写的书很不一样。我的出发点是把编程当作自学的一个例子，重点在于帮助读者学会自学，并且通过实践真正习得一项起初觉得不是"刚需"、学会之后发现不可或缺的技能。这本书的内容组织方式也和别人写的书不一样（你现在已经知道了）。另外，这本书有一个重要的目标：让读者有能力靠自己去理解所有的官方文档（这本书不讲官方标准库里的每个模块、每个函数究竟如何使用，因为那些内容在官方文档里已经被描述得非常清楚了）。

其他人写的书呢？*Think Python*[2]、*A Bite of Python*[3]、*Dive into Python*[4]，以及网上很多免费的 Python 教程，都写得很好呢！

没有经验的人不懂：弄明白一本书之后，再读哪怕很多本书，所花费的时间和精力成本都是很低的；同时，每多读一本书，都能让你对这个话题的理解变得**更为完整**。

针对同一个话题读很多本书的最常见的体验是：

> • 这个知识点很好玩！这个角度很有意思！
>
> • 看看、比比其他作者是怎么论述的。
>
> • 嗯？这个我看过却竟然没注意呢！

---

[1] 参见《财富自由之路》第 9 节"你升级过自己的操作系统吗"。

[2] http://greenteapress.com/wp/think-python-2e/。

[3] https://python.swaroopch.com/。

[4] https://linux.die.net/diveintopython/html/。一点八卦：这本书的作者 Mark Pilgrim 是互联网上最著名的"自绝于信息世界"（infosuicide）的三个人之一，另外两位分别是比特币的作者 Satoshi Nakamoto 和 *Why the Lucky Stiff* 的作者 Jonathan Gillette。

最后一条真的是令我们很恼火却又很享受的体验。它之所以令我们恼火，是因为我们竟然错过了；它之所以令我们享受，是因为我们虽然错过了，却竟然有弥补的机会！

总有一天你会明白，"学会"和"学好"之间的所有差异，无非是**全面程度**的差异。

"翻译"一下，"学好"竟然如此简单：

> **多读几本书。**
>
> **狠一点，就是多读很多本书。**

到最后，这种习惯会渗透到生活中。例如，我在遇到好歌的时候，总要去找那首歌的各个版本——首唱者可能有很多个版本（录音版、现场版、不同年份的版本等），其他演唱者还可能有很多个翻唱版本。电影也一样，不仅要看原版，若有翻拍版本，我也一定会看——对比一部电影的原版和不同的翻拍版本，是一件特别好玩的事。

甚至，到最后，你在做东西的时候都会顺手多做几个版本。我的这本书，已经有印刷版和电子版了，到最后，还会有一个产品版——这基本上尚无其他作者做到。

提高所学知识和技能的"全面程度"有个最狠的方法——说出来不惊人，但实际效果惊到爆：

> **教是最好的学习方法。**

这真的不是我的总结，人类很早就意识到这个现象了。孔老夫子在《礼记·学记》里就"曰"过：

> 学然后知不足，教然后知困。知不足，然后能自反也；知困，然后能自强也。故曰：教学相长也。

孔子三十二代孙孔颖达在解读《尚书·兑命》中的"学学半"时提到：

> 学学半者，上学为教，下学者谓习也。

许嘉璐先生[1] 在《未央续集》中提到这段解读的时候，讲了一个自己的例子：

> 我当了五十年的教师，经常遇到这种情况：
>
> > 备好课了，上讲台了，讲着讲着，突然发现有的地方疏漏了，某个字的读音没有查，文章前后的逻辑没有理清楚，下完课回去补救，下次就不会出现同样的情况了，这就是教学相长。

不仅老师，学生也是如此。

我经常会讲我所观察到的班里的第一名和第二名的区别——这是一个很好的例子。

第一名总是很开放，乐于分享，别人问他问题，他会花时间耐心解答；第二名往往很保守，不愿分享，不愿把时间"浪费"在帮助他人上。注意，我在"浪费"这个词上加了引号，这是有原因的。

---

[1] 许嘉璐，1998 年至 2000 年任全国人大常委会副委员长、民进中央主席、国家语言文字工作委员会主任。

我的观察是：这不是现象，而是原因。

> 第一名之所以比第二名强，更可能是因为他本身就是开放的、乐于分享的，而不是因为他成了第一名才变得开放、乐于分享了。

因为到最后，你会发现，第一名的成绩并没有因为时间被占用而退步，反而更好了。这是因为，他总是在帮助其他同学的过程中看到了自己也要避免的错误、发现了其他的解题思路、巩固了自己学过的知识点，所以，他不仅在社交过程中学到了更多，也收获了同学们的友谊。换言之，通过分享，通过反复讲解，他自己的"全面程度"得到了最快速的提高。

而第二名呢？第二名其实有可能比第一名更聪明——达到那个高度，他可全靠自己！但是，他没有用最狠的方式提高自己的全面程度，虽然排名第二，可他其实是一个"下学"者，于是，他很吃力——尽管他实际上很聪明……基于这种感受，他怎么会愿意把那么吃力才获得的东西分享出去呢？

这真是一个有趣且意味深长的现象。

另外一个有趣的现象是："下学"者永远都在等待"上学"者整理好的东西。之前提到过一个对应策略[1]：

> 尽快开始整理、归纳、总结。

当时，我给出了建议：

> 一定要自己动手去做。

我还给出了一个自己的例子：在学习 Python 的过程中，通过自己动手整理，我才发现自己之前竟然完全理解错了。

我在这方面运气非常好。我的父母全都是大学教师，在我小的时候，他们就鼓励我帮同学解答问题，这让我不知不觉从很早就开始了"上学"的阶段。在写这本书的过程中，同样的"奇迹"再次发生在我身上。

说实话，正则表达式我一直没有完全掌握。虽然偶尔用，也都是边查边用，遇到实在解决不了的问题就把它放下……现在回头想想，多少就是因为并没觉得那是"刚需"[2]。当然，真正学会之后，我发现自己竟然随时都可能要使用它，离开它简直活不下去。在写这本书的后半程，若没有正则表达式，大量的内容重新组织和文字替换工作简直没法干。

我是如何完全掌握正则表达式的呢？就是通过写这本书。既然是写书，我当然害怕自己在不经意中出错，此为其一。其二，更为重要的是，我必须完整掌握之后，才能有诸如"为读者提供更好一点的理解起点""构建读者理解起来相对更简单、更直接的组织结构""挖

---

[1] 参见本书第 6 章中的"如何从容应对含有过多'过早引用'的知识"。

[2] 参见本书第 16 章中的"刚需幻觉"。写完这一段，发给霍炬看，他马上嘲笑我："哈！当年我就说，你应该学学 Vim，是不是现在你都没学？"我无言以对，因为我真的没学……然后，我想了想，回复他说："好吧，我决定写一个 Vim 教程出来，嗯。"

掘必须习得它的真正原因以便鼓励读者"之类的畅销书卖点。对图书作者来说，销量是多么重要啊！

写一本好书——对我来讲，这个需求太"刚"了，"刚"到像是**钛钢**的地步。

于是，本来就习惯于针对同一个话题多读好多本书的我，在写这本书的过程中读了更多的书、看了更多的教程、翻了更多遍官方文档、做了更多的笔记，对这本书的每一章，都多次推倒重来……在这样的刺激下，"全面程度"若没有极速提高，那才怪了呢！

我的英语水平也是这样提高的。如果我没有在新东方教七年的书，我连现在的半吊子英语水准都不会有——为了在讲台上不犯错，多少都得多下一些功夫。借用许嘉璐先生的经验：无论备课时多努力，讲课时还是会发现有纰漏。

因此，在很多时候，我这个人并不是"好为人师"——细想想，貌似"好为己师"更为恰当。写书也好，讲课也罢，其实自己的进步是最大的。

另外，所有的读者都可以用这个简单的方法影响下一代：

| 如果有同学问，你就一定要耐心讲——**对自己有好处**。

当然，最直接的方法就是把自己变成"上学"者，保持开放，乐于分享——孩子自然会耳濡目染。

第 18 章

自学者的社交

一些人认为，"自学"（self-teaching）就一定是"独自学"（solo-learning），殊不知，自学者也需要社交。而另外一些人，因为"专心"到一定程度，觉得社交很麻烦，所以抵触一切社交。这些都不是全面的看法。

在任何领域，社交都是必需的。只不过，很多人没有建立、打磨过自己的社交原则，所以才被各种无效社交所累。事实上，就算讨厌，讨厌的也不应该是社交，而是无效的社交。

在自学的任何一个阶段（学、练、用、造），社交都可能存在。

哪怕是在最枯燥、看起来最不需要社交的"练"的阶段，社交也会起很大的作用。在自己累了的时候，看到有人在练，看到很多人都在练，看到很多人其实挺累的但还是在练……似乎感觉没那么累了。

实际上，在最初"学"的阶段，社交也是极为重要的。

不知道你有没有遇到过这样的现象：看见别人打针，自己先疼得受不了了。这是因为我们的大脑中有一种神经元，叫作**镜像神经元**（Mirror Neuron），它会让我们"感同身受"。当我们看到另外一个人正在做某件事的时候，镜像神经元会尽力给我们足够的刺激，让我们"体验"那个人的感受。[1] 以前人们不知道为什么打哈欠竟然会"传染"，现在很清楚了，就是镜像神经元在起作用。

---

[1] 参见《财富自由之路》第 26 节"有没有一定能让自己不错过升级机会的办法"。

镜像神经元的存在，使我们拥有了模仿能力、通感能力、同情心、同理心……也因为我们的大脑皮层中有很多镜像神经元，所以我们天然就有社交需求。

一般来说，书籍之类非人的物品，都不大可能激活镜像神经元。只有看到人的时候，镜像神经元才会被激活。例如，你送给小朋友一把吉他，他通常不会对它产生兴趣。如果你在弹吉他的时候被小朋友看见，他的镜像神经元就会被你的行为激活，进而对弹吉他产生兴趣（注意：不是对吉他本身感兴趣）。如果你在弹吉他的时候，带着某种能够打动小朋友的情绪，因为情绪更容易激活镜像神经元，所以他更容易受到你的影响。也就是说，一切的学习都基于模仿，一切的模仿都源自看到的真人的行为——哪怕是在电影里看到的影像，也是真人的影像。

所以，无论学习什么技能，都要找到会使用那项技能的人，这样我们的镜像神经元才更容易被激活，学习效果也才会好。如果能找到热爱那项技能，甚至一使用那项技能就很开心（最好的情绪之一）的人，那就更好了。

前面提到过：

> 当我们看到另外一个人正在做某件事的时候，镜像神经元会尽力给我们足够的刺激，让我们"体验"那个人的感受。

这句话里有个词很重要——尽力。因为镜像神经元只能调用我们大脑里已有的信息去模拟对方的感受，所以，它最多也就是"尽力"，无法"确保正确"。例如，现在的糖尿病患者使用的皮下注射针头已经细到了让使用者"无感"的地步，而当一个糖尿病患者给自己注射胰岛素的时候，他自己并不觉得疼，可是旁观者却会"疼"到紧皱眉头的地步。为什么？因为在旁观者的大脑里没有用那么细的针头注射的经验，所以，镜像神经元在旁观者"感同身受"时所调用的是过往旁观者自己打针的体验——被很粗的针头做静脉注射时的痛苦体验。

因此，很多人以为他们眼里的成功者靠的是"坚持""毅力"，完全是他们的镜像神经元"尽力"工作的结果，是他们调用自己的经验感同身受的结果……事实上呢？那些"成功者"其实并不在意成功——因为在生命结束之前，成长不应该也不可能结束；因为那是他们的生活方式，学习、进步、探索、迂回，甚至折腾、挫败、迷茫，都是他们生活中不可或缺的内容，这是他们最初不自觉的选择，谈不上"坚持""毅力"。说实话，对他们来说，不让折腾才真的痛苦，不让学习才真的需要坚持和毅力。

再进一步，这也是要选择朋友的原因。人与人之间有很大的差异，最大的差异来自性格的养成。大多数人属于"表现型"人格，只有少数人才会在不断的调整中保持、呵护并进一步培养"进取型"人格。这"少数人"更为乐观、更有耐心、更有承受力、更有战斗力，更能生产、更能体验学习与进步的乐趣。与这样的人在一起，学习会变得更容易，因为我们的镜像神经元会更容易地被正确激活。这个道理，其实挺简单的。

有一次，朋友跟我聊起他苦于没办法培养自己孩子的正经兴趣爱好。我告诉他：这其实

很简单，只不过你方法错了，不用告诉孩子应该学什么、应该对什么感兴趣，而要想尽办法
让孩子见识到拥有那个技能的、能让他产生**羡慕情绪**的人，只要孩子羡慕那个人，他就自然
会有"我也想这样"的想法，进而付诸行动。这就是镜像神经元的力量。所谓"社交"，不
一定是跟人说话、聊天——"见识到"也是社交的重要部分。

你看，谁说社交不重要？

让自己的手艺真正达到"精湛"的程度，最有效的方法就是尽早进入"造"的阶段。这
里的"造"，是不断**创造**的"造"。

自学这门手艺，很简单，就是不断地学：

```python
def teach_yourself(anything):
    while not create():
        learn()
        practice()
    return teach_yourself(another)

teach_yourself(coding)
```

其他用自学这门手艺习得的手艺是否达到了"精湛"的程度，基本上都可以用"是否做
出了像样的作品"来衡量。

硅谷有一家著名的孵化器，叫作 Y-Combinator，现在的掌门人是一个很年轻的人——
Samuel H. Altman。他在那篇著名的文章 *Advice for ambitious 19 year olds*[1] 中提出了一个精彩
的建议：

> No matter what you choose, build stuff and be around smart people.
>
> 无论你选择了什么，都要造出东西来，并要与聪明人打交道。

对"聪明人"这个概念，我和他的看法并不一致。在我看来，尽管有好作品的人都很聪
明，但我的观点还是——那不是靠天分和智商，那分明是靠有效积累[2]。

我最看重的个人品质之一就是**有没有像样的作品**。

在人群中，能拿出完整作品的人并不多——少数人有自己的作品，更少数的人有好的作
品，只有极少数的人能拿出传世的作品。于是，跟有像样作品的人打交道，总是非常值得的。
而且，因为他们都是思考非常透彻的人，通常沟通能力极强，所以，和他们打交道的过程是
非常容易的。即便是沟通中貌似费劲的那一小部分，事实上也不是难以沟通，而是他们简单、
朴实而已。

我甚至经常建议我的合伙人们，在招人的时候把这一点作为最靠谱的判断依据——少
吹牛，给我看看你的作品。这个原则可以一下子过滤掉几乎所有的不合格者。

---

[1] https://blog.samaltman.com/advice-for-ambitious-19-year-olds。
[2] 参见本书第 13 章中的"笨拙与耐心"。

另外一个很自然的现象是：如果一个人能做出像样的东西，那么他身边聪明人的密度无论如何都会比其他人高出很多。

地球上有效社交密度最高的地方是 GitHub[1]。有些程序员常常开玩笑说"GitHub 是全球最大的同性社交网站"。事实上他们不知道，不仅女性程序员的比例正在逐步提高，而且女性在科学上从未屈居二线[2]。

在 GitHub 上找到自己感兴趣的项目，为它贡献一己之力，用自己的工作赢得社区的认同——这就是 GitHub 上的社交方式。如果你做出了有意义的项目，就会有更多的人关注你；如果你的项目对很多人有用，那就不仅会有很多人关注你，而且会有很多人像当初的你一样为这个项目做贡献——这就是程序员之间的**有效社交**。

GitHub 成为地球上规模最大的有效社交网络是顺理成章的，因为**用作品社交肯定是最高效的**。

所以，无论学什么，都要想办法尽快做出自己的作品，而在把作品做出来的过程中，可以磨炼另外一个自学者不可或缺的能力和素质：

> **完整**。

与之前提到的能力和素质[3]组合起来，就构成了自学者最基本的素养：

> - 学就学得**全面**。
> - 做就做得**完整**。

无论多小的作品，都会让创作者感受到"单一技能的必然无效性"——你试试就知道了。哪怕做一个静态网站，你都会发现，仅仅学会 HTML 和 CSS 是不够的，因为在将网站部署到远程服务器的时候，你无论如何都得学学 Linux 的基本操作。已然具备了自学者基本素养的你，自然会想办法"全面掌握"，而不是糊弄一下。

更为重要的是，一旦你开始创作，你更大的"发现"就是：肯定需要很多之前看起来并不相干的知识与技能，而非"只靠专业就够了"。

以我出第一本书时的经历为例。在那之前，我没有写过书，我的书放在书店里，也没有人知道李笑来是谁。然而，只有内容本身，不能保证那书卖得出去。因此，除了把内容写出来，我必然要去学习很多之前完全没碰过的东西，例如"如何才能系统、持续地修订内容""如何与出版社的编辑正常沟通""如何取一个好书名"——每一个都与"专业"无关。

所以，"做得完整"从来都不是一件容易的事情。

从这个角度去思考，你就会明白那些高明的手艺人为什么总是喜欢做小东西了。因为在

---

[1] https://github.com/。
[2] NPR：*Most Beautiful Woman' By Day, Inventor By Night*，https://www.npr.org/2011/11/27/142664182/most-beautiful-woman-by-day-inventor-by-night。
[3] 参见本书第 7 章中的"全面——自学者的境界"。

追求完整的过程中你必然会发现——越小的事情，越容易做得完整。为什么庸人总是好高骛远？因为他们不顾完整，所以才妄图建造海市蜃楼。

手艺人不怕做的事情小。"小"无所谓，"完整"才是关键。

有作品和没有作品的人，理解能力也不一样。有作品的人看到类似 MoSCoW Method 的做事原则，瞬间就能有所感悟；没有作品的人，却不见得有什么感悟。

> 顺带给你看一个 Wikipedia 上的链接列表。在编程领域，有无数可以在生活中借鉴的哲学和方法论：
>
> - If it ain't broke, don't fix it
>
> https://en.wikipedia.org/wiki/If_it_ain%27t_broke,_don%27t_fix_it
>
> - KISS principle
>
> https://en.wikipedia.org/wiki/KISS_principle
>
> - Don't repeat yourself
>
> https://en.wikipedia.org/wiki/Don%27t_repeat_yourself
>
> - Feature creep
>
> https://en.wikipedia.org/wiki/Feature_creep
>
> - List of software development philosophies
>
> https://en.wikipedia.org/wiki/List_of_software_development_philosophies
>
> - Minimum viable product
>
> https://en.wikipedia.org/wiki/Minimum_viable_product
>
> - MoSCoW method
>
> https://en.wikipedia.org/wiki/MoSCoW_method
>
> - Overengineering
>
> https://en.wikipedia.org/wiki/Overengineering
>
> - Worse is better
>
> https://en.wikipedia.org/wiki/Worse_is_better
>
> - S.O.L.I.D.
>
> https://en.wikipedia.org/wiki/SOLID
>
> - UNIX philosophy
>
> https://en.wikipedia.org/wiki/Unix_philosophy

给自己足够的时间去学；在充足的"预算"之下耐心地练；不断找活干，以用代练；最重要的是，无论大小，一定要尽快尝试做出属于自己的**完整**作品。

只有这样，你才能成为一个值得交往的人。

第 19 章

这是自学者的黄金时代

在人类历史上，自学者从未像今天这样幸福。

在古代，拜师学艺是很难的事情。首先，真正的好老师确实难寻。其次，高手没空当老师。再次，肯收徒授艺的老师，时间和精力总是极其有限。最后，更为重要的是，那时候也真的没有自学的条件——根本就没有称得上"文献"的东西可供阅读或检索。那时，很多重要信息甚至只存在于某些人的大脑中。就算它们被落实成文字资料，数量也是相当有限的，而且散落甚至深藏于各处——就算凑齐了，也没有 Google。

对，最关键的是：那时候没有 Google。

今天的互联网，已经不再是二十多年前刚刚出现的那个"激进而简陋"的东西了。经过多年的发展，互联网上的内容已经构成了真正意义上的"全球唯一通用图书馆"，而针对它的检索工具中最好的，当然是 Google。

因此，今天，自学者在真正意义上处于一个黄金时代——**没有什么是不能自学的**。请注意我的措辞，在这句话前面，甚至不用加上"几乎"这样的限定词以示准确——你想学什么，就能学什么，而不是拜了师才能学艺。

今天的你——无论想学什么，都可以去问 Google；无论在学习中遇到什么问题，都可以直接问 Google。直接问 Google，效率通常比向他人提问高得多。Google 就是这样，你越用，就越离不开它。

其实，很多人并不真正懂得如何用好 Google，可就连这个问题 Google 也自己能解答。你可以直接问 Google：

| How to use google effectively

经过多年的发展，Google 的使用体验越来越好。今天，用 Google 搜索以上语句，它甚至在众多搜索结果中选了一条它"认为""最佳"的。

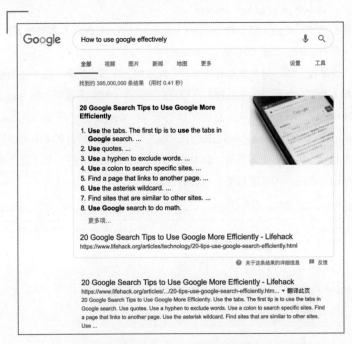

在 Google 中搜索"How to use google effectively"返回的结果

在搜索结果中，lifehack.com 上的这篇文章[1] 的确值得细读。读过且真正理解之后，不夸张地讲，你的搜索技能已经优于 99% 的人了。这个说法真的完全没有夸张的成分，因为很多人就是不会在搜索过程中使用符号（例如 -、*、~、@、#、:、"、..）和其他很多技巧。话说，你在 Google 上用过 `Time *place*` 吗？

已经掌握了正则表达式和 glob 的你，学习如何使用这种符号实在是"小菜一碟"，然而，如此简单的东西在未来能给我们带来的收益是非常惊人的，不信走着瞧。

此外，还是要应用我们之前讲过的原则[2]：

| 第一查询对象只能是官方文档。

这么做的重要理由之一就是让你少受"二手知识"的蒙蔽和误导。

---

[1] https://www.lifehack.org/articles/technology/20-tips-use-google-search-efficiently.html。
[2] 参见本书第 7 章中的"官方教程：The Python Tutorial"。

有一个绝佳的例子能让你理解二手知识的局限性。我写过一本"书"[1]，发布在了网上。这本"书"的一个"神奇"之处是，不管你是男生还是女生，它都能让你"顿悟"阅读的力量。

Google Search 的官方文档如下：

| https://support.google.com/websearch

Google 还提供了功能强大的工具 Google Custom Search，它的官方文档如下：

| https://support.google.com/customsearch/

对编程工作来说，Google 当然格外重要——互联网上积累得最多、最专业的信息，当然是与计算机相关的信息。所以，在编程工作中遇到错误提示时，不仅要去问 Google，还要优先问问 Stackoverflow[2]——连 Google 自己都这么干。在 Google 为它的 TensorFlow 服务搭建的 JupyterLab 环境 colab.research.google.com 中，如果在运行代码的过程中出现错误，在错误信息下面会显示一个按钮，上面写着"SEARCH STACK OVERFLOW"。单击这个按钮，就会直接显示 Stackoverflow 上的搜索结果——真够意思！

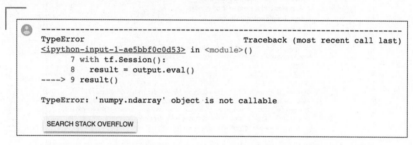

colab.research.google.com 显示的代码运行错误

Google、Stackoverflow、Wikipedia、YouTube 都是你可以经常去搜索的好地方。二十多年前 Google 刚出现的时候，谁能想象出它今天的样子呢？

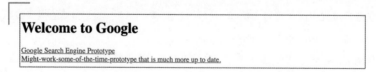

1998 年 11 月 11 日 http://google.com 的截图

---

[1] https://github.com/xiaolai/ji。

[2] https://stackoverflow.com/。

Google 的第一个链接是一个原型设计，使用了一个二级域名 http://google.stanford.edu/ 发布在斯坦福大学的网站上。

Google 的第一个链接

在那个时候，Google 还要向外界强调，它已经有 2500 万个页面可供检索了。到了 2008 年，Google 发布公告称，其可供检索页面的数量已经超过了 1 万亿（One Trillion）个。到了 2016 年年底，这个数量已经超过了 130 万亿个。

换个角度看，这也是互联网上信息的积累量——世界上没有比互联网更大、更全的"书"了。而且，由于 Google 的存在，互联网这本大"书"是可检索的！

因此，**有事先问 Google** 就成了自学者的一个必备修养。

> 能通过 Google 找到答案的问题，就不需要麻烦别人。

这也是自学者的一个基本素养。

偶尔我们也会遇到搜索了很久但就是没有找到答案的情况。在这样的情况下，你可能就需要想办法"问人"了。然而，最靠谱的通常不是身边的人，而是互联网上各种垂直社区里的用户。

向他人提问也是有学问的。很多人张口就问——结果呢？结果，没人理。为什么呢？

作为一个有素养的自学者，有一篇文章必须精读：

> *How To Ask Questions The Smart Way*
>
> https://github.com/selfteaching/How-To-Ask-Questions-The-Smart-Way

这是 Eric S. Raymond 和 Rick Moen 于 2001 年在网上发布的文章，被人们奉为经典。这篇文章经历了多次修订，最后一次修订是在 2014 年（Revision 3.10）。此外，这篇文章被翻译成了许多种语言。

不认真使用 Google，你就错过了整个人类历史上自学者的黄金时代。

第 20 章

避免注意力漂移

"注意力漂移"是我杜撰的一个词，用来作为"注意力集中"的反义词。在更多的时候，我们并不是"注意力不集中"，而是……而是一个更令人恼火的现象：

> 注意力的焦点总是不断被自己偷偷换掉……

类似的情况你一定不陌生：本来只是想在 Google 上搜索一条编程错误信息的解读，可不知怎么就"注意"到了另外一个东西，例如某编辑器的皮肤，于是"顺手"把它下载下来，很自然地"顺手"把它装上，装好之后看了看，觉得还不错，就"顺手"做了点定制……你欣赏了一会儿并得意了一番之后，"突然发现"自己还没有解决两个小时之前要解决的问题！

之所以说这种现象"令人恼火"，是因为注意力焦点是被我们自己偷偷换掉的！

好奇心越重的人，越容易被注意力漂移所拖累。

好奇心是好东西，而且是必须认真呵护的东西——最重要、最强劲的自学动力几乎都和好奇心一起出现并持续发挥作用。孩子对什么都好奇，有些父母在一开始也是有问必答——当然，孩子的问题大都很容易回答；即便有一些不容易回答，也很容易糊弄过去。可过不了多久，这些父母就应付不过来了：一方面，自己没那么有耐心了；另一方面，更为严重的问题是，他们自己的脑力不够了。所以，这些父母的反应惊人地一致："去去去，赶紧睡觉！怎么就你事儿这么多？！"一些孩子的好奇心就这样被打击了，对他们来说，好奇心成了需要主动避开的东西。

而事实上，好奇心是驱动一个人不断进步的最重要的动力之一，所以必须不断呵护，呵护到老。

然而，即便是如此金贵的东西，也会成为拖累。而且，若真的被它拖累，那么最终会感觉非常遗憾——被好东西拖累，太可惜了。

本节开头所描述的只不过是两个小时的"损失"。事实上，被注意力漂移所拖累的人，损失远不止于此。在做"工程"或者"项目"（尤其是那种非实物类的工程或项目，例如写书、写程序）的时候，注意力漂移导致的结果就是：

> 时间不断流逝，可是工程（项目）却永远没有结果。

这种损失是任何正常人都没办法承受的……这句话并不准确，因为据我观察，绝大多数人其实无法想象自己受到这种拖累会产生的结果——如果没有完成工程（项目），又怎么会知道自己损失的究竟是什么呢？

现在，我依然是一个需要不断与"注意力漂移"作斗争的人。许多年前，当我注意到这个现象的时候，经过思考，我接受了一个事实：

> 尽管注意力漂移不是能够杜绝的现象，但必须在关键时刻有所应对。

如果当年的我没有认真想过这件事、没有思索出对策，那么后来的我也不可能写那么多书、转行那么多次、自学那么多大大小小的技能……你现在正在阅读的文字也不会存在——它们不可能被我完整地写出来，甚至干脆不应该存在。

在罗列并比较众多策略之后，我选了一个看起来最不相干却最本质的策略：

> **把"全面完整"放到最高优先级。**

后来的这些年，我全靠这个策略挺了过来。当我想做一件事或者想学一门手艺的时候，我会投入一定的时间去琢磨：这件事或者这个东西，要做得全面完整或者学得全面完整，需要做些什么呢？在思考如此严肃的问题时，我还是习惯用纸和笔写写画画——迄今为止，我都没有找到合适的电子设备和软件来代替纸和笔。

我买笔记本不是为了记笔记。笔记还是记在电脑上更方便，许多年前就是如此。我的笔记本主要用来做一件事：

> 罗列、整理那些为了做到"全面完整"而必须优先去做的事。

列表也好、图表也罢，都是要不断整理、修订的，而其中的内容给了我一个排列事情优先级的机会：

> 除了已经列出来的这些事情，在当前时间段里，别的事情都不如它们重要。

一旦发现自己的注意力没有集中在这些事情上，一旦发现自己的注意力已经漂移到其他在当前并不重要的事情上，就马上纠正。

谁都知道应该先做重要且紧急的事情，可问题在于如何判断一件事情是否重要——"全面完整"这四个字会指引我们。

一方面，用全面完整来保持自己对重要事情的关注；另一方面，需要提高对抗**不相关完美诱惑**的能力。十多年前，我在写《把时间当作朋友》的时候，把这东西称作"不现实又极其脆弱的完美主义倾向"[1]，现在，我已经把这个概念升级了，因为更准确地讲，那不是"完美主义者的脆弱"，而是"能力不及格者的轻重不分"。

早些年，我跟很多人一样痴迷于电脑这个东西，也跟很多人一样被 Windows 惯出了毛病——动不动就重装系统……虽然重装系统很浪费时间，但那时也不知道为什么，哪怕系统中只有一些很小的问题，也忍不住要重装，好像重装了一个干净的操作系统自己的世界就焕然一新了一样。

再后来，我就明白了，这绝对是**自己的毛病——做事不分轻重**。

说实话，这不是我自己想明白的（我没那么聪明），而是因为遇到了一个高手。他的电脑桌面上乱七八糟摆满了图标，也从不整理。我问他："这不影响效率吗？"他说："有搜索你不用，到底是谁效率低下？"我无言以对。接着，我发现他根本没有装杀毒软件……我问："为什么？"他说："养几只'虫子'玩玩儿也没什么不好……"不过，他还是把他的想法告诉了我：只要平时习惯好，病毒进来了也没什么可怕的，更为关键的是，电脑是用来干活的，不是干杀毒的活。面对思维如此清晰的人，我自愧不如。

但是，我学到了。虽然我还是做不到桌面上的图标乱了也不整理，虽然我是因为改用了macOS 才不装杀毒软件的，但是，"注意力要放到应该放的地方"这件事我记住了，牢牢记住了——此后多年，从未忘记。每次发现自己轻重不分的时候，我就会想起他，然后"改过自新"。

---

[1] 参见《把时间当作朋友》第 2 章"现实"，https://github.com/xiaolai/time-as-a-friend/blob/master/Chapter2.md。

# 第 21 章

如何成为优秀的沟通者

一般认为，"手艺人"的普遍特征之一就是缺乏沟通能力，或者沟通能力差——也许是因为他们把所有的时间精力都放到磨炼手艺上了吧。但这肯定不是最主要的原因。事实上，手艺不怎么样的人沟通能力更差，手艺顶级的人却常常沟通能力很强……为什么呢？

最核心的理由，应该是一个人最基本的选择：

> 是否重视沟通能力。

如果一个人重视沟通能力，那么他自然而然地会想办法去进行刻意练习。如果一个人并不重视沟通能力，那么他自然不会把任何时间和精力投入在这个方面，结果也当然是顺理成章的。

非常遗憾，大部分人对沟通能力的重视远远不够——也不是不重视，就是重视的程度太低了。别说双向沟通，即便是单向沟通，例如向他人提问这么"简单"的事，其实也需要"学"与"练"。

之前提到过的文章，一定有读者并没有去认真阅读。[1]

> 作为一个有素养的自学者，有一篇文章必须精读：
>
> *How To Ask Questions The Smart Way*
>
> https://github.com/selfteaching/How-To-Ask-Questions-The-Smart-Way

---

[1] 参见本书第 19 章中的"这是自学者的黄金时代"。

> 这篇文章还有 John Gordon（王渊源）录制的英文朗读版：
>
> | https://github.com/selfteaching/How-To-Ask-Questions-The-Smart-Way

多次尝试就会知道，连"把自己的问题描述清楚"都不是一件很容易就能做得足够好的事呢。

那么，对沟通能力进行"刻意练习"的最佳方式是什么呢？其实还是你已经知道的：

> **教是最好的学习方法。**[1]

讲课、写教程，甚至写书，都是最高效的提升沟通能力的刻意练习手段。

人们常说，"杀鸡焉用宰牛刀"。在我看来，既然如此，备上一把"宰牛刀"也挺好的，需要"宰牛"时就用"宰牛刀"，如果哪天需要"杀鸡"，不一定非得换一把刀，依然可以用那把"宰牛刀"。

讲演能力、写作能力，不仅都是手艺，也都是很有必要掌握的手艺。掌握了这两门手艺的人，在现今这样的社会里收入一定不差。如果不信，你可以观察一下身边的世界，以及你可以触及的人群。

如果把这两门手艺比作"宰牛刀"，那么日常与单个人沟通只不过是"杀鸡"——哈哈，这个类比真的不能说给沟通对象听，因为它实在太容易让人误会了。然而，说正经的，其实这也是教师这个行业的人中有不少能够成为优秀的创业者、投资人的原因之一。

当然，绝大多数连一门手艺都没有弄明白的初学者，在阅读以下内容时会觉得"与当前的自己没有关系"。不过，在我看来，这绝对是刚需幻觉[2]——千万不要被它误导。

前面已经说过很多遍了，绝大多数手艺都是这样的：

> 原理很简单，精湛与否取决于重复的次数。

这句话不就是卖油翁说的吗？"无他，但手熟尔。"

下面，让我从入门讲起，然后步入进阶，最后到达高级。

入门

内容第一

无论是在平日里讲话，还是在台上讲课，抑或在写文章、写书的时候，永远都是内容第一，至于形式，并非不重要，但绝对不能喧宾夺主。

通常，我们用"干货"这个词来描述内容的重要性。第一步就是准备干货，至于修辞啊、

---

[1] 参见本书第 17 章中的"全面——自学的境界"。
[2] 参见本书第 16 章中的"刚需幻觉"。

笑点啊、酷炫的幻灯片啊……都是次要的，否则就是喧宾夺主。如果干货不够好，其他方面做得越多、越好，最终越容易露怯——这很可怕。所以，在没有确定自己值得讲、别人值得听的内容的情况下，就去学习如何制作幻灯片，在我看来完全是浪费时间。

使用工具的技巧之一，就是用最朴素的方法使用最好的工具，这样成本最低、效果最好。所以，我在讲课、讲演的时候，通常只使用最简单的幻灯片模板（空白或者单色背景那种），在一页幻灯片上只写一句话——就是接下来三五分钟里我要讲的重点（甚至只是标题）……这样的幻灯片，我只需要几分钟就能做完。然后，我的所有时间和精力就放到精心准备内容上去了，高效、低成本。

做事不分轻重[1]，这不对。

内容质量

内容第一，决定了另外一个事实：

> 不要讲或写你并不擅长的东西。

换句话说，不要分享你做得不够好、做得不够精的手艺。讲课也好、写书也罢，都是分享。分享的意思是：你拥有别人想要的东西。而别人想要的，就是他们学不好、做不好的东西。如果自己手艺不强、不精，其实就没什么可分享的；就算想"分享"，别人也不要。你值得讲、别人值得听的，一定是你做得比别人好的东西。就这么简单。

因此，在磨炼手艺的时候，可以同时磨炼沟通能力。然而，一旦需要讲、需要写，就说明你确信自己做得比别人更好、更精——所以，你值得讲；所以，别人值得听。

一旦你确定自己有值得讲、别人值得听的东西，那么内容质量的第一要素已经完成了。接下来要关注什么呢？只需要关注最重要的三个方面就可以了：

- 重点突出。
- 例证生动。
- 消除歧义。

"重点突出"是最简单朴素的、成本最低的"优秀结构"。

首先，既然是沟通，就要了解对方。在绝大多数情况下，对方想要的才是重点。可问题在于，我们平日里面对单个人的时候都觉得"了解对方很困难"，又如何去判断"一个群体"呢？与很多人想象的相反，判断群体远比判断个体容易得多，因为你可以"粗暴"地将群体成员分类。

例如，把听众或读者划分为"小白"和"专家"，你就会知道，你面对的群体中更可能大部分是"小白"、小部分是"专家"。于是，你就可以思考：小白们最想知道的是什么？专家们最重视的是什么？然后，你就可以在脑子里针对所谓"重点"来生成应对策略。

---

[1] 参见本书第20章中的"避免注意力漂移"。

再如，你可以"粗暴"地把一群人分为"友善者"和"刺儿头"两种。有经验的老师，都会专门针对刺儿头准备一些内容，因为人群中永远存在刺儿头——至少一个。所以，在现场，必须要有应对他们的策略。当一个刺儿头说了一句蛮不讲理却引来哄堂大笑的话，你怎么办？每个人的策略不同，但你必须找到属于你的最佳策略。

在找到重点之后，紧接着必须要做到的就是"例证生动"。从来就没有"信手拈来"的生动例子，寻找好例子是需要花很多时间和精力才能完成的事情。信手拈来只是读者或者听众的感觉，但对你来说，肯定是举重若轻的。你明明是在"举重"，却被认为好像"举轻"。在本书第 5 章第 7 节"文件"中，我举了一个"我自己费尽心机找好例子"的例子，相信你读过之后，一定有所感触。

最后一步，就是在前两步都完成之后，反复确认一件事情、消除一切歧义。这是真功夫，因为这是很难把自己关在屋子里自顾自地练成的。并且，每个人有自己的"容易引发误解"的特殊属性，每个人都不相同，于是，只能靠自己探索。

无论如何都不能觉得听众或者读者"傻"，所有看起来"傻"的反应，都是由你所说、所写引发的——这是百分之百清楚无误的事实。当年我写博客的时候，决不删除任何留言，一个最重要的理由就是，无论那留言显得多么荒谬，甚至干脆是谩骂，都值得我认真思考：

> 我到底说什么了，居然引来这种反应？

看得多了，思考得多了，你就有你自己的策略了。

内容组织

在只有一个重点的时候，其实并不需要组织；但如果有一个以上的重点，那么这些重点之间就会产生逻辑关系：

- 并列。
- 递进。
- 转折。

这是中学时所有人在语文课上都学习并掌握了的知识，现在终于能"活学活用"了。

在讲演、讲课、写教程、写非小说类书籍的时候，最有效的组织方式竟然是最简单的，并且只有一个：

> 层层递进。

如果你有两个重点需要分享，那就把更重要的放在后面；如果你有三个重点需要分享，那就把最重要的放在最后面……无论你有多少个重点，按这种方式排列准没错！

另外一个建议是：

> 三个是重点数量的极限。

如果必须要讲十几个重点，那怎么办？那就把它们分到最多三个组中。例如，像你正在阅读的内容这样，分成入门、进阶、高级。

另外一个策略，是与"递进"的逻辑关系组合使用的。针对你的重点，你要考虑对方的掌握程度——大家都知道的，何必当作重点？未知程度最高的，放在未知程度不那么高的重点后面。

这都是听起来无比简单，甚至好像"无须讲述"的"重点"。但是，多观察一下周遭，你就明白了：很多人可能不是不知道这些方法，但不知道为什么，他们就是不去应用这么简单且有效的方法，也是怪得很！

进阶

当你熟练掌握入门的手段以后，就可以做很多所谓"锦上添花"的事情了。锦上添花据说有很多种手段，例如制造笑点啊、使用炫酷的幻灯片啊……但我只想给你讲一个学会了就够用，却最简单、最直接而又最有效的手段：

> **输送价值观。**

事实上，你可以把眼前的这本书当作一个巨大且生动的例子：

> 如果你把李笑来想象成一位在某个学校里为学生讲编程课的老师，那么，你就可以把眼前的这本书当作李笑来的讲义。也许我和学生手里都有另外一本由著名的计算机专家所著的编程入门书籍，然而，我的讲义就是按照我的顺序、我的内容编排来讲述的。

事实上，我写这本书的时候，从某个层面看，真的就是在写 Python 官方文档和 Python 官方教程的辅助讲义——写作目标如此，写作方式亦如是。

那么，我做的最重要的事情是什么呢？

> 我向我的群体输送了我觉得更有意义的价值观：
>
> > 自学是门手艺。

当年我在学校里讲英语课的时候，除了讲英语，我输送的价值观是：

> 能管理好自己的时间的人，学起英语来也更容易。

在离开那所学校之后，这部分内容被我单独提取出来，写成了长销书《把时间当作朋友》——你看，是一样的道理。

而所谓"价值观"，定义很简单：

> 你的价值观，就是你认为什么比什么**更重要**。

价值观可大可小，大到集体利益与个人利益之间的比较，小到在自学中"全面"压倒一切。然而，在这世界上总有独立于任何人存在的"客观的价值比较"，只不过我们的价值观都是只属于自己的观点，而我们都希望自己的观点尽量摆脱自己的主观意志、尽量靠近那个

"客观的价值比较"。一旦我们确定自己比原来的自己、甚至比其他人更进一步，我们的价值观就很可能值得认真分享。

这个方法着实简单，也非常有效。这有点像什么呢？这有点像有些人弹吉他时弹出来的都是"蹦单音"，可你弹出来的是曲调与和弦相辅相成的乐曲。给你看 YouTube 上的一段《一生所爱》，这是我最喜欢的指弹版本——这种弹法，不仅有旋律、有和弦，还有打击乐器效果的"伴奏"：

> https://www.youtube.com/embed/AjWTop5O5jo?
>
> 你也可以运行本书电子版中的代码[1]，直接播放这首曲子。

在最初的时候，有个看起来很难跨越的障碍：

> 感觉总是需要为自己塑造权威感，否则，就总是害怕没人听、没人看、没人信。

这是很多人会掉进去的坑。在一开始，谁都不是权威——无论怎么努力做出一副权威的样子，都无济于事！

很多人没想明白，因为害怕没人听、没人看、没人信，所以就开始作弊……这么做，在短期内或许有一点点效果，但长期来看肯定是吃亏的。因为作弊其实并不难，真正难的是长期作弊。长期作弊有多难呢？难到根本不可能做到的地步，尤其是在人类寿命越来越长的今天。《庄子》里说"寿则多辱"，今天有了新的解释——大家的寿命都很长，所以，别骗人，因为早晚会露馅……

与其花那么长时间作弊，还不如花那么长时间磨炼手艺。想想看，是不是这个道理？

伯克利大学的 Brian Harvey 在课堂上把"不要作弊"的真正原因告诉了学生：

> https://www.youtube.com/embed/hMloyp6NI4E?
>
> 你也可以运行本书电子版中的代码，直接观看这段演讲。

因此，千万别扭曲自己——本来是什么样就是什么样，本来该怎么做就怎么做。而另外一件事是确定的：

> 分享得多了，就自然进步了。

在求知的领域里，分享得越多，进步速度越就快，且社交的有效性就越高。

高级

无论什么手艺，大多数人都可以入门、少数人可以进阶，再往后，通常被认为是个人"造化"。可这所谓"造化"究竟指的是什么呢？我觉得，通过这本书，我可以向绝大多数普通人解释这个"玄学"词汇了。

---

[1] https://github.com/selfteaching/the-craft-of-selfteaching/blob/master/Q.good-communiation.ipynb。在本节后面的内容中，还有三个可以在线播放的链接，相应的播放代码都可以在这个页面中找到。

这里的所谓"造化"，应该是指一个人的融会贯通能力。有"造化"的人，只不过是把大量其他领域里的技能、技巧甚至手艺学来，然后用到自己的手艺中。就这么简单。

有一个特别好玩的例子。"指弹"（Percussive Guitar）这个已被普遍使用的吉他演奏技巧，在没有 YouTube 的时代并不多见——在我长大的年代，甚至闻所未闻。也不知道是谁，把打击乐的手法融合到吉他演奏手法中去了。于是，在 YouTube 这样的视频传播平台出现之后，人们"长见识"的成本降低了（过去也许要"去西天取经"才行），很快就有人模仿，很快就有人更为擅长……

https://www.youtube.com/embed/nY7GnAq6Znw?

你也可以运行本书电子版中的代码，直接观看这段视频。

拥有这种能力的人，普遍具有两个特征：

- 他们自学了很多看起来不相干的手艺；
- 他们对自己的手艺充满了尊重与热爱。

我也只能猜个大概。其中的第二个特征，很可能是第一个特征的根源，因为他们对自己的手艺充满了尊重与热爱，所以，他们追求全面，他们刻意练习，他们刻意思考……因此，他们对一切可能与自己的手艺相关的东西都感兴趣——虽然在外界看来，那两样东西可能全无联系。于是，他们利用已经在自己的手艺中练就的自学能力，不断自学新的东西，不断"发现"所谓"新大陆"，不断用自己的所见所闻回过头来锤炼或更新自己的手艺……

弹钢琴或者弹吉他的人去学打击乐器；讲课的人去听相声专场，学习相声演员是如何抖包袱的；写书的人可能会像我一样琢磨"取名"的艺术；学会计的人去研究与物理或者经济学相关的内容；学编程的人去学设计，学设计的人去学编程；做前端的人去学后端开发，做后端的人去学前端开发；做统计的人去学数据可视化……渐渐地，计算机行业里的一个著名的词汇诞生了——全栈工程师。

你可以仔细观察一下，其实所有精湛的手艺人都是"**全栈**"的。

所有在入门、进阶之后走得更远的手艺人，都明白且认同这个道理：

学无止境。

因此，最后一个重要的技巧就是，**不断向所有的手艺人学习**。

要想再进一步，技巧已经没用了，靠的是另外一个层次的东西——尊重与热爱。

这么多年来，在互联网上我最喜爱的老师是麻省理工大学（MIT）的 Walter Lewin 教授。

https://www.youtube.com/embed/sJG-rXBbmCc?

你也可以运行本书电子版中的代码，直接观看这段视频。

十多年前，MIT 推出了一套在线免费公开课，授课老师绝大多数是 MIT 的著名教授。在那么多的课程里，我一下子就爱上了 Walter Lewin 教授。建议你把他的所有课程看完。虽然你可能觉得物理这东西你并不感兴趣，可事实上，看完你就知道了，你只不过是运气不好，从来没遇到过这么可爱且睿智的教授而已。在他身上，你可以学到无数不可言喻的技巧、手艺甚至"秘密"。关键在于，你一定会非常生动、深刻地体会到他对物理、对授课的**尊重**和**热爱**。看过之后，你一定会跟我有一样的慨叹："是哦，'Love is the power'。"

没有什么是比"热爱"和"尊重"更高级的了。

就这样。

后记：自学者的终点

磨炼自学手艺的你，早晚会遇到这种情况：

> 必须学会一个没人教、没人带，甚至没有书可参考的技能。

这也许是我能够想象的自学者所能达到的最高境界了。

许多年过去，我通过自学习得的没有人教、没有人带、甚至没有书可以参考的技能，能拿得出手的只有两个：

> - 写作长销书。
> - 投资区块链。

先说说投资区块链。

2011 年，当我开始投资比特币的时候，情况可不像现在这样。现在，你能在 Amazon 上找到一大堆书，给你讲区块链技术、区块链投资……而在 2011 年，在互联网这本大"书"上，几乎连篇像样的文章都没有。

在这样的领域里成为专家，其实比外界想象得容易——当然，无论什么，外界总是觉得很难。为什么比外界想象得容易呢？因为之前大部分人都不懂，仅此而已。

所以，剩下的事情很简单：

> 谁能持续研究，谁就可能更先成为专家。

到最后，还是一样的，决定因素在于有效时间的投入——仅此而已。

了解我的人都知道，在知识技能的分享方面，我从来都没有藏着掖着的习惯。我说"仅此而已"，那就真的是"仅此而已"，没有任何保留。

我说要研读比特币白皮书，就真的去研读，反复研读，每年都要重复若干遍。

有人问我：有那个必要吗？其实，有没有那个必要，我自己说了算。并且，就算真有必要，不去做又有什么用？

> 《比特币白皮书》我翻译的版本参见：
>
> https://github.com/xiaolai/bitcoin-whitepaper-chinese-translation

我说要投资，就真的去投资，不是"买两个试试""买几个玩玩"——我的做法是**重仓**。持仓之后继续研究，和通过阅读来研究肯定不一样。

有一个与我极端相反的例子。此人大名鼎鼎，是《精通比特币》（*Mastering Bitcoin*）的作者 Andreas M. Antonopoulos。他与我同岁，也是 1972 年生人。他是国外公认的比特币专家，但他不是投资人——他几乎没有比特币。2017 年"牛市"的时候，人们听说"大神"Andreas M. Antonopoulos 竟然几乎没有比特币，大为惊讶，向他捐款 102 个左右的比特币（千万不要误会我，我没有任何鄙视他的意思）。这不是我说说而已，我是用行动支持他的人。他的书 *Mastering Bitcoin* 的中文版，还是我组织人翻译的。

我只想说，我和他不一样的地方在于，在某些方面，我比他更实在——这也是事实。我相信，我在实际投资后，对比特币也好、区块链也罢，理解会更深一些——道理很简单，因为驱动力不一样了。

然而，仅仅"谁能持续研究，谁就更可能先成为专家"这一条，其实并不能"学会一个没人教、没人带，甚至没有书可参考的技能"。

这么多年来，我能够学会一些没人教、没人带，甚至没有书可以参考的技能（赚钱就是如此），在更多的时候仰仗的是一个我已经告诉你的"秘密"……也许你想不起来了，但我一说你就能"发现"，其实你真的已经听我说过了：

> **刻意思考**：这东西我还能用在哪儿呢？

并且，我还讲过，在自学编程的过程中见识到的 MoSCoW Method 对我的写书方式产生的影响。

> ……我写书就是这样的。在准备的过程（这个过程比绝大多数人想象得长很多）中，我会罗列所有能想到的相关话题。等到我觉得已经没有什么可补充的时候，就为这些话题写上几句话，构成大纲，而在这时我常常会发现很多话题其实是同一个话题。如此这般，经过一次"扩张"和一次"收缩"，就可以进行下一步——应用 MoSCoW 原则给这些话题打标签。在打标签的过程中，我总是会发现，很多之前感觉需要保留的话题其实可以打上"Won't have"的标签。于是，我会把它们剔除，然后从"Must have"开始写，一直写到"Should have"。至于要不要写"Could have"，就看时间是否允许了。
>
> 在写书这件事上，我总是给人感觉速度很快——事实上也是——因为我有方法论。

> 但显然，我的方法论不是从某本"如何写书"的书里获得的，而是从另外一个看起来完全不相关的领域里习得后琢磨出来的。

你看，把另外一个领域里的知识拿过来用，是在一个"没人教、没人带，甚至没有书可以参考"的领域中，最基本的生存技巧。

再进一步，当我在本书的开头说"尽量只靠阅读习得一项新技能"的时候，有一个重点现在终于能说清楚了：

> 我们并不是不需要"老师"这个角色了，准确地讲，我们只不过不再需要"传统意义上的老师"了。

首先，我们要把自己当作老师。在英文中，self-teaching 这个词特别好，因为它描述得太准确了。在很多时候，想在身边找到好老师是很难的，甚至是不可能的。在这种情况下，我们没有别的选择，**我们只能把自己当作老师去教自己**。

其次，就算我们百分之百只依靠阅读，那内容不还是别人写的吗？写内容的人，实际上就是老师。没错，书籍是历史上最早的远程教育载体，即便到了今天，也依然是最重要、最有效的远程教学载体。阅读的好处在于，在对老师的要求中没有地理位置的限制——若能自由阅读英文，那就连语言的限制都没有了。**"书中自有颜如玉"** 这句话，显然是并不好色的人说的，因为他更爱书。这句话的意思其实是：

> 各路牛人都在书里。

反正，在写书的人群中，牛人比例相对较高——这是事实，古今中外都一样。

进而，更为重要的是，一旦你把整个互联网当作一本大"书"，把 Google 当作入口，实际的效果就是：

> 你把"老师"这个角色去中心化了。

一方面，"老师"这个角色的负担降低了，他们不用管你是谁，也不用管你怎么样了，他们该干嘛就干嘛。另一方面，则对你更重要——你学不同的东西，就可以找不同的老师；即便是学相同的东西，你也可以找很多位老师；对于任何一位老师，你都可以"弱水三千只取一瓢"，也就是说，只挑他最厉害的部分去学。不就是多买几本书吗？不就是多搜索几次、多读一些文档吗？

最后，还有最厉害的一个小招数：

> 无论学会什么，都要进一步刻意思考：这东西我**还能**用在哪儿呢？

于是，你"一下子"就升级了——用这样的方式，相对于别人，你最可能"学会几乎任何一项没人教、没人带，甚至没有书可以参考的技能"。

你看看自己的路径吧：从不得不"把自己当作老师去教自己"开始——虽然起步是"**不得不**"，但这个"不得不"正是后来你变得更为强大的原因和起点。这也解释了为什么历史上很多牛人的很多成就其实都是"被迫"获得的。

我们终于可以好好总结一下了：

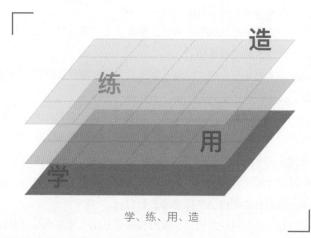

学、练、用、造

- 你一定要想办法启动自学，否则你没有未来；
- 你要把自学当作一门手艺，长期反复磨炼它；
- 你要懂得学、练、用、造各个阶段之间的不同，并针对每个阶段制定对应策略；
- 面对"过早引用"过多的世界，你有你的应对方式；
- 你会"囫囵吞枣"，你会"重复重复再重复"，你深刻理解"读书百遍，其义自见"；
- 以后你最擅长的技能之一就是"拆解拆解再拆解"；
- 你用你的拆解手艺把所有遇到的难点都拆解成能够搞定的小任务；
- 在自学任何一门手艺之前，你都不会去问"这有什么用"，而是清楚地知道，无论什么，只要学会了，就只能也必然天天去用；
- 你没有刚需幻觉，你也没有时间幻觉，你更没有困难幻觉，反正你就是相对更清醒；
- 不管你新学什么手艺，你都知道，只要假以时日就肯定能做好，因为所有手艺的精进，靠的只不过是充足的预算；
- 你知道如何做才不浪费生命，因为只要不是在刻意练习、不是在刻意思考，那就是在"混时间"；
- 你总是在琢磨，自己能做一个什么样的新作品；
- 你刻意地使用你的作品作为有效的社交工具，也用作品去过滤无效的社交；
- 你乐于分享，乐于阅读，更乐于写作——因为这世界是怎么帮助你的，你就想着要怎么回报这世界；
- 你把全面和完整当作最高衡量标准，也用这个标准去克制、应对自己的注意力漂移；
- 你会不断自学新的手艺，因为你越来越理解单一技能的脆弱，越来越理解多项技能的综合威力；

- 你越来越依赖互联网，它是你最喜欢的"书"，而 Google 是你最好的朋友，它总能帮你找到更好的老师；
- 你偶尔会去学会没人教、没人带、甚至没书可以参考的手艺，别人都说你"悟性"高，可你自己清楚地知道那是怎么回事；
- 你越来越明白，其实没什么"秘密"，越简单、越朴素的道理越值得重视；
- 你发现，你用来思考（准确地讲，是"琢磨"）的时间越来越多。这是因为，你真的会琢磨了——你很清楚自己应该在哪些事情上花时间琢磨。

没有人教过我怎么写一本长销书（而不仅仅是畅销书），这显然是我通过自学习得的能力——我也只能把自己当作老师教自己，这是不得已的。然而，"不得不"的选择同样常常能给我带来好运。甚至，它也不是我通过阅读哪本书习得的能力，因为这方面还真的没什么靠谱的书籍，而我竟然学会了。靠什么？靠的就是前面说的那些。

"秘密"是什么？说出来后，你肯定感觉"太简单了"，以至"有点不像真的"。其实，每次我都会很认真地问自己以下几个问题：

- 我要写的内容，真的是正确的吗？
- 我要写的内容，确实会对读者有用吗？
- 有什么内容是必须有的、应该有的？
- 我写的内容，十年后人们再看，还会觉得跟新的一样有用吗？
- 我的书名，会直接让读者不由自主去购买吗？

一旦这几个问题我有了清楚的答案，我就知道，我有能力写作一本新的长销书了——真的没有别的"秘密"了。

在《财富自由之路》一书中，我分享过以下内容。

> 我认为一个人的自学能力（当时还在用"学习能力"这个词）分为三个层次：
> - 学会有人手把手教授的技能；
> - 学会书本上所教授的技能；
> - 学会没有人能教授的技能。

这一次，我无非是把后两个层面用一个特大号的实例掰开了、揉碎了讲清楚而已。

到最后，**没什么是不能自学的，反正都只不过是手艺**，只是我们每个人都受限于自己的时间和精力而已。所以，若你正在读高一，正在读大一，那就好好珍惜这段自己可以**随意设置充足预算**的时光吧。若你已为人父母，那就想办法用自己的行动去影响下一代吧。

更为重要的是，无论什么时候，都要这么想：

> 如果未来还很长，现在真不算晚。

---

[1] 参见《财富自由之路》第 28 节"你想不想要一个人生的'作弊器'"。

自学不过是一门手艺，而且是谁都能掌握的。不要"试试而已"，而要"直接开干"——这样才好。

需要补充一点：很多人崇尚"刻苦"，并且刻意强调其中的"苦"，也就是古训中所谓"吃得苦中苦，方为人上人"。其实，这一点我并不认同，而且非常不认同。

根据我的观察，所谓"苦"，是那些完全不会自学的人对自学者的所作所为的错误理解。

自学一点都不苦，道理也很简单：

> 因为自学者是自发去学的，**原动力在于自己**——不像其他人，是被动去学的，原动力并非在于自己。

由于原动力在于自己，尽管在遇到困难时一样会苦恼，但自学者拥有持续的原动力去克服那些困难，因此，他们总会在克服困难之后获得更强烈的愉悦感和满足感。

所以，"刻"我很认同——刻意练习，刻意思考，刻意保持好奇心，刻意学习一些看起来与当前所掌握的手艺完全不相干的知识……至于"苦"，那是别人的误解，我们自己开心着呢——无所不在、无处诉说的幸福。

人生苦长，无须惊慌。

祝你好运！

李笑来

初稿完成于 2019 年 2 月 27 日